彩图 1　南立面效果图

彩图 2　北立面效果图

彩图 3　阳台、露台效果图

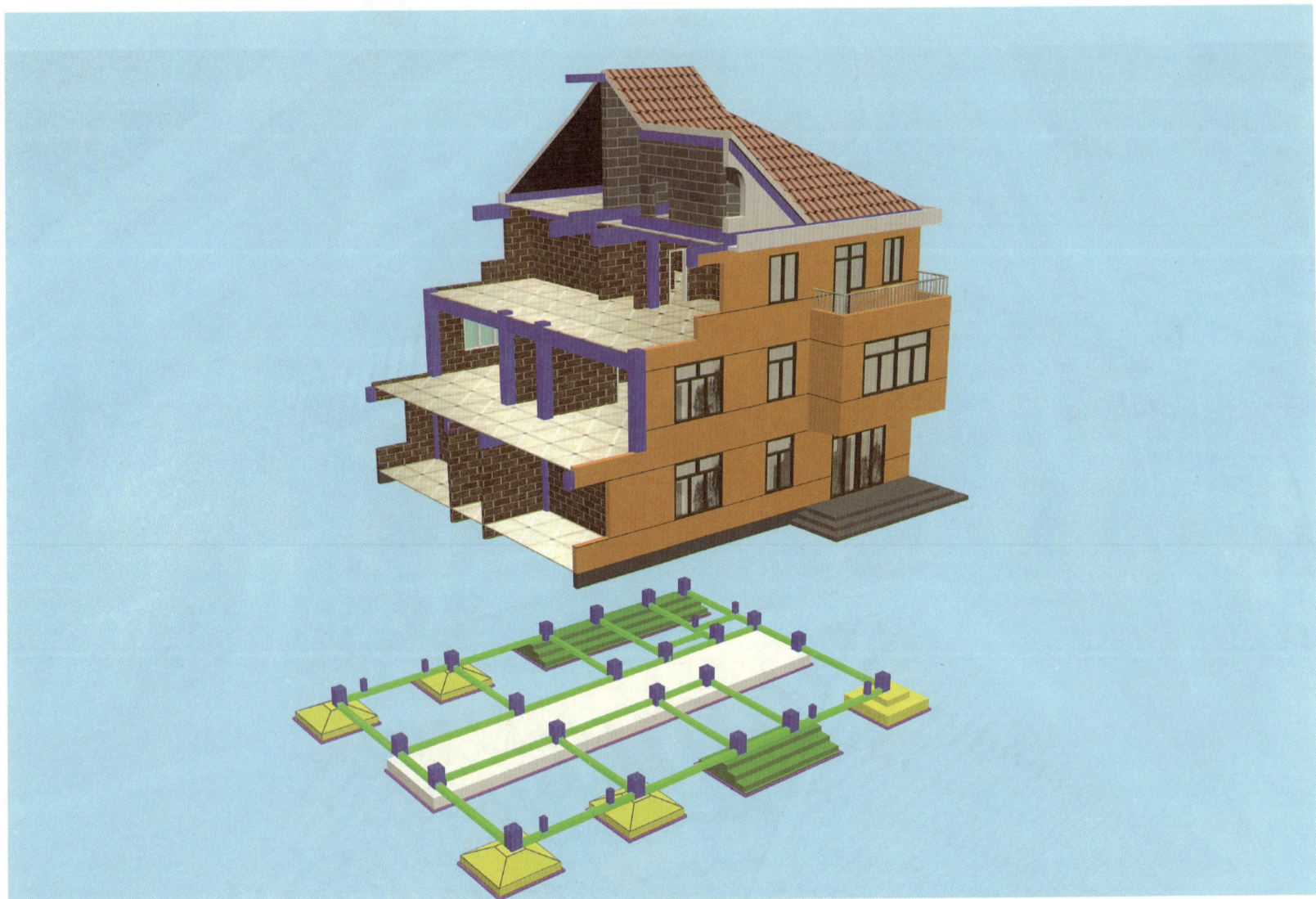

彩图 4　主体阶梯剖切图和基础效果图

"十四五"职业教育国家规划教材

广联达 BIM 土建钢筋算量软件（二合一）及计价教程

第 2 版

主　编　任波远　赵永会　刘艳一

副主编　高　娟　赵金生　徐　敏

参　编　刘西灿　成亚琦　胡春娟　王丽娜

机械工业出版社

本书根据职业院校建筑工程施工、工程造价、建设工程管理等专业教学标准和全国职业院校技能大赛要求编写，强调实用性和可操作性。本书体现了"行动导向"教学理念，以项目引导、任务驱动的方式编排，以一幢典型的3层框架土木实训楼为载体，详细介绍了广联达BIM土建计量平台GTJ2021软件应用和广联达云计价平台软件应用。本书包括两个模块：广联达BIM土建计量平台软件应用，含8个项目，38个子项；广联达云计价平台软件应用，含3个项目，7个子项。正文后面附有一套土木实训楼施工图。

本书可作为职业院校土木工程类专业工程预算电算化教材，也可作为全国职业院校技能大赛备赛用书和建筑企业造价员上岗培训用书。

为方便读者学习，本书配套有电子课件、案例图纸、微课视频和教案等数字化资源。凡使用本书作为教材的老师均可登录机械工业出版社教育服务网www.cmpedu.com注册下载。教师也可加入BIM算量交流群（QQ群）（434520347）索取相关资料，咨询电话：010-88379934。

图书在版编目（CIP）数据

广联达BIM土建钢筋算量软件（二合一）及计价教程 /
任波远，赵永会，刘艳一主编. -- 2版. -- 北京：机械
工业出版社，2024.12（2025.12重印）. --（"十四五"职业教育国家规
划教材）. -- ISBN 978-7-111-77624-6

Ⅰ. TU755.3-39
中国国家版本馆CIP数据核字第20255QJ222号

机械工业出版社（北京市百万庄大街22号　邮政编码100037）
策划编辑：沈百琦　　　　　　责任编辑：沈百琦
责任校对：龚思文　牟丽英　　封面设计：马精明
责任印制：张　博
北京铭成印刷有限公司印刷
2025年12月第2版第2次印刷
184mm×260mm·16印张·2插页·395千字
标准书号：ISBN 978-7-111-77624-6
定价：65.00元

电话服务　　　　　　　　　　网络服务
客服电话：010-88361066　　机 工 官 网：www.cmpbook.com
　　　　　010-88379833　　机 工 官 博：weibo.com/cmp1952
　　　　　010-68326294　　金 书 网：www.golden-book.com
封底无防伪标均为盗版　　机工教育服务网：www.cmpedu.com

关于"十四五"职业教育
国家规划教材的出版说明

为贯彻落实《中共中央关于认真学习宣传贯彻党的二十大精神的决定》《习近平新时代中国特色社会主义思想进课程教材指南》《职业院校教材管理办法》等文件精神,机械工业出版社与教材编写团队一道,认真执行思政内容进教材、进课堂、进头脑要求,尊重教育规律,遵循学科特点,对教材内容进行了更新,着力落实以下要求:

1. 提升教材铸魂育人功能,培育、践行社会主义核心价值观,教育引导学生树立共产主义远大理想和中国特色社会主义共同理想,坚定"四个自信",厚植爱国主义情怀,把爱国情、强国志、报国行自觉融入建设社会主义现代化强国、实现中华民族伟大复兴的奋斗之中。同时,弘扬中华优秀传统文化,深入开展宪法法治教育。

2. 注重科学思维方法训练和科学伦理教育,培养学生探索未知、追求真理、勇攀科学高峰的责任感和使命感;强化学生工程伦理教育,培养学生精益求精的大国工匠精神,激发学生科技报国的家国情怀和使命担当。加快构建中国特色哲学社会科学学科体系、学术体系、话语体系。帮助学生了解相关专业和行业领域的国家战略、法律法规和相关政策,引导学生深入社会实践、关注现实问题,培育学生经世济民、诚信服务、德法兼修的职业素养。

3. 教育引导学生深刻理解并自觉实践各行业的职业精神、职业规范,增强职业责任感,培养遵纪守法、爱岗敬业、无私奉献、诚实守信、公道办事、开拓创新的职业品格和行为习惯。

在此基础上,及时更新教材知识内容,体现产业发展的新技术、新工艺、新规范、新标准。加强教材数字化建设,丰富配套资源,形成可听、可视、可练、可互动的融媒体教材。

教材建设需要各方的共同努力,也欢迎相关教材使用院校的师生及时反馈意见和建议,我们将认真组织力量进行研究,在后续重印及再版时吸纳改进,不断推动高质量教材出版。

机械工业出版社

前　言

本书为"十四五"职业教育国家规划教材。随着信息化的迅速发展，计算机软件应用技术已渗透到建筑专业的各门学科中。近年来，国内出现了一大批建设工程造价软件，其中广联达建设工程造价管理系列软件已在社会上广泛应用。本书的编写旨在提高职业院校学生的就业能力，提升建筑行业工程造价相关岗位人员的技能水平。本书的编写思路及特色如下：

1. 依规——依据标准、规范，对接技能大赛

本书根据职业院校建筑工程施工、工程造价、工程管理等专业教学标准和全国职业院校技能大赛要求编写；依据国家（部）、行业、企业现行规范、标准，内容包括广联达 BIM 土建计量平台 GTJ2021 软件和广联达云计价平台软件的应用，强调实用性和操作性。

2. 创新——校企合作，"双元"育人

本书为校企合作编写教材，企业专家从一线工作岗位出发，提炼实际工作技能，按实际工作程序以及结合框架结构工程的组成将全书拆分为 11 个工作项目，进而形成 11 个教学项目，把每一个教学项目分解成若干子项，然后把每个子项划分成多个学习任务。

采用这种项目引导、任务驱动的编排方式，体现"做中学，做中教"的职业教育理念，适合计算机软件教学，旨在加强学生动手操作能力和主动探究问题能力的培养。

3. 适用——采用典型案例，适用性更强

本书以一幢典型的 3 层框架土木实训楼为载体编写，以 Windows 7（Windows XP）操作系统为平台，选择的工程案例是各建筑类企业、建筑类职业院校、设计单位共同选定的典型建筑实例，以体现实际建设工程算量的典型应用性。

4. 立体——立体化教材建设，符合"互联网 + 职业教育"发展需求

本书配套完整的微课视频、案例图纸、电子课件和教案等数字化资源；此外，本书建立了线上课程（超星平台，课程名称与书名一致），读者可自主登录学习。

本书在修订过程中，着重优化了配套的微课视频以及线上课程，使之更符合当前职业教育的教学需要，也体现党的二十大报告中"推进教育数字化""数字中国"的理念。

5. 育人——融入育人元素，注重培养职业素养、职业精神

针对书中有难度或典型性的学习任务，增加了对学生工作素养、工作习惯等方面的引导。培养细致严谨的工作作风，开放创新的思维模式，强调对学生职业道德、职业素养、职业行为习惯的培养。

本书按 72 学时编写，学时分配见下表（供参考）。

模块一		模块二	
项目	学时	项目	学时
项目一	4	项目九	6
项目二	11	项目十	8
项目三	8	项目十一	7
项目四	7		
项目五	6		
项目六	7		
项目七	5		
项目八	3		

本书由淄博建筑工程学校任波远、鲁中中等专业学校赵永会、青岛市城阳区职业中等专业学校刘艳一担任主编；由东营市垦利区职业中等专业学校高娟、淄博职业学院赵金生、泰州职业技术学院徐敏担任副主编；山东省淄博市工业学校刘西灿、淄博建筑工程学校成亚琦、胡春娟、王丽娜参加编写。

由于编者水平有限，书中难免存在疏漏和不足之处，敬请读者批评指正。

编　者

本书介绍

本书数字化资源清单

（续）

（续）

本书其他资源

1. 全书配套的电子课件 2. 完整案例图纸 3. 与各项目对应的项目评价与总结	www.cmpedu.com （下载网址）
	434520347 （QQ 群索取）

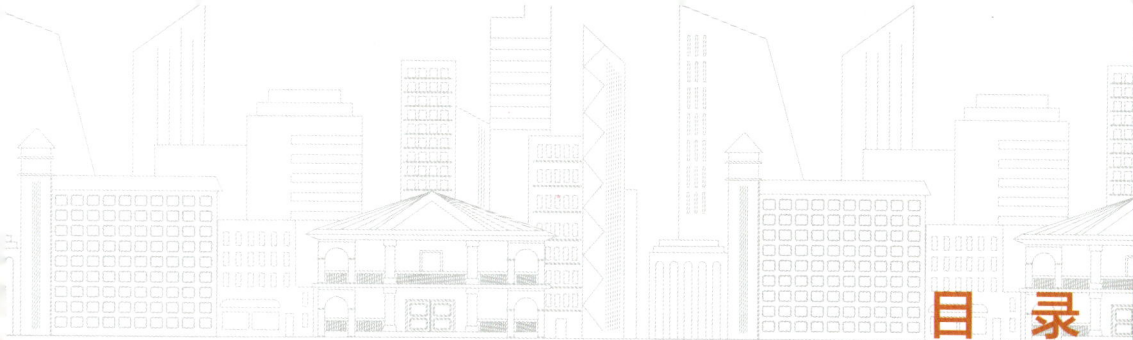

目 录

模块一
广联达 BIM 土建计量平台软件应用

广联达 BIM 土建计量平台 GTJ2021 软件，主要用于建筑工程所有分部、分项工程（含钢筋）的工程量计算。该软件不仅可以计算建筑物的钢筋混凝土柱、梁、板、剪力墙等主体结构的混凝土工程量和钢筋工程量，还可以计算散水、台阶、压顶等零星构件的工程量，同时还能计算建筑工程的装饰装修工程量。软件提供了多种计量模式，包括清单模式、定额模式、清单 - 定额模式，适合计算多层混合结构、框架结构、剪力墙结构、框架 - 剪力墙结构和筒体结构等多种结构体系的建筑物。

本模块以本书附录中一幢典型的 3 层框架结构土木实训楼为例，详细介绍如何应用广联达 BIM 土建计量平台 GTJ2021 软件计算建筑工程的工程量。

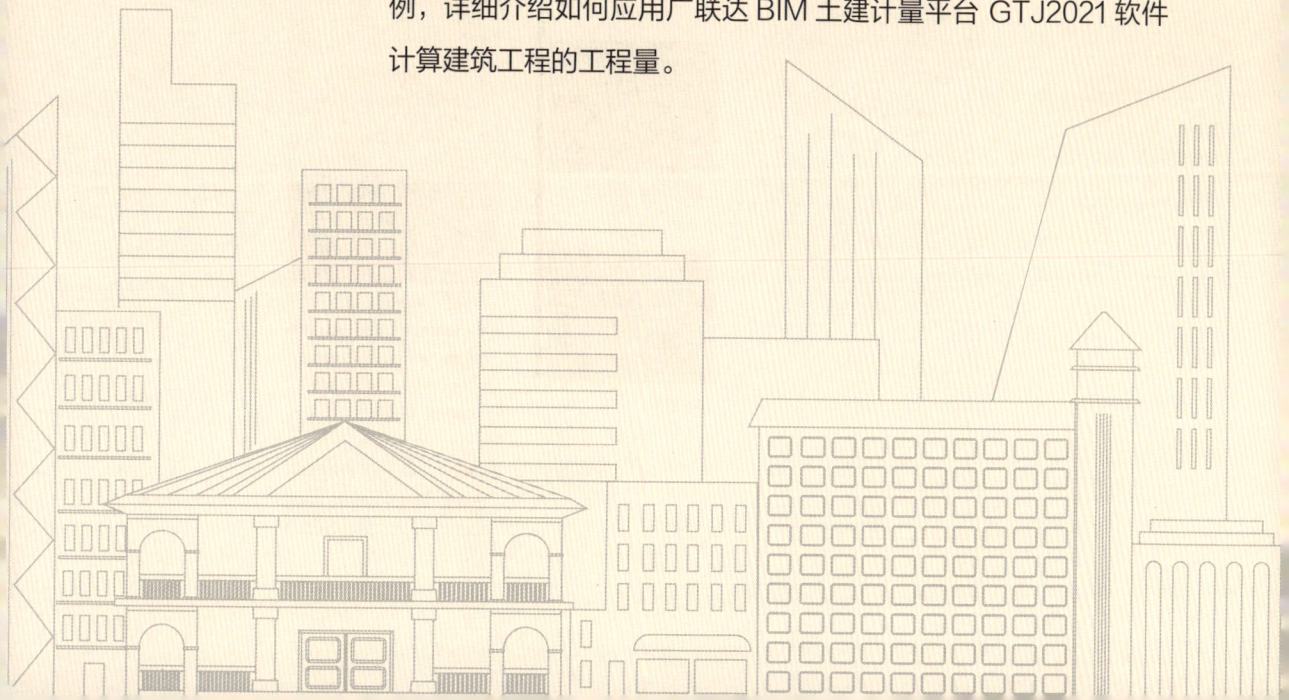

建立文件、设置楼层、新建轴网

子项一 建立文件

理论链接：

在使用土建计量平台 GTJ2021 软件算量时，首先要建立文件，文件
的名称要和工程名称统一，以便后续查找文件；选择清单规则、定额规则、清单库和定额库时要
协调统一，计算规则对算量结果影响很大，工程信息的内容要根据工程施工图样具体分析，一定
要认真填写。

任务一 打开软件

双击图标 T （广联达 BIM 土建计量平台 GTJ2021）打开软件，或单击【开
始】菜单→进入"所有程序"→单击【广联达建设工程造价管理整体解决方案】→单击
T 广联达 BIM 土建计量平台 GTJ2021，弹出"新建工程"对话框，如图 1-1 所示。

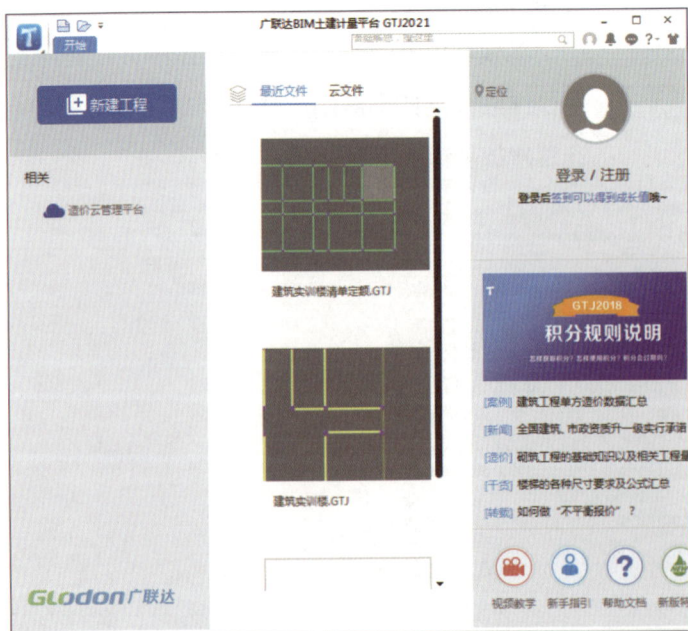

图 1-1

"新建工程"对话框提供了多种功能。

1）新建工程：此功能适用于新工程，建立一个新的土建计量文件。

2）最近文件：列出了最近使用的文件，无须再从资源管理器里一级一级查找文件，可直接单击打开，将鼠标悬浮于文件图标上，软件显示【上传】和【移除】按钮，选择【上传】将通过登录传至广联达云，选择【移除】将删除最近文件记录。

3）打开文件：打开已经建立的土建计量文件。

4）视频教学：通过登录可以收看广联达教学视频。此外，还有"新手指引"和"帮助文档"等辅助功能。

任务二　新建文件

1. 填写工程名称及选择各项规则

"土木实训楼"属于新建工程（以后可直接打开），单击【新建】，进入"新建工程"对话框，如图 1-2 所示。

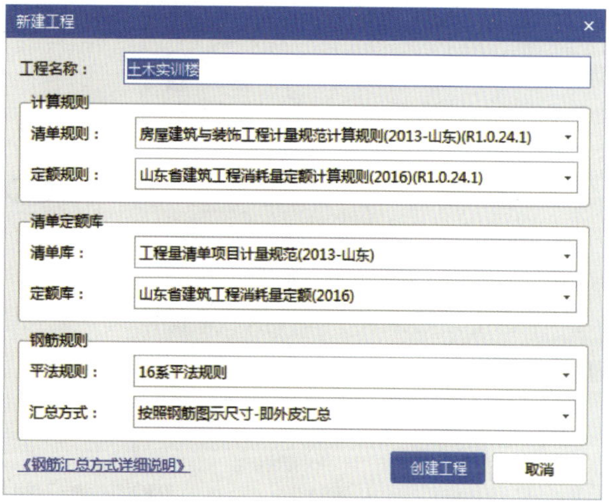

（1）工程名称：填写"土木实训楼"。

（2）清单规则：根据工程所属的省、市或合同规定选择确定，本工程选择"房屋建筑与装饰工程计量规范计算规则（2013- 山东）（R1.0.24.1）"。

（3）定额规则：选择各省、市的定额规则，本工程选择"山东省建筑工程消耗量定额计算规则（2016）（R1.0.24.1）"。

（4）清单库：清单规则确定后，清单库就会自动选择，不可随意改动，否则会使清单规则与清单不匹配，给后续算量带来不必要的麻烦，本工程选择"工程量清单项目计量规范（2013- 山东）"。

图　1-2

（5）定额库：依据合同规定来确定，注意和定额规则配套，本工程选择"山东省建筑工程消耗量定额（2016）"。

（6）平法规则：根据合同规定来确定，本工程选择"16 系平法规则"。

（7）汇总方式：选择"按照钢筋图示尺寸 - 即外皮汇总"。

> 说明：上面的"计算规则""清单定额库"和"平法规则"在选择时一定要准确无误；一经确定，后面将无法修改。

2. 填写工程信息

单击软件左上方【工程设置】选项板，单击【工程信息】按钮，弹出"工程信息"对话框。根据附录 A-1 建施 01，填写相关的工程信息，如图 1-3 所示。

3. 修改计算规则

单击【计算规则】按钮，切换至【计算规则】对话框。其中"清单规则""定额规则""平法规则""清单库"和"定额库"的属性值已经锁定，无法修改。若此时发现已经选错，则应关闭文件，并将其删除，重复前面的步骤，重新建立文件。

图 1-3

单击【钢筋报表】属性值后面的箭头，拖动滚动条向下选择"山东（2016）"，如图 1-4 所示，其他不变。另外，"编制信息"和"自定义"等应根据实际情况填写，此处不再赘述。

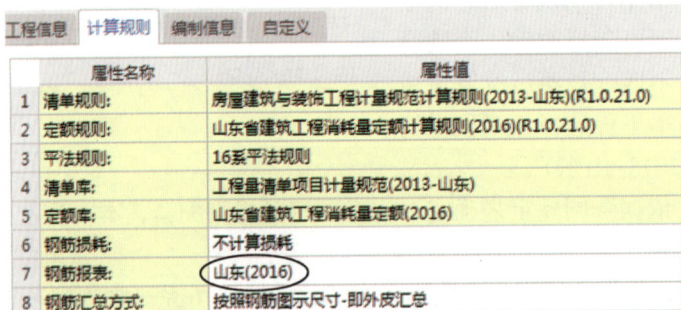

图 1-4

4. 保存文件

土建计量文件建完以后要及时保存，记清文件的存储位置，以便后续继续编辑文件。

子项二　设置楼层

理论链接：

广联达 BIM 土建计量平台软件在算量时，是按楼层来计算的，这一点与实际生活中建造建筑物非常相似，就像楼房需要一层一层地建造一样。软件中楼层的标高应按结构标高来设置。设置楼层属性的同时应设置本层构件属性，在这里按楼层统一设置好后，绘图时如再设置构件属性就方便多了。

任务一　设置楼层与构件信息

1. 填写楼层信息

单击软件左上方【工程设置】选项板，单击【楼层设置】按钮，弹出"楼层设置"对话框。阅读附录 A-2 结施 04~11，使用"插入楼层""删除楼层""上移""下移"按钮，填好楼层表，并将编码"4"后的"第 4 层"重命名为"闷顶层"，如图 1-5 所示。

　插入楼层　　删除楼层　　上移　　下移

首层	编码	楼层名称	层高(m)	底标高(m)	相同层数	板厚(mm)	建筑面积(m²)
☐	4	闷顶层	5.35	10.5	1	120	(0)
☐	3	第3层	3.35	7.15	1	120	(0)
☐	2	第2层	3.6	3.55	1	120	(0)
☑	1	首层	3.6	-0.05	1	120	(0)
☐	0	基础层	1.55	-1.6	1	500	(0)

图　1-5

2. 填写构件信息

填好楼层信息表以后，应详细填写构件信息表，填写时，参照附录 A-1 建施 02 和附录 A-2 结施 01 的相关设计说明，修改后的属性值变为黄色，如图 1-6 所示。如果想恢复原值，可单击表格下方的【恢复默认值（D）】按钮，修改好以后单击表格下方的【复制到其他楼层】按钮，弹出"复制到其他楼层"对话框，勾选全楼"土木实训楼"，单击【确定】按钮，提示"成功复制到所选楼层"，单击【确定】按钮，这样土木实训楼其他楼层的构件属性值就不用再一一修改了。楼层设置和构件信息设置无误后，关闭楼层设置对话框。在这里要特别注意，如果各楼层的属性值不一样，那么选择复制楼层时要分别对待。

	抗震等级	混凝...	混凝土类型	砂浆标号	砂浆类型	HPB235...	HRB3...
垫层	(非抗震)	C15	现浇混凝土...	M5.0	水泥砂浆	(39)	(38/42)
基础	(三级抗震)	C30	现浇混凝土...	M5.0	水泥砂浆	(32)	(30/34)
基础梁/承台梁	(三级抗震)	C30	现浇混凝土...			(32)	(30/34)
柱	(三级抗震)	C30	现浇混凝土...	M5.0	混合砂浆	(32)	(30/34)
剪力墙	(三级抗震)	C30	现浇混凝土...			(32)	(30/34)
人防门框墙	(三级抗震)	C30	现浇混凝土...			(32)	(30/34)
墙柱	(三级抗震)	C30	现浇混凝土...			(32)	(30/34)
墙梁	(三级抗震)	C30	现浇混凝土...			(32)	(30/34)
框架梁	(三级抗震)	C30	现浇混凝土...			(32)	(30/34)
非框架梁	(非抗震)	C30	现浇混凝土...			(30)	(29/32)
现浇板	(非抗震)	C30	现浇混凝土...			(30)	(29/32)
楼梯	(非抗震)	C25	现浇混凝土...			(34)	(33/36)
构造柱	(三级抗震)	C25	现浇混凝土...			(36)	(35/38)
圈梁/过梁	(三级抗震)	C25	现浇混凝土...			(36)	(35/38)
砌体墙柱	(非抗震)	C15	现浇混凝土...	M5.0	混合砂浆	(39)	(38/42)
其它	(非抗震)	C30	现浇混凝土...	M5.0	混合砂浆	(30)	(29/32)

图　1-6

任务二　熟悉建模界面

单击软件【视图】选项板→单击"用户面板"里的【导航树】打开或关闭导航树（导航

树一般处于打开状态）→单击【构件列表】将其打开→单击【属性】将其打开。单击【建模】选项板，软件进入绘图建模输入界面，如图 1-7 所示。

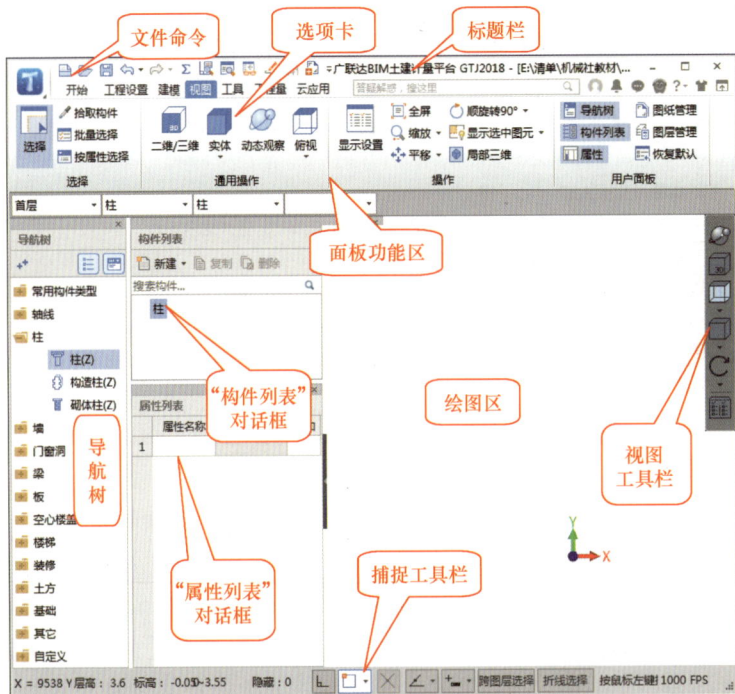

图　1-7

子项三　新建轴网

理论链接：

　　建筑物柱、梁、板、墙等主要构件的相对位置是依靠轴线来确定的，画图时要先确定轴线位置，然后才能绘制柱、梁等主要构件。

新建轴网

任务一　输入轴距

　　单击"导航树"内"轴线"前面的 ，使其展开→双击【轴网】→打开"定义"对话框→单击构件列表下的【新建】→单击【新建正交轴网】，新建"轴网-1"，根据附录 A-1 建施 04，分别填写"下开间"和"右进深"的相关参数。填写方法一：直接在"添加（A）"下方输入数字；填写方法二：双击"常用值（mm）"下方的数字，如图 1-8 所示。

图　1-8

任务二 画轴网

单击 ✕ 关闭"定义"对话框，弹出"请输入角度"对话框，如图 1-9 所示。由于土木实训楼纵轴与水平方向角度为 0°，因此软件默认值是正确的（遇到倾斜轴网时要输入角度），单击【确定】按钮。单击"轴网二次编辑"里的【修改轴号】按钮→单击绘图区 Ⓓ 轴线中部，弹出"请输入轴号"对话框，将轴号"D"改为"1/C"，单击【确定】按钮，如图 1-10 所示。

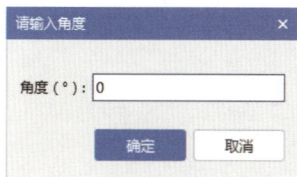

图 1-9   图 1-10

采用同样方法，将图上的"E"轴号改为"D"。单击"轴网二次编辑"里的【修改轴号位置】→在轴网的左上角单击鼠标左键→在轴网的右下角单击鼠标左键（这时屏幕所有轴线变为蓝色，表示已被选中）→单击鼠标右键，弹出"修改标号位置"对话框→单击【两端标注】→单击【确定】按钮，这样轴网就建好了，如图 1-11 所示。

工程中轴线信息特别重要，一定不要出错

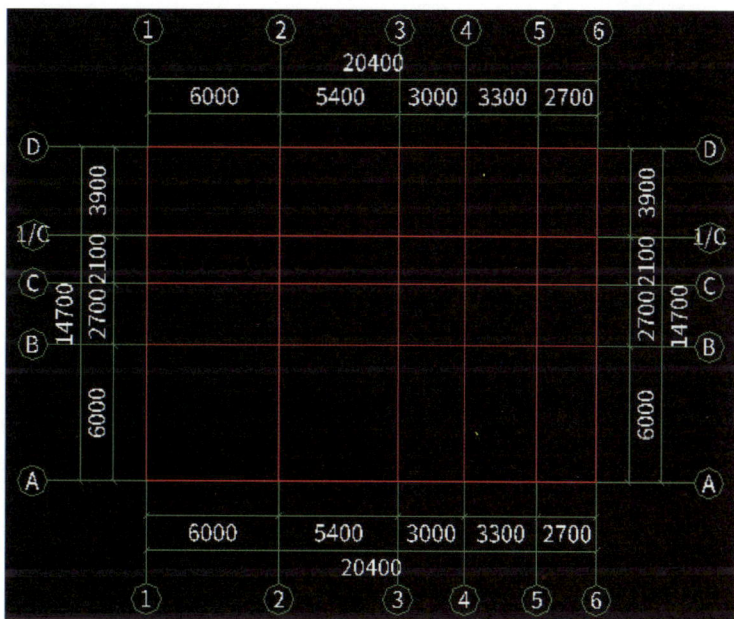

图 1-11

画斜交轴网、弧形轴网

学习目标

对于具体的工程，在广联达 BIM 土建计量平台软件中没有规定具体的画图顺序，但是从大量的实践经验来看，框架结构最好遵循柱、梁、墙、门、窗、板的顺序，这样做可以避免不必要的麻烦和错误。

子项一　画框架柱、梯柱

理论链接：

柱按图示断面尺寸乘以柱高以体积计算。现浇混凝土与基础的划分，以基础扩大面积的顶面为分界线，以下为基础，以上为柱。框架柱的柱高，自柱基上表面至柱顶面高度计算。

在框架结构体系的建筑物中，框架柱是垂直方向上主要的承重构件，框架柱的位置必须准确无误，尤其是偏心柱要特别注意其定位尺寸。

任务一　建立框架柱、定义属性

单击"导航树"中【柱】前面的 使其展开→单击【柱（Z）】→单击【视图】选项板→单击【构件列表】，打开"构件列表"对话框→单击

建立框架柱

【属性（P）】，打开"属性列表"对话框→单击"构件列表"下的【新建】按钮→单击【新建矩形柱】，创建"KZ-1"。重复操作建立"KZ-2"和"KZ-3"。光标指到"框架柱"下的"KZ-1"，单击鼠标右键，弹出快捷菜单→单击【重命名】，将"KZ-1"重命名为"KZ1"，采用同样方法，将"KZ-2"改为"KZ2"，将"KZ-3"改为"KZ3"。仔细阅读附录 A-2 结施 05，分别填写"KZ1""KZ2""KZ3"的属性，如图 2-1 所示。

	属性名称	KZ1	KZ2	KZ3
1	名称	KZ1	KZ2	KZ3
2	结构类别	框架柱	框架柱	框架柱
3	定额类别	普通柱	普通柱	普通柱
4	截面宽度(B边)	450	450	500
5	截面高度(H边)	450	450	500
6	全部纵筋			
7	角筋	4Φ22	4Φ25	4Φ22
8	B边一侧中部筋	1Φ22	2Φ25	2Φ20
9	H边一侧中部筋	1Φ22	1Φ25	2Φ20
10	箍筋	Φ8@100/200(2*2)	Φ8@100/200(3*2)	Φ8@100/200(4*4)
11	节点区箍筋			
12	箍筋胶数	2*2	3*2	4*4
13	柱类型	(中柱)	(中柱)	(中柱)
14	材质	混凝土	混凝土	混凝土
15	混凝土类型	(现浇混凝土碎石…	(现浇混凝土碎石…	(现浇混凝土碎石…
16	混凝土强度等级	(C30)	(C30)	(C30)
17	混凝土外加剂	(无)	(无)	(无)
18	泵送类型	(混凝土泵)	(混凝土泵)	(混凝土泵)
19	泵送高度(m)			
20	截面面积(m²)	0.203	0.203	0.25
21	截面周长(m)	1.8	1.8	
22	顶标高(m)	层顶标高	层顶标高	层顶标高
23	底标高(m)	层底标高	层底标高	层底标高

图 2-1

输入"全部纵筋"时，要先把"角筋""B 边一侧中部筋""H 边一侧中部筋"后面的属性值删除。软件规定：Ⅰ级（HPB300）钢筋用 A（a）表示，Ⅱ级（HRB335）钢筋用 B（b）表示，Ⅲ级（HRB400、RRB400）钢筋用 C（c）表示。

任务二 画框架柱

1. 布置框架柱

单击选中"构件列表"内的【KZ1】，单击"绘图"面板里的【点】，移动光标对准 Ⓐ 轴与 ① 轴相交处并单击鼠标左键，参考附录 A-2 结施 04，依次单击鼠标左键布置完所有 KZ1，最后单击鼠标右键结束操作。

单击选中"构件列表"内的【KZ2】，单击"绘图"面板里的【点】，移动光标对准 ① 轴与 Ⓒ 轴相交处并单击鼠标左键，参考附录 A-2 结施 04，依次单击鼠标左键布置完所有 KZ2，最后单击鼠标右键结束操作。采用同样方法，布置 KZ3。

画框架柱、计算工程量

2. 修改框架柱位置

仔细阅读附录 A-2 结施 04，发现 KZ3 的位置与图样的位置不相符，这时需要调整它们的位置。

将光标移到屏幕黑色绘图区的任意位置，单击鼠标右键，单击【查改标注】按钮，软件显示出每根柱子与轴线的定位尺寸，如图 2-2 所示。

将光标移到 Ⓐ/ ④ 轴 KZ3 处，滚动鼠标滚轮，将此处的 KZ3 放大，单击柱右下角绿色的数字"250"，输入"225"后按 <Enter> 键，如图 2-3 所示。仔细阅读附录 A-2 结施 04，采用同样方法，将所有的 KZ3 调整到图样所示位置。

框架柱位置要准确无误

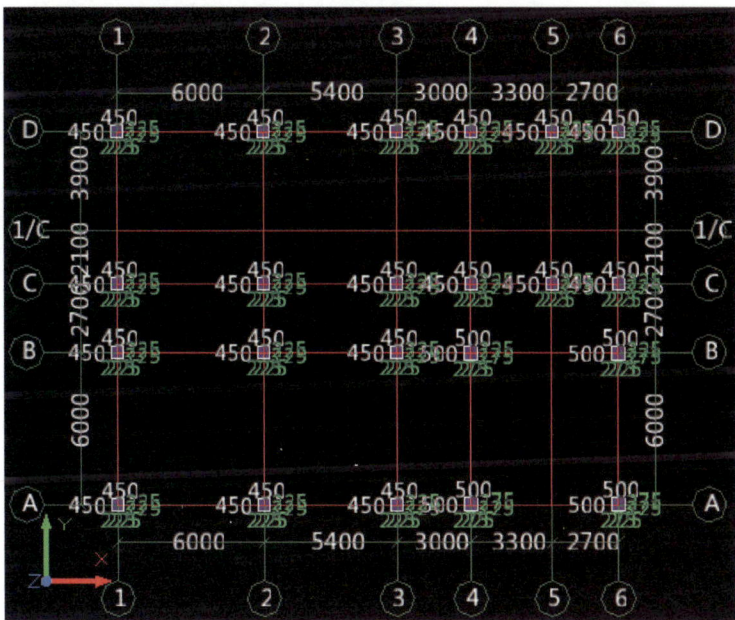

图 2-2

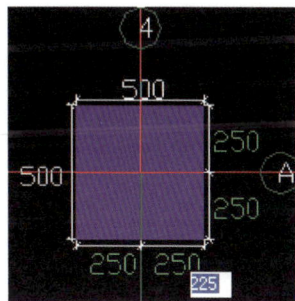

图 2-3

修改完以后，参照附录 A-2 结施 04，逐一检查每根框架柱的位置是否正确；检查无误后，单击鼠标右键结束"查改标注"命令。单击【选择】按钮，按 <Shift+Z> 键，这时绘图区显示出已绘制的框架柱名称，首层框架柱布置如图 2-4 所示。再次按 <Shift+Z> 键关闭所有框架柱名称。

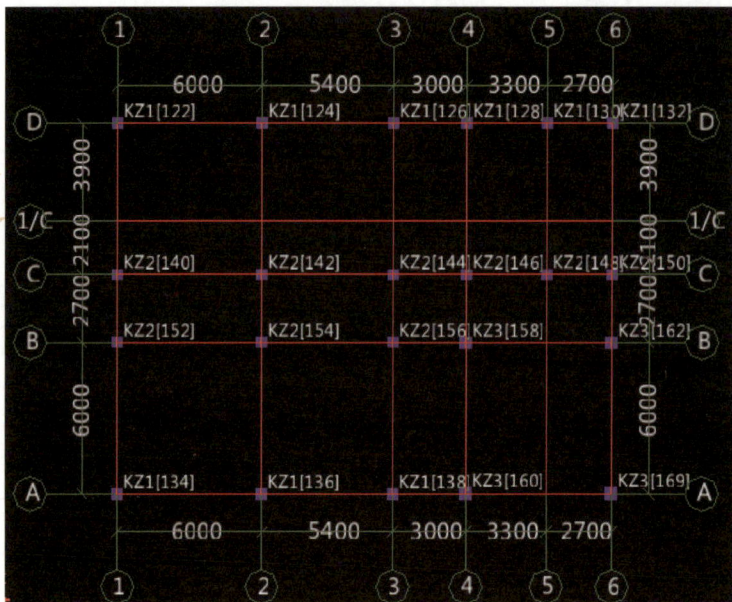

图 2-4

认真、仔细是一种能力

任务三　添加框架柱清单、定额子目

1. 添加 KZ1 清单、定额子目

双击"构件列表"下的【KZ1】，打开"定义"对话框→单击【构件做法】→单击【添加清单】，清单编码下出现一行空白的清单表，单击【查询匹配清单】→双击表内的【010502001 矩形柱】清单，这时矩形柱清单就自动添加到了清单表中。双击"矩形柱"后面的【编辑项目特征】列→单击后面的 ⋯，弹出"编辑项目特征"对话框。填写"矩形柱"项目特征，如图 2-5 所示。填完以后，单击【确定】按钮。

图 2-5

单击【添加定额】按钮，在【编码】列输入"5-1-14"，然后按 <Enter> 键确认。单击【添加定额】按钮，在【编码】列输入"5-3-4"，双击【工程量表达式】列→单击后面的 ▾ →单击【更多…】，弹出"工程量表达式"对话框，双击其中【体积】行，"代码列表"上面的文本框显示出"TJ"，然后在 TJ 后面单击鼠标左键，输入"*0.98691"，最后单击【确定】按钮，如图 2-6 所示。采用同样方法，添加"5-3-12"定额子目，并将工程量表达式修改为"TJ*0.98691"。

双击"查询匹配清单"下【011702002 矩形柱】行，清单就自动添加到了清单表中。双击【项目特征】列→单击后面的 ⋯，弹出"编辑项目特征"对话框，填写"矩形柱"项目特征"1. 模板的材质：胶合板　2. 支撑：钢管支撑"。填完以后，单击【确定】按钮。单击【添加定额】按钮，在【编码】列依次输入定额项目"18-1-36"和"18-1-48"。

单击"构件做法"下方的【查询清单库】按钮，拖动左边的滑动条，找到"措施项目"，单击左边的三角符号→单击【脚手架工程】→双击右边的【011701002】行，"外脚手架"清单就自动添加到了清单表中。双击【项目特征】列→单击后面的 ⋯，弹出"编辑项目特征"对话框，填写"1.脚手架搭设的方式：单排　2.高度：3.6m以内　3.材质：钢管脚手架"→单击【确定】按钮。单击"工程量表达式"单元格后面的 ▼→单击【更多…】，弹出"工程量表达式"对话框，双击【脚手架面积】行，"代码列表"上面的文本框显示出"JSJMJ"。单击【添加定额】按钮，在【编码】列输入"17-1-6"。KZ1清单、定额子目信息表如图2-7所示。

工程量表达式

TJ*0.98691

代码列表　　　　　　　　　　　　□ 显示中间量

	工程量名称	工程量代码
1	周长	ZC
2	体积	TJ
3	模板面积	MBMJ
4	超高模板面积	CGMBMJ
5	数量	SL
6	脚手架面积	JSJMJ
7	高度	GD
8	截面面积	JMMJZ

● 替换　　○ 追加　　　　　【确定】　【取消】

图　2-6

2. 添加KZ2和KZ3清单、定额子目

参照添加KZ1清单、定额子目的步骤，添加KZ2和KZ3的清单、定额子目。信息表中5~9行为措施项目，注意后面是否已经勾选，其中【单价】和【综合单价】两列的信息不必修改。清单、定额子目套完以后，关闭"定义"对话框。

	编码	类别	名称	项目特征	单位	工程量表达式	表达式说明	单价	综合单价	措施项目
1	⊟ 010502001	项	矩形柱	1.混凝土种类：泵送商品混凝土 2.混凝土强度等级：C30	m³	TJ	TJ<体积>			☐
2	5-1-14	定	C30矩形柱		m³	TJ	TJ<体积>	5175.83		☐
3	5-3-4	定	场外集中搅拌混凝土 25m³/h		m³	TJ*0.98691	TJ<体积>*0.9869	318.63		☐
4	5-3-12	定	泵送混凝土 柱、墙、梁、板 泵车		m³	TJ*0.98691	TJ<体积>*0.9869	96.23		☐
5	⊟ 011702002	项	矩形柱	1.模板的材质：胶合木 2.支撑：钢管支撑	m²	MBMJ	MBMJ<模板面积>			☑
6	18-1-36	定	矩形柱复合木模板钢支撑		m²	MBMJ	MBMJ<模板面积>	466.43		☑
7	18-1-48	定	柱支撑高度>3.6m每增1m钢支撑		m²	CGMBMJ	CGMBMJ<超高模板面积>	31.6		☑
8	⊟ 011701002	项	外脚手架	1.脚手架搭设的方式：单排 2.高度：3.6m以内 3.材质：钢管脚手架	m²	JSJMJ	JSJMJ<脚手架面积>			☑
9	17-1-6	定	单排外钢管脚手架≤6m		m²	JSJMJ	JSJMJ<脚手架面积>	103.96		☑

图　2-7

任务四　修改角柱和边柱的属性

1. 修改角柱属性

单击"选择"面板的【选择】按钮，移动光标，同时选中Ⓐ、①轴，Ⓓ、①轴，Ⓐ、⑥轴，Ⓓ、⑥轴相交处的KZ1和KZ3，单击"属性列表"的第13行"柱类型"后面的【中柱】单元格，将属性值由"(中柱)"修改为"角柱"，如图2-8所示。将光标移动到黑色绘图区并单击鼠标右键，单击【取消选择（A）】，这样 4 根角柱的类型就修改好了。

2. 修改边柱属性

单击"选择"面板的【选择】按钮，同时选中Ⓐ轴和Ⓓ轴中部的所有框架柱，单击"属性列表"第 13 行"柱类型"后面的【中柱】单元格，将属性值由"（中柱）"修改为"边柱 -B"。将光标移动到黑色绘图区并单击鼠标右键，单击【取消选择（A）】按钮。

同时选中①轴和⑥轴中部的所有框架柱，单击"属性列表"第 13 行"柱类型"后面的【中柱】单元格，将属性值由"（中柱）"修改为"边柱 -H"。将光标移动到黑色绘图区，单击鼠标右键，单击【取消选择（A）】按钮。至此，首层的框架柱就画完了。

🀫 任务五 汇总计算及查看工程量

1. 汇总计算

单击软件右上方选项板【工程量】→单击"汇总"面板里的【汇总计算】，弹出"汇总计算"对话框，勾选"全楼"，单击【确定】按钮，如图 2-9 所示。软件开始计算，弹出"计算成功"提示对话框，单击【确定】按钮。

2. 查看工程量

单击【查看工程量】按钮，用鼠标左键框选所有框架柱，弹出"查看构件图元工程量"对话框。单击【做法工程量】，软件计算的工程量结果如图 2-10 所示，查看完毕，单击【退出】按钮。工程量表中的"单价"和"合价"栏可忽略，具体价格要到计价软件里面调整确定。

	属性名称	属性值
	属性列表	图层管理
1	名称	?
2	结构类别	框架柱
3	定额类别	普通柱
4	截面宽度(B边)(...	?
5	截面高度(H边)(...	?
6	全部纵筋	
7	角筋	4Φ22
8	B边一侧中部筋	?
9	H边一侧中部筋	?
10	箍筋	?
11	节点区箍筋	
12	箍筋胶数	?
13	柱类型	(中柱)
14	材质	（默认值）
15	混凝土类型	角柱
16	混凝土强度等级	边柱-B
17	混凝土外加剂	边柱-H
18	泵送类型	中柱
19	泵送高度(m)	
20	截面面积(m²)	?
21	截面周长(m)	
22	顶标高(m)	层顶标高(3.55)
23	底标高(m)	层底标高(-0.05)
24	备注	

图 2-8

查看构件图元工程量

构件工程量 | 做法工程量

	编码	项目名称	单位	工程量	单价	合价
1	010502001	矩形柱	m³	16.722		
2	5-1-14	C30矩形柱	10m³	1.6722	6763.61	11310.1086
3	5-3-4	场外集中搅拌混凝土 25m³/h	10m³	1.65038	363.67	600.1937
4	5-3-12	泵送混凝土 柱、墙、梁、板 泵车	10m³	1.65038	128.46	212.0078
5	011702002	矩形柱	m²	145.44		
6	18-1-36	矩形柱复合木模板钢支撑	10m²	14.544	564.01	8202.9614
7	18-1-48	柱支撑高度>3.6m 每增1m 钢支撑	10m²	1.414	37.59	53.1523
8	011701002	外脚手架	m²	430.56		
9	17-1-6	单排外钢管脚手架≤6m	10m²	43.056	119.72	5154.6643

显示构件明细(D) | 导出到Excel | 退出

汇总计算

▲ ☑ 全楼
　▲ ☑ 首层
　　▷ ☑ 柱

☑ 土建计算　☑ 钢筋计算　☑ 表格输入

<<选项　确定　取消

图 2-9

图 2-10

> **说明**：在校核工程量时，当土建算量文件的工程量和本书所示的工程量完全吻合时，说明绘图完全正确；若工程量相差比较大，说明绘图（即输入的构件）有问题；若工程量相差极小且图样经反复检查并没发现问题，可能是编写本书所用的软件版本（1.0.24.6）与绘图所用软件版本不一致所致，这时误差可以忽略不计。

单击鼠标左键框选所有的框架柱，单击【查看钢筋量】按钮，弹出"查看钢筋量"对话框，框架柱钢筋工程量如图 2-11 所示。查看完毕单击右上角的 ✕ 关闭"查看钢筋量"对话框。

查看钢筋量

📖 导出到Excel

钢筋总重量（kg）：3037.105

| | 楼层名称 | 构件名称 | 钢筋总重量（kg） | HPB300 | | HRB400 | | | |
				8	合计	20	22	25	合计
1		KZ1[49]	103.419	18.075	18.075		85.344		85.344
2		KZ1[50]	103.419	18.075	18.075		85.344		85.344
3		KZ1[51]	103.419	18.075	18.075		85.344		85.344
4		KZ1[52]	103.419	18.075	18.075		85.344		85.344
5		KZ1[53]	103.419	18.075	18.075		85.344		85.344
6		KZ1[54]	103.419	18.075	18.075		85.344		85.344
7		KZ1[55]	103.419	18.075	18.075		85.344		85.344
8		KZ1[56]	103.419	18.075	18.075		85.344		85.344
9		KZ1[57]	103.419	18.075	18.075		85.344		85.344
10		KZ2[59]	161.83	24	24			137.83	137.83
11		KZ2[60]	161.83	24	24			137.83	137.83
12	首层	KZ2[61]	161.83	24	24			137.83	137.83
13		KZ2[62]	161.83	24	24			137.83	137.83
14		KZ2[63]	161.83	24	24			137.83	137.83
15		KZ2[70]	161.83	24	24			137.83	137.83
16		KZ2[71]	161.83	24	24			137.83	137.83
17		KZ2[72]	161.83	24	24			137.83	137.83
18		KZ2[73]	161.83	24	24			137.83	137.83
19		KZ3[64]	182.466	49.05	49.05	70.744	42.672		113.416
20		KZ3[65]	182.466	49.05	49.05	70.744	42.672		113.416
21		KZ3[66]	182.466	49.05	49.05	70.744	42.672		113.416
22		KZ3[67]	182.466	49.05	49.05	70.744	42.672		113.416
23		合计：	3037.105	574.875	574.875	282.976	938.784	1240.47	2462.23

图 2-11

🖥 任务六　画梯柱

1. 定义 TZ1 的属性

根据附录 A-2 结施 04、15、17，定义 TZ1 的属性。单击"构件列表"下的【新建】→单击【新建矩形柱】→单击【属性列表】，将名称"KZ4"改为"TZ1"，其属性值修改如图 2-12 所示。

画梯柱

2. 作辅助轴线

单击"通用操作"面板内轴网工具 ⚡ 后面的箭头 ▾ →单击【平行辅轴】→单击选中 ⑩ 轴线，弹出"请输入"对话框，如图 2-13 所示。输入"偏移距离（mm）"为"−1680"，"轴号"为"2/C"，单击【确定】按钮。说明：−1680mm=−（1800mm−240mm/2）。

图　2-12

图　2-13

3. 画 TZ1

单击"构件列表"里的【TZ1】→单击【点】→单击 ②/C 辅轴与④轴相交处→单击 ②/C 辅轴与⑤轴相交处→单击鼠标右键结束操作→单击黑色绘图区右侧菜单条动态观察按钮 🔵 →在绘图区按下鼠标左键（不松）慢慢移动，同时滑动鼠标滚轮调整大小→调成如图 2-14 所示状态→单击【选择】→单击选中已画好的两根 TZ1→单击"属性列表"里"顶标高"后面的【属性值】→单击向下的箭头→单击【层底标高】→单击提示框（柱高度不能为 0）的【确认】按钮→将属性值改为"层底标高 +1.83"→按 <Enter> 键确认，观察绘图区 TZ1 的变化，如图 2-15 所示。

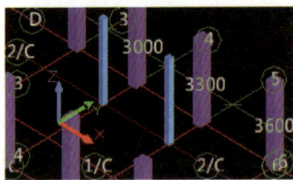

图　2-14

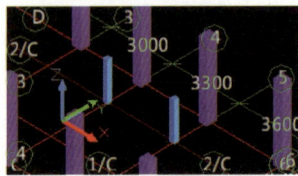

图　2-15

4. 调整 TZ1 的位置

移动左边 TZ1：单击黑色绘图区右侧菜单条视图方向按钮 🔲 下方的箭头→单击【俯视】→单击【选择】→单击选中左边的 TZ1→单击"修改"面板里的【移动】→单击 TZ1 中心位置→按 <Shift> 键后再次单击 TZ1 中心位置，弹出"请输入偏移值"对话框（图 2-16），输入"X=105"→单击【确定】按钮，左边 TZ1 自动往右移动 105mm。同理，移动右边 TZ1，输入

"X"值时改为"–105"，TZ1 移动后如图 2-17 所示。说明：105mm=225mm–240mm/2。

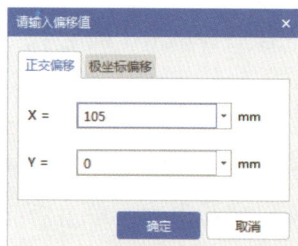

图 2-16

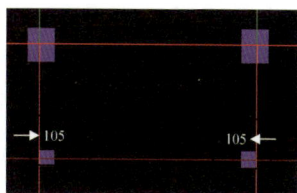

图 2-17

单击"导航树"下"轴线"前面的 ⊞，单击【辅助轴线（O）】按钮，选中梯柱处的辅助轴线 ②/C，按 <Delete> 键，这样辅助轴线就删除了。然后，单击"导航树"下的 ▽ 柱(Z) ，返回到"柱"这一层。

5. 添加 TZ1 清单、定额子目

双击"构件列表"下的【TZ1】，打开"定义"对话框。单击【构件做法】按钮，单击【添加清单】按钮，在清单编码下出现一行空白的清单表。单击下方【查询匹配清单】按钮，双击表内的【010502001 矩形柱】清单，这时矩形柱清单就自动添加到了清单表中。双击"矩形柱"后面的【项目特征】列→单击后面的 ⋯，弹出"编辑项目特征"对话框。填写"矩形柱"项目特征，如图 2-18 所示。填完以后，单击【确定】按钮。

单击【添加定额】按钮，在【编码】列输入"5-1-14"，按 <Enter> 键确认。单击【添加定额】按钮，在【编码】列输入"5-3-4"，双击【工程量表达式】列→单击后面的 ▼ →单击【更多…】，弹出"工程量表达式"对话框，双击下面的【体积】行，"代码代表"上面的文本框显示出"TJ"，然后在 TJ 后面单击鼠标左键，输入"*0.98691"，单击【确定】按钮，如图 2-19 所示。采用同样方法添加"5-3-12"定额子目，并将工程量表达式修改为"TJ*0.98691"。

图 2-18

图 2-19

双击"查询匹配清单"中【011702002　矩形柱】行，清单就自动添加到了清单表中。双击【项目特征】列→单击后面的 ⋯，弹出"编辑项目特征"对话框。填写"矩形柱"项目特征"1. 模板的材质：胶合板　2. 支撑：钢管支撑"。填完以后，单击【确定】按钮。单击【添加定额】按钮，在【编码】列输入定额项目"18-1-36"。

单击"构件做法"下方的【查询清单库】按钮，拖动左边的滑动条，找到【措施项目】，单击左边的三角符号，单击【脚手架工程】按钮→双击右边的【011701002】行，"外脚手架"清单就自动添加到了清单表中。双击【项目特征】列→单击后面的 ⋯，弹出"编辑项目特征"对话框。填写"1. 脚手架搭设的方式：双排　2. 高度：15m 以内　3. 材质：钢管脚手架"，单击【确定】按钮。单击【工程量表达式】单元格后面的 ▼ →单击【更多…】，弹出"工程量表达式"对话框，双击【脚手架面积】行，上面的文本框显示出"JSJMJ"。单击【添加定额】按钮，在【编码】列输入"17-1-6"。TZ1 清单、定额子目信息表如图 2-20 所示。

	编码	类别	名称	项目特征	单位	工程量表达式	表达式说明	单价	综合单价	措施项目
1	⊟ 010502001	项	矩形柱	1. 混凝土种类：泵送商品混凝土 2. 混凝土强度等级：C30	m³	TJ	TJ〈体积〉			☐
2	5-1-14	定	C30矩形柱		m³	TJ	TJ〈体积〉	6763.61		☐
3	5-3-4	定	场外集中搅拌混凝土 25m³/h		m³	TJ*0.9 8691	TJ〈体积〉* 0.9869	363.67		☐
4	5-3-12	定	泵送混凝土 柱、墙、梁、板 泵车		m³	TJ*0.9 8691	TJ〈体积〉* 0.9869	128.46		☐
5	⊟ 011702002	项	矩形柱	1. 模板的材质：胶合板 2. 支撑：钢管支撑	m²	MBMJ	MBMJ〈模板面积〉			☑
6	18-1-36	定	矩形柱复合木模板钢支撑		m²	MBMJ	MBMJ〈模板面积〉	564.01		☑
7	⊟ 011701002	项	外脚手架	1. 脚手架搭设的方式：双排 2. 高度：15m以内 3. 材质：钢管脚手架	m²	JSJMJ	JSJMJ〈脚手架面积〉			☑
8	17-1-6	定	单排外钢管脚手架≤6m		m²	JSJMJ	JSJMJ〈脚手架面积〉	119.72		☑

图 2-20

6. 汇总计算并查看工程量

单击软件右上方【工程量】选项板，单击【汇总计算】按钮，弹出"汇总计算"对话框，勾选"全楼"，单击【确定】按钮。软件开始计算，之后弹出"计算成功"提示对话框，单击【确定】按钮。

单击鼠标左键框选两根 TZ1，单击【查看工程量】按钮，弹出"查看构件图元工程量"对话框。单击【做法工程量】，软件计算的工程量结果如图 2-21 所示。最后，单击【退出】按钮。

单击鼠标左键框选两根 TZ1，单击【查看钢筋量】按钮，弹出"查看钢筋量"对话框，TZ1 钢筋工程量如图 2-22 所示。查看完毕单击 ✕ 关闭"查看钢筋量"对话框。

查看构件图元工程量

构件工程量　**做法工程量**

	编码	项目名称	单位	工程量	单价	合价
1	010502001	矩形柱	m³	0.2108		
2	5-1-14	C30矩形柱	10m³	0.02108	6763.61	142.5769
3	5-3-4	场外集中搅拌混凝土 25m³/h	10m³	0.0208	363.67	7.5643
4	5-3-12	泵送混凝土 柱、墙、梁、板 泵车	10m³	0.0208	128.46	2.672
5	011702002	矩形柱	m²	3.5136		
6	18-1-36	矩形柱复合木模板钢支撑	10m²	0.35136	564.01	198.1706
7	011701002	外脚手架	m²	16.6896		
8	17-1-6	单排外钢管脚手架≤6m	10m²	1.66896	119.72	199.8079

显示构件明细(D)　　　导出到Excel　　　　退出

图　2-21

查看钢筋量

导出到Excel

钢筋总重量（kg）：36.288

	楼层名称	构件名称	钢筋总重量（kg）	HPB300		HRB335	
				8	合计	14	合计
1	首层	TZ1[169]	18.144	9.384	9.384	8.76	8.76
2		TZ1[170]	18.144	9.384	9.384	8.76	8.76
3		合计：	36.288	18.768	18.768	17.52	17.52

图　2-22

子项二　画框架梁及其他梁

理论链接：

现浇混凝土梁按图示断面尺寸乘以梁长以体积计算。梁长及梁高按下列规定确定：

（1）梁与柱连接时，梁长算至柱侧面。

（2）柱梁与次梁连接时，次梁长算至主梁侧面。伸入墙体内的梁头、梁垫体积并入梁体积内计算。

（3）梁（单梁、框架梁）与板整体现浇时，梁高计算至板底。

在广联达 BIM 土建计量平台软件中，画完框架柱以后，就可以布置各种梁了。阅读施工图时，重点应放在识读梁的截面尺寸和梁顶标高上，画图时要注意梁与柱的相对位置。

任务一　画框架梁

1. 建立框架梁、定义属性

单击"导航树"中"梁"前面的　使其展开→双击【梁（L）】→单击构件列表下的【新建】→单击【新建矩形梁】，新建"KL-1"。重复操作建立"KL-2~KL-13"。仔细阅读附录 A-2 结施 06、07，分别填

画框架梁

写 KL-1~KL-13 的属性，如图 2-23~ 图 2-27 所示。填写时注意将 "KL-1~KL-13" 分别改为 "KL1~KL13"。

	属性名称	属性值		属性名称	属性值		属性名称	属性值
1	名称	KL1	1	名称	KL2	1	名称	KL3
2	结构类别	楼层框架梁	2	结构类别	楼层框架梁	2	结构类别	楼层框架梁
3	跨数量		3	跨数量		3	跨数量	
4	截面宽度(mm)	300	4	截面宽度(mm)	300	4	截面宽度(mm)	240
5	截面高度(mm)	600	5	截面高度(mm)	600	5	截面高度(mm)	350
6	轴线距梁左边线距...	(150)	6	轴线距梁左边线距...	(150)	6	轴线距梁左边线距...	(120)
7	箍筋	Φ8@100/150(2)	7	箍筋	Φ8@100/150(2)	7	箍筋	Φ8@100/200(2)
8	胶数	2	8	胶数	2	8	胶数	2
9	上部通长筋	2Φ20	9	上部通长筋	2Φ20	9	上部通长筋	3Φ22
10	下部通长筋	3Φ25	10	下部通长筋	3Φ25	10	下部通长筋	2Φ20
11	侧面构造或受扭筋	N2Φ12	11	侧面构造或受扭筋	N4Φ12	11	侧面构造或受扭筋	N2Φ12
12	拉筋	(Φ6)	12	拉筋	(Φ6)	12	拉筋	(Φ6)
13	定额类别	连续梁	13	定额类别	连续梁	13	定额类别	连续梁
14	材质	混凝土	14	材质	混凝土	14	材质	混凝土
15	混凝土类型	(现浇混凝土碎石<31.5)	15	混凝土类型	(现浇混凝土碎石<31.5)	15	混凝土类型	(现浇混凝土碎石<3...
16	混凝土强度等级	(C30)	16	混凝土强度等级	(C30)	16	混凝土强度等级	(C30)
17	混凝土外加剂	(无)	17	混凝土外加剂	(无)	17	混凝土外加剂	(无)
18	泵送类型	(混凝土泵)	18	泵送类型	(混凝土泵)	18	泵送类型	(混凝土泵)
19	泵送高度(m)		19	泵送高度(m)		19	泵送高度(m)	
20	截面周长(m)	1.8	20	截面周长(m)	1.8	20	截面周长(m)	1.18
21	截面面积(m²)	0.18	21	截面面积(m²)	0.18	21	截面面积(m²)	0.084
22	起点顶标高(m)	层顶标高	22	起点顶标高(m)	层顶标高	22	起点顶标高(m)	层顶标高-1.77
23	终点顶标高(m)	层顶标高	23	终点顶标高(m)	层顶标高	23	终点顶标高(m)	层顶标高-1.77

特殊部位，仔细填写

图　2-23

	属性名称	属性值		属性名称	属性值		属性名称	属性值
1	名称	KL4	1	名称	KL5	1	名称	KL6
2	结构类别	楼层框架梁	2	结构类别	楼层框架梁	2	结构类别	楼层框架梁
3	跨数量		3	跨数量		3	跨数量	
4	截面宽度(mm)	300	4	截面宽度(mm)	250	4	截面宽度(mm)	250
5	截面高度(mm)	600	5	截面高度(mm)	600	5	截面高度(mm)	600
6	轴线距梁左边线距...	(150)	6	轴线距梁左边线距...	(125)	6	轴线距梁左边线距...	(125)
7	箍筋	Φ8@100/200(2)	7	箍筋	Φ8@100/200(2)	7	箍筋	Φ8@100/200(2)
8	胶数	2	8	胶数	2	8	胶数	2
9	上部通长筋	3Φ22	9	上部通长筋	2Φ20	9	上部通长筋	2Φ20
10	下部通长筋	2Φ18	10	下部通长筋	3Φ22	10	下部通长筋	3Φ22
11	侧面构造或受扭筋	N4Φ12	11	侧面构造或受扭筋	G4Φ12	11	侧面构造或受扭筋	
12	拉筋	(Φ6)	12	拉筋	(Φ6)	12	拉筋	
13	定额类别	连续梁	13	定额类别	连续梁	13	定额类别	连续梁
14	材质	混凝土	14	材质	混凝土	14	材质	混凝土
15	混凝土类型	(现浇混凝土碎石<3...	15	混凝土类型	(现浇混凝土碎石<3...	15	混凝土类型	(现浇混凝土碎石<3...
16	混凝土强度等级	(C30)	16	混凝土强度等级	(C30)	16	混凝土强度等级	(C30)
17	混凝土外加剂	(无)	17	混凝土外加剂	(无)	17	混凝土外加剂	(无)
18	泵送类型	(混凝土泵)	18	泵送类型	(混凝土泵)	18	泵送类型	(混凝土泵)
19	泵送高度(m)		19	泵送高度(m)		19	泵送高度(m)	
20	截面周长(m)	1.8	20	截面周长(m)	1.7	20	截面周长(m)	1.7
21	截面面积(m²)	0.18	21	截面面积(m²)	0.15	21	截面面积(m²)	0.15
22	起点顶标高(m)	层顶标高	22	起点顶标高(m)	层顶标高	22	起点顶标高(m)	层顶标高
23	终点顶标高(m)	层顶标高	23	终点顶标高(m)	层顶标高	23	终点顶标高(m)	层顶标高

图　2-24

	属性名称	属性值
1	名称	KL7
2	结构类别	楼层框架梁
3	跨数量	
4	截面宽度(mm)	250
5	截面高度(mm)	600
6	轴线距梁左边…	(125)
7	箍筋	Φ8@100/200(2)
8	胶数	2
9	上部通长筋	2Φ20
10	下部通长筋	3Φ25
11	侧面构造或受…	G4Φ12
12	拉筋	(Φ6)
13	定额类别	连续梁
14	材质	现浇混凝土
15	混凝土类型	(3现浇砼 碎石 <3…
16	混凝土强度等级	(C30)
17	混凝土外加剂	(无)
18	泵送类型	(混凝土泵)
19	泵送高度(m)	
20	截面周长(m)	1.7
21	截面面积(m²)	0.15
22	起点顶标高(m)	层顶标高
23	终点顶标高(m)	层顶标高

	属性名称	属性值
1	名称	KL8
2	结构类别	楼层框架梁
3	跨数量	
4	截面宽度(mm)	250
5	截面高度(mm)	350
6	轴线距梁左边…	(125)
7	箍筋	Φ8@150(2)
8	胶数	2
9	上部通长筋	4Φ20
10	下部通长筋	2Φ25
11	侧面构造或受…	
12	拉筋	
13	定额类别	连续梁
14	材质	混凝土
15	混凝土类型	(现浇混凝土碎石 <31.5)
16	混凝土强度等级	(C30)
17	混凝土外加剂	(无)
18	泵送类型	(混凝土泵)
19	泵送高度(m)	
20	截面周长(m)	1.2
21	截面面积(m²)	0.088
22	起点顶标高(m)	层顶标高
23	终点顶标高(m)	层顶标高

	属性名称	属性值
1	名称	KL9
2	结构类别	楼层框架梁
3	跨数量	
4	截面宽度(mm)	300
5	截面高度(mm)	600
6	轴线距梁左边…	(150)
7	箍筋	Φ8@100/150(2)
8	胶数	2
9	上部通长筋	2Φ20+(2Φ12)
10	下部通长筋	3Φ25
11	侧面构造或受…	N2Φ14
12	拉筋	(Φ6)
13	定额类别	连续梁
14	材质	混凝土
15	混凝土类型	(现浇混凝土碎石 <31.5)
16	混凝土强度等级	(C30)
17	混凝土外加剂	(无)
18	泵送类型	(混凝土泵)
19	泵送高度(m)	
20	截面周长(m)	1.8
21	截面面积(m²)	0.18
22	起点顶标高(m)	层顶标高
23	终点顶标高(m)	层顶标高

图 2-25

属性列表 图层管理		
	属性名称	属性值
1	名称	KL10
2	结构类别	楼层框架梁
3	跨数量	
4	截面宽度(mm)	250
5	截面高度(mm)	600
6	轴线距梁左边线距…	(125)
7	箍筋	Φ8@100/200(4)
8	胶数	4
9	上部通长筋	2Φ14+(2Φ12)
10	下部通长筋	
11	侧面构造或受扭筋	N2Φ10
12	拉筋	(Φ6)
13	定额类别	单梁
14	材质	混凝土
15	混凝土类型	(现浇混凝土碎石 <31.5)
16	混凝土强度等级	(C30)
17	混凝土外加剂	(无)
18	泵送类型	(混凝土泵)
19	泵送高度(m)	
20	截面周长(m)	1.7
21	截面面积(m²)	0.15
22	起点顶标高(m)	层顶标高
23	终点顶标高(m)	层顶标高

	属性名称	属性值
1	名称	KL11
2	结构类别	楼层框架梁
3	跨数量	
4	截面宽度(mm)	250
5	截面高度(mm)	600
6	轴线距梁左边…	(125)
7	箍筋	Φ8@100/200(2)
8	胶数	2
9	上部通长筋	2Φ22
10	下部通长筋	3Φ25
11	侧面构造或受…	
12	拉筋	
13	定额类别	连续梁
14	材质	混凝土
15	混凝土类型	(现浇混凝土碎石 <31.5)
16	混凝土强度等级	(C30)
17	混凝土外加剂	(无)
18	泵送类型	(混凝土泵)
19	泵送高度(m)	
20	截面周长(m)	1.7
21	截面面积(m²)	0.15
22	起点顶标高(m)	层顶标高
23	终点顶标高(m)	层顶标高

	属性名称	属性值
1	名称	KL12
2	结构类别	楼层框架梁
3	跨数量	
4	截面宽度(mm)	250
5	截面高度(mm)	600
6	轴线距梁左边…	(125)
7	箍筋	Φ8@100/200(2)
8	胶数	2
9	上部通长筋	3Φ18
10	下部通长筋	3Φ25
11	侧面构造或受…	
12	拉筋	
13	定额类别	连续梁
14	材质	混凝土
15	混凝土类型	(现浇混凝土碎石 <31.5)
16	混凝土强度等级	(C30)
17	混凝土外加剂	(无)
18	泵送类型	(混凝土泵)
19	泵送高度(m)	
20	截面周长(m)	1.7
21	截面面积(m²)	0.15
22	起点顶标高(m)	层顶标高
23	终点顶标高(m)	层顶标高

图 2-26

2. 添加框架梁清单、定额子目

单击"通用操作"面板里的【定义】按钮，打开"定义"对话框，单击【构件做法】按钮。

仔细阅读附录 A-2 结施 01、06、07，填写框架梁清单、定额子目，具体的操作步骤参照前文框架柱或梯柱的做法。KL1~KL13（除 KL8 以外）清单、定额子目编码如图 2-28 所示，图中第 5~8 行是措施项目，注意后面"措施项目"列对应部位应勾选。

	属性名称	属性值
1	名称	KL13
2	结构类别	楼层框架梁
3	跨数量	
4	截面宽度(mm)	250
5	截面高度(mm)	600
6	轴线距梁左边…	(125)
7	箍筋	Φ8@100/200(2)
8	肢数	2
9	上部通长筋	2Φ18
10	下部通长筋	3Φ25
11	侧面构造或受…	G4Φ12
12	拉筋	(Φ6)
13	定额类别	连续梁
14	材质	现浇混凝土
15	混凝土类型	(3现浇混凝土 碎石 <3…
16	混凝土强度等级	(C30)
17	混凝土外加剂	(无)
18	泵送类型	(混凝土泵)
19	泵送高度(m)	
20	截面周长(m)	1.7
21	截面面积(m²)	0.15
22	起点顶标高(m)	层顶标高
23	终点顶标高(m)	层顶标高

图 2-27

> **说明：** 根据《山东省建筑工程消耗量定额》（SD 01-31-2016），梁、板、柱整体现浇的框架结构，框架梁高度算至板底，框架梁之间无框架次梁时，框架梁按矩形梁编码列项，板按平板编码列项；框架梁之间有次梁时，次梁和板体积合并按有梁板编码列项。

	编码	类别	名称	项目特征	单位	工程量表达式	表达式说明
1	⊟ 010503002	项	矩形梁	1. 混凝土种类：泵送商品混凝土 2. 混凝土强度等级：C30	m³	TJ	TJ<体积>
2	5-1-19	定	C30框架梁、连续梁		m³	TJ	TJ<体积>
3	5-3-4	定	场外集中搅拌混凝土 25m³/h		m³	TJ*1.01	TJ<体积>*1.01
4	5-3-12	定	泵送混凝土 柱、墙、梁、板 泵车		m³	TJ*1.01	TJ<体积>*1.01
5	⊟ 011701002	项	外脚手架	1. 脚手架搭设的方式：双排 2. 高度：6m以内 3. 材质：钢管脚手架	m²	JSJMJ	JSJMJ<脚手架面积>
6	17-1-7	定	双排外钢管脚手架≤6m		m²	JSJMJ	JSJMJ<脚手架面积>
7	⊟ 011702006	项	矩形梁	1. 支撑高度：3.6m以内 2. 模板的材质：胶合板 3. 支撑：钢管支撑	m²	MBMJ	MBMJ<模板面积>
8	18-1-56	定	矩形梁复合木模板对拉螺栓钢支撑		m²	MBMJ	MBMJ<模板面积>

图 2-28

KL8 清单、定额子目如图 2-29 所示。

> **工程量表达式修改说明：**《房屋建筑与装饰工程工程量计算规范》（GB 50854—2013）中明确规定，雨篷的混凝土工程量按设计图示尺寸以体积计算，包括伸出墙外的牛腿和雨篷反挑檐的体积。《山东省建筑工程消耗量定额》（SD 01-31-2016）中明确规定，雨篷的混凝土工程量按伸出外墙部分的水平投影面积计算，伸出外墙的牛腿不另计算，其嵌入墙内的梁另按梁有关规定单独计算。雨篷上部 KL8 的混凝土清单工程量要与雨篷板 LB10 的混凝土工程量合并计算，而 KL8 的定额工程量在此不能计算。为了便于软件将 KL8 和雨篷板 LB10 的工程量自动合并在一起，这两个构件所套的清单和定额子目等必须完全一致。

编码	类别	名称	项目特征	单位	工程量表达式	表达式说明
1 ⊟ 010505008	项	雨篷、悬挑板、阳台板	1. 混凝土种类: 泵送商品混凝土 2. 混凝土强度等级: C30	m³	TJ	TJ〈体积〉
2 5-1-45	定	C30有梁式阳台 板厚100mm		m²	TJ*0	TJ〈体积〉*0
3 5-3-4	定	场外集中搅拌混凝土 25m³/h		m³	TJ*0	TJ〈体积〉*0
4 5-3-12	定	泵送混凝土 柱、墙、梁、板 泵车		m³	TJ*0	TJ〈体积〉*0

图　2-29

3. 画直线型框架梁

双击"构件列表"下的【KL13】或关闭"定义"对话框，软件切换到画图状态，单击软件【视图】选项板→单击【构件列表】，打开"构件列表"对话框，单击【属性】，打开"属性列表"对话框，单击【建模】选项板，切换到建模界面。

将光标移到"构件列表"内单击选中【KL1】→单击"绘图"面板中的【直线】按钮→单击Ⓐ、①轴相交点→单击Ⓐ、⑥轴相交点→单击鼠标右键结束命令（此时 KL1 已画好）。单击选中【KL2】→单击Ⓓ、①轴相交点→单击Ⓓ、④轴相交点→单击鼠标右键结束命令，这样 KL2 就画好了。

详细阅读附录 A-2 结施 06、07，采用同样方法画出其他直线型（除 KL8 外）框架梁。

按 <Shift+L> 键，绘图区出现各种梁的图元名称，对照图样仔细检查有无错误。如果在绘图过程中出现错误，比如将③轴 KL10 画成了 KL9，那么可采取以下三种处理方法：第一种处理方法是单击选择菜单右上角的【选择】按钮→选中画错的③轴 KL9 →按 <Delete> 键→单击【是】，然后重画 KL10；第二种处理方法是单击【选择】按钮→选中画错的③轴上的 KL9 →单击"修改"面板内的【删除】按钮，然后重画；第三种处理方法是单击【选择】按钮→选中画错的③轴上的 KL9 →单击"属性列表"里"名称"右边的【KL9】→单击下拉箭头→单击【KL10】→单击【是】按钮，软件自动把错画的 KL9 改为 KL10，如图 2-30 和图 2-31 所示。对照图样仔细检查有无错误，再次按 <Shift+L> 键，这时屏幕将关闭梁的图元名称。

属性列表

	属性名称	属性值
1	名称	KL9
2	结构类别	KL6
3	跨数量	KL7
4	截面宽度(mm)	KL8
5	截面高度(mm)	KL9
6	轴线距梁左边...	KL10
7	箍筋	KL11
8	肢数	
9	上部通长筋	2Φ20+(2Φ12)
10	下部通长筋	3Φ25
11	侧面构造或受...	N2Φ14
12	拉筋	(Φ6)
13	定额类别	单梁
14	材质	混凝土
15	混凝土类型	(现浇混凝土碎石<31.5)

图　2-30

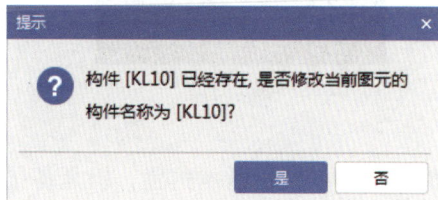

提示

? 构件 [KL10] 已经存在，是否修改当前图元的构件名称为 [KL10]？

是　　　否

图　2-31

任务二 修改框架梁

1. 修改框架梁位置

框架梁（图 2-32）虽然画完了，但并不在图样所要求的位置上，这时应根据图样进行修改，具体步骤如下：

修改框架梁

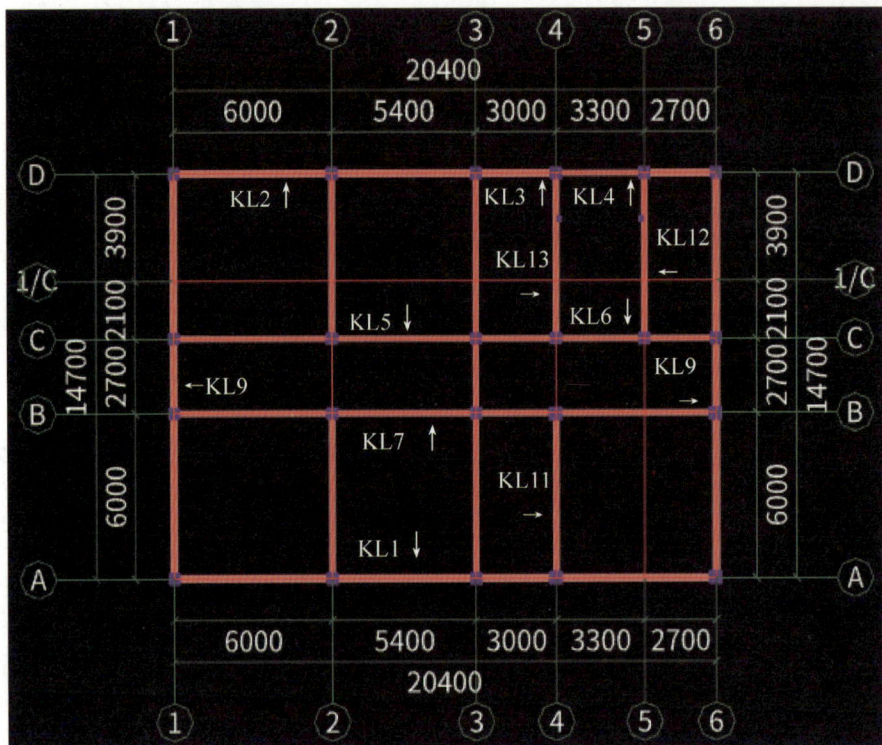

图 2-32

（1）对齐 以 KL1 为例，单击"修改"面板里的【对齐】→单击 KZ1 下边线（图 2-33）→单击 KL1 下边线，这时，KL1 与 KZ1 的下边线就对齐了（图 2-34）。"对齐"命令可以连续使用，对齐时应参照图样逐一检查，以免遗漏。对完后单击鼠标右键结束。

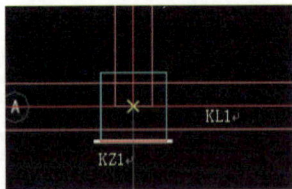

图 2-33

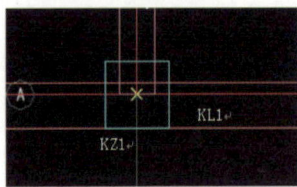

图 2-34

梁虽然偏移到了图样所示位置，但是各梁头之间并没有相交到梁中心线处，这时应延伸各条梁。为了观察清楚，单击【选择】按钮，键盘输入"Z"，把柱子关闭（不显示），具体延伸位置如图 2-35 所示。

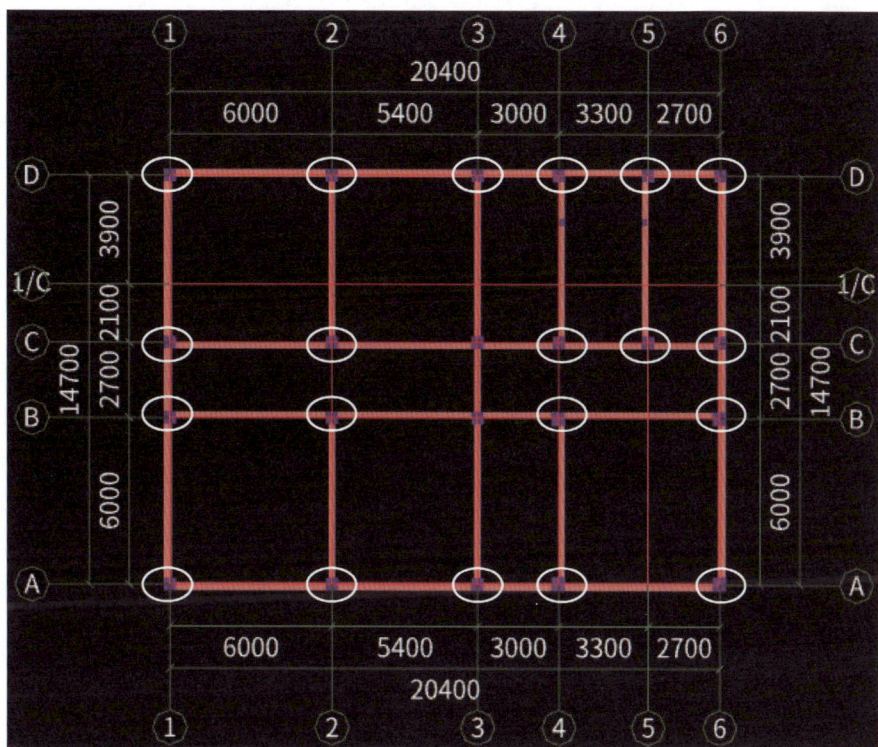

图　2-35

（2）延伸　以①、Ⓐ轴线 KL9 与 KL1 相交处为例，梁延伸前如图 2-36a 所示。单击"修改"面板里的【延伸】按钮→单击 KL1（中心线变粗）→单击【KL9】→单击鼠标右键结束，如图 2-36b 所示，单击【KL9】（中心线变粗）→单击【KL1】→单击鼠标右键结束，如图 2-36c所示，延伸时也可以延伸至梁的外边线。如此反复操作，对照图 2-36，把各条梁相交处延伸到中心线位置。梁全部延伸完毕，并检查无误后，单击【选择】按钮，键盘输入"Z"，打开柱子（显示）。

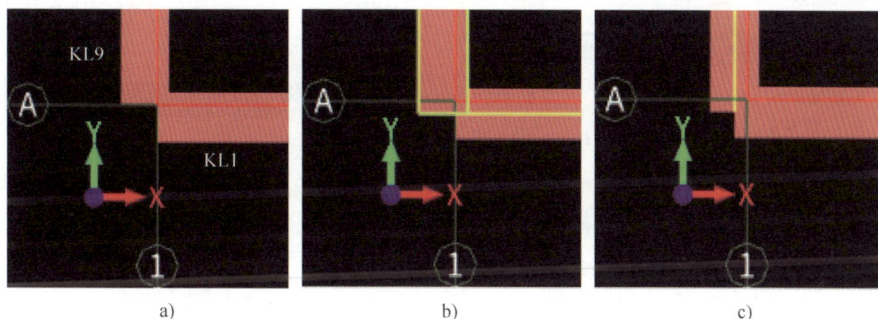

图　2-36

2. 原位标注钢筋

（1）在图上原位标注　以 KL1 为例，单击"梁二次编辑"内 ⬚ 按钮右边的箭头 ▼ →单击【原位标注】→单击选中 KL1，这时 KL1 上下两边出现很多可输入梁内配筋的文本框，通过"小手" 🖐 或 <Enter> 键调整输入 KL1 钢筋，输入完毕后单击鼠标右键确认，KL1 由粉红色变为绿色，这时软件才能计算梁内配筋，如图 2-37 所示。当两根梁的名称及内部配筋完全一样时，可以对第一根梁进行原位标注，然后单击鼠标右键，单击【应用到同名梁（W）】按钮，单击鼠标右键，这时软件显示"* 道同名梁应用成功"。详细阅读附录 A-2 结施 06、07，填写其他框架梁（除 KL7 外）配筋。

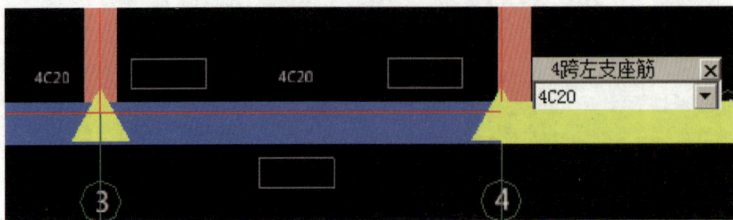

图　2-37

（2）梁平法表格标注　修改 KL7：单击"梁二次编辑"内 按钮右边的箭头 ▼→单击【平法表格】→单击选中 KL7，如图 2-38 所示，在黑色绘图区下面梁平法表格里将第 4 跨的截面（B*H）由"（250*600）"改为"250*750"，并填写 KL7 各跨的左右支座筋，填写第 3 跨的跨中钢筋，第 4 跨的下部钢筋设为"5C25 2/3"。改完后，在绘图区单击鼠标右键，单击【取消选择（A）】按钮。

名称	跨号	截面(B*H)	距左边线距离	上通长筋	上部钢筋			下部钢筋		侧面通长筋
					左支座钢筋	跨中钢筋	右支座钢筋	下通长筋	下部钢筋	
KL7	1	(250*600)	(125)	2Φ20	4Φ20			3Φ25		G4Φ12
	2	(250*600)	(125)		4Φ20		4Φ20			
	3	(250*600)	(125)			4Φ20				
	4	(250*750)	(125)		4Φ20		4Φ20		5Φ25 2/3	

图　2-38

（3）汇总计算　单击【工程量】选项板，单击【汇总计算】按钮，弹出"汇总计算"对话框，如图 2-39 所示。分别勾选"土建计算""钢筋计算""表格输入"，单击【确定】按钮，软件开始计算。最后弹出【计算汇总】对话框，如图 2-40 所示。

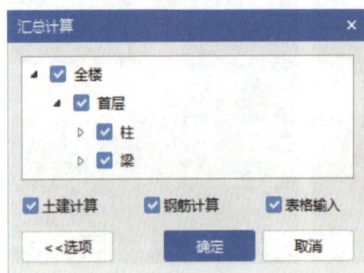

图　2-39

图　2-40

如果弹出"错误"对话框，如图 2-41 所示，提示某梁的梁跨未提取，就说明该梁未进行原位标注。单击【是】按钮，软件继续计算；单击【否】按钮，软件停止计算；双击【警告 KL*】，软件立即搜索到未进行原位标注的梁，并主动选中，关闭错误提示对话框，对梁进行原位标注。

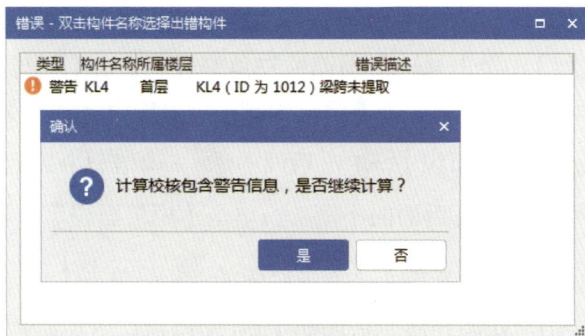

图　2-41

任务三　画曲线梁

1. 作辅助轴线

仔细阅读附录 A-2 结施 06、07，观察 KL8 的尺寸和平面位置。单击【建模】选项板→单击"通用操作"面板里【两点辅轴】后面的箭头→单击【平行辅轴】→单击①轴线，弹出"请输入"对话框，"偏移距离（mm）"输入"-825"，"轴号"输入"1/01"（图 2-42），单击【确定】按钮。

2. 画曲线梁 KL8

单击"构件列表"里的【KL8】→单击"绘图"面板里的【直线】命令→单击绘图区 KL7 的左端部（出现  后单击）→将光标水平移到 ①/01 轴线附近，出现 后单击鼠标左键（若不出现则单击捕捉面板里的 垂点）→单击鼠标右键→单击绘图区 KL5 的左端部→将鼠标水平移到 ①/01 轴线附近，出现 后单击鼠标左键→单击【绘图】后面的 →

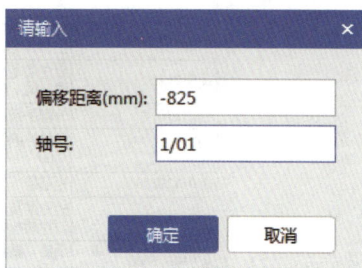

图　2-42

单击【两点小弧】→去掉下面顺时针前面的勾，半径填写"1500"→单击⑧轴线上 KL8 的左端部→单击鼠标右键，结束命令。

3. 原位标注

仔细阅读附录 A-2 结施 06 的 KL8 配筋图，可以发现，KL8 没有原位标注的钢筋，已画好的 KL8 显示为红色，软件汇总计算时会出现错误提示。施工图中的梁即使没有原位标注筋，在软件里面也需要进行原位标注。单击"梁二次编辑"面板里的 按钮，依次单击各段 KL8，这时 KL8 就会变成绿色。

任务四　汇总计算查看工程量、查看梁内钢筋立体图

1. 修改计算规则

广联达 BIM 土建计量平台 GTJ2021 为了便于准确地计算工程量，将清单规范和定额计算规则进行了细化分解，以方便软件默认的计算规则与清单规范或定额计算规则不符时，进行调整。

单击【工程设置】选项板→单击"土建设置"面板里的【计算规则】，弹出"计算规则"对话框，单击【清单规则】→单击 📖 梁 前面的三角符号→单击【梁与主次肋梁】→单击"过滤工程量：全部"后面的小箭头→单击【模板面积】→单击第 7 条"梁模板面积与构造柱的扣减"后面的【1 扣构造柱模板面积】→单击后面的 ▼ →单击【0 无影响】。单击【定额规则】→单击"过滤工程量：全部"后面的小箭头→单击【模板面积】→单击第 11 条"单梁模板面积与柱的扣减"后面的【0 无影响】→单击后面的 ▼ →单击【1 扣柱模板面积】→单击第 14 条"梁模板面积与构造柱的扣减"后面的【1 扣构造柱模板面积】→单击后面的 ▼ →单击【0 无影响】。修改完毕，关闭"计算规则"对话框。

2. 汇总计算查看工程量

单击【工程量】选项板，单击"汇总"面板里的【汇总计算】，软件弹出"汇总计算"对话框，勾选下面所有选项，计算成功后单击【确定】按钮。

（1）查看土建工程量　用鼠标左键框选所有框架梁，单击"土建计算结果"面板里的【查看工程量】，单击【做法工程量】按钮，如图 2-43 所示。

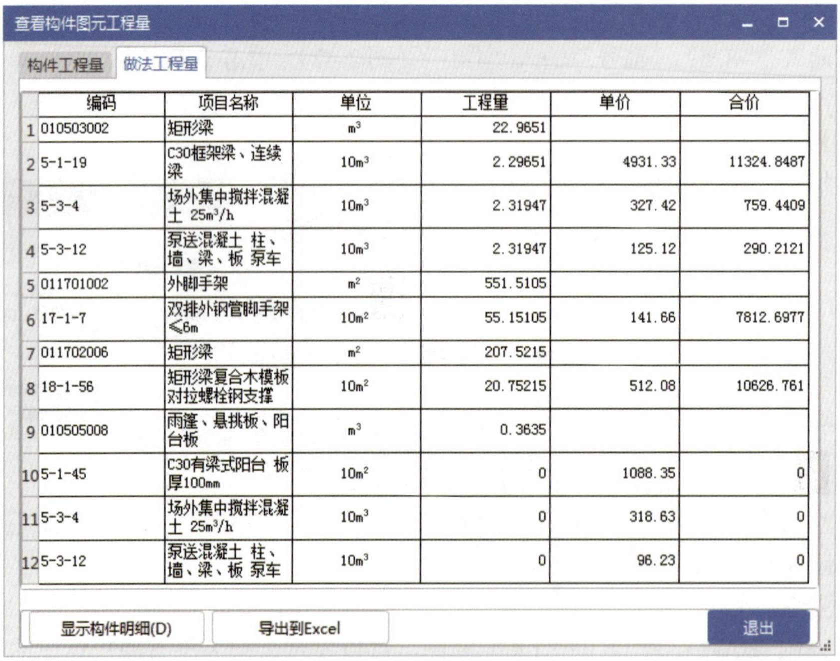

	编码	项目名称	单位	工程量	单价	合价
1	010503002	矩形梁	m³	22.9651		
2	5-1-19	C30框架梁、连续梁	10m³	2.29651	4931.33	11324.8487
3	5-3-4	场外集中搅拌混凝土 25m³/h	10m³	2.31947	327.42	759.4409
4	5-3-12	泵送混凝土 柱、墙、梁、板 泵车	10m³	2.31947	125.12	290.2121
5	011701002	外脚手架	m²	551.5105		
6	17-1-7	双排外钢管脚手架 ≤6m	10m²	55.15105	141.66	7812.6977
7	011702006	矩形梁	m²	207.5215		
8	18-1-56	矩形梁复合木模板对拉螺栓钢支撑	10m²	20.75215	512.08	10626.761
9	010505008	雨篷、悬挑板、阳台板	m³	0.3635		
10	5-1-45	C30有梁式阳台 板厚100mm	10m²	0	1088.35	0
11	5-3-4	场外集中搅拌混凝土 25m³/h	10m³	0	318.63	0
12	5-3-12	泵送混凝土 柱、墙、梁、板 泵车	10m³	0	96.23	0

图 2-43

（2）查看钢筋工程量　用鼠标左键框选所有框架梁，单击"钢筋计算结果"面板里的【查看钢筋量】，框架梁钢筋工程量明细如图 2-44 所示。

如果要查看单根梁的钢筋形状、计算长度、数量等，则需要单击"钢筋计算结果"面板里的【编辑钢筋】按钮，单击选择需要查看的框架梁，软件在绘图区下部弹出该梁的"编辑钢筋"对话框。例如，单击选择Ⓐ轴线上的 KL2，则该区域 KL2 的配筋计算如图 2-45 所示。当梁内钢筋计算不符合图纸设计要求时，可以在下面的表格内直接修改，修改后要将修改的梁锁住；若不锁住，则再次汇总计算时，软件会自动取消修改的内容。构件"锁住"和"开锁"按钮在"建模"选项板的"通用操作"面板里。

查看钢筋量　导出到Excel

钢筋总重量(kg)：484…

序号	楼层名称	构件名称	钢筋总重量(kg)	HPB300 6	HPB300 8	HPB300 10	HPB300 12	HPB300 合计	HRB335 12	HRB335 合计	HRB400 8	HRB400 10	HRB400 12	HRB400 14	HRB400 16	HRB400 18	HRB400 20	HRB400 22	HRB400 25	HRB400 合计
1		KL1[365]	650.912	6.336	109.896			116.232					39.43				186.172		309.078	534.68
2		KL2[367]	459.07	9.216	78.084			87.3					56.1				135.952		179.718	371.77
3		KL3[327]	76.925	0.664	9.56			10.224									21.292	39.069		60.361
4		KL4[1014]	76.103	1.344	15.906			17.25	10.548	10.548						14.6		33.705		48.305
5		KL5[333]	313.396	4.93	49.859			54.789					40.812				106.312	111.483		258.607
6		KL6[336]	187.287		47.81			47.81									49.45	90.027		139.477
7		KL7[339]	688.293	8.67	97.648			106.318					73.244				186.172		322.559	581.975
8		KL8[1026]	24.601												2.485		14.762		7.354	24.601
9	首层	KL8[1037]	102.414								12…						53.306		36.683	102.414
10		KL9[342]	440.333	4.704			8.168	12.872	80.74					39.344			124.194		183.183	427.461
11		KL9[343]	440.343	4.608			8.108	12.716	80.74					39.344			124.36		183.183	427.627
12		KL10[346]	487.43	3.145	124.972		8.168	136.285				19.14		57.684			220.816	46.224	7.281	351.145
13		KL11[349]	179.092		25.954			25.954									12.746	57.694	82.698	153.138
14		KL11[350]	179.276		25.954			25.954									12.83	57.794	82.698	153.232
15		KL12[353]	150.352		25.954			25.954								41.7			82.698	124.398
16		KL13[356]	194.824				41.686	41.686									12.746	57.694	82.698	153.138
17		KL13[357]	194.824				41.686	41.686									12.746	57.694	82.698	153.138
18		合计：	4845.475	43.617	611.597	83.372	24.444	763.03	16.888	16.888	176…	19.14	209.586	136.372	56.3		1273.856	551.384	1642.529	4065.557

图　2-44

编辑钢筋

|< < > >|　插入　删除　缩尺配筋　钢筋信息　钢筋图库　其他 ▾　单构件钢筋总重(kg)：459.070

筋号	直径(mm)	级别	图号	图形	计算公式	公式描述	长度	根数	搭接	损耗(%)	单重(kg)	总重(kg)
1	1跨.上通长筋1	20 Φ	64	300 ⌐14810¬ 300	450-20+15*d+13950+450-20+15*d	支座宽-保护层+…	15410	2	1	0	38.063	76.126
2	1跨.左支座筋1	20 Φ	18	300 2280	450-20+15*d+5550/3	支座宽-保护层+…	2580	2	0	0	6.373	12.746
3	1跨.右支座筋1	20 Φ	1	4150	5550/3+450+5550/3	搭接+支座宽+搭接	4150	2	0	0	10.251	20.502
4	1跨.侧面受扭通长筋1	12 Φ	64	180 ⌐14810¬ 180	450-20+15*d+13950+450-20+15*d	支座宽-保护层+…	15170	4	624	0	14.025	56.1
5	1跨.下通长筋1	25 Φ	64	375 ⌐14810¬ 375	450-20+15*d+13950+450-20+15*d	支座宽-保护层+…	15560	3	1	0	59.906	179.718

图　2-45

3. 查看梁内钢筋立体图

单击"钢筋计算结果"面板里的【钢筋三维】按钮→单击 Ⓓ 轴上的 KL4→单击绘图区右侧 ⬚ 下面的箭头→单击【西南等轴测】按钮，软件显示 KL4 内部的钢筋轴测图，如图 2-46 所示。选择"钢筋显示控制面板"中的不同选项，绘图区将显示梁内不同类型的钢筋。

单击绘图区右侧的 🜨（动态观察）按钮，调整任意角度来观察钢筋形式。最后单击 ↻（或按 <Ctrl+Enter> 键）返回二维平面俯视图。

结合梁平法图纸，仔细观察钢筋位置

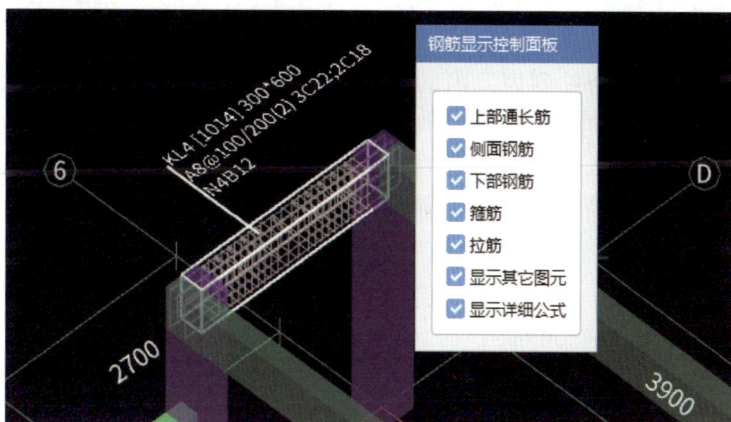

图　2-46

任务五 画非框架梁

1. 新建构件、定义属性

阅读附录 A-2 结施 06、07，单击"构件列表"下的【新建】按钮，单击【新建矩形梁】，分别建立"KL14~KL16"，在属性列表里将名称依次改为"L1""L2"和"XL1"，其属性值如图 2-47 所示。

	属性名称	属性值		属性名称	属性值		属性名称	属性值
1	名称	L1	1	名称	L2	1	名称	XL1
2	结构类别	非框架梁	2	结构类别	非框架梁	2	结构类别	非框架梁
3	跨数量		3	跨数量		3	跨数量	
4	截面宽度(mm)	250	4	截面宽度(mm)	200	4	截面宽度(mm)	250
5	截面高度(mm)	400	5	截面高度(mm)	400	5	截面高度(mm)	600/400
6	轴线距梁左边	(125)	6	轴线距梁左边	(100)	6	轴线距梁左边	(125)
7	箍筋	Φ6@200(2)	7	箍筋	Φ8@150(2)	7	箍筋	Φ8@150(2)
8	胶数	2	8	胶数	2	8	胶数	2
9	上部通长筋	3Φ18	9	上部通长筋	2Φ20	9	上部通长筋	4Φ20
10	下部通长筋	3Φ22	10	下部通长筋	3Φ22	10	下部通长筋	3Φ20
11	侧面构造或受...		11	侧面构造或受...	G2Φ10	11	侧面构造或受...	N2Φ12
12	拉筋		12	拉筋	(Φ6)	12	拉筋	(Φ6)
13	定额类别	连续梁	13	定额类别	连续梁	13	定额类别	连续梁
14	材质	混凝土	14	材质	混凝土	14	材质	混凝土
15	混凝土类型	(现浇混凝...	15	混凝土类型	(现浇混凝...	15	混凝土类型	(现浇混凝...
16	混凝土强度等...	(C30)	16	混凝土强度等...	(C30)	16	混凝土强度等...	(C30)
17	混凝土外加剂	(无)	17	混凝土外加剂	(无)	17	混凝土外加剂	(无)
18	泵送类型	(混凝土泵)	18	泵送类型	(混凝土泵)	18	泵送类型	(混凝土泵)
19	泵送高度(m)		19	泵送高度(m)		19	泵送高度(m)	
20	截面周长(m)	1.3	20	截面周长(m)	1.2	20	截面周长(m)	1.5
21	截面面积(m²)	0.1	21	截面面积(m²)	0.08	21	截面面积(m²)	0.125
22	起点顶标高(m)	层顶标高-0.05	22	起点顶标高(m)	层顶标高	22	起点顶标高(m)	层顶标高
23	终点顶标高(m)	层顶标高-0.05	23	终点顶标高(m)	层顶标高	23	终点顶标高(m)	层顶标高

图 2-47

2. 画非框架梁并标注

（1）画 L1　单击"构件列表"内的【L1】→单击【建模】选项板下"绘图"面板里的【直线】按钮→单击⑤轴与 ①/c 轴的相交处→单击⑥轴与 ①/c 轴的相交处→单击鼠标右键结束操作。单击【延伸】按钮→单击⑤轴 KL12 →单击 L1 左端部→单击鼠标右键→单击⑥轴 KL9 →单击 L1 右端部→单击鼠标右键。

（2）画 XL1　单击"构件列表"内的【XL1】→单击【直线】按钮→单击④轴上 KL11 的下端部→按 <Shift> 键的同时单击④轴与Ⓐ轴的交点，弹出"请输入偏移值"对话框，输入"X=100，Y=-1925"→单击鼠标右键结束操作。按 <Shift> 键的同时单击⑥轴与Ⓐ轴的交点，软件弹出"请输入偏移值"对话框，输入"X=100，Y=0"→按 <Shift> 键的同时单击⑥轴与Ⓐ轴的交点，软件弹出"请输入偏移值"对话框，输入"X=100，Y=-1925"→单击鼠标右键结束操作。单击【对齐】→单击【单对齐（N）】→单击 KL9 左边线→单击鼠标右键结束操作。说明：100mm=225mm-250mm/2，1925mm=225mm+1800mm-200mm/2。

（3）画 L2　单击"构件列表"内的【L2】→单击【直线】按钮→单击④轴上 XL1 的下端部→单击⑥轴上 XL1 的下端部→单击鼠标右键结束操作。

（4）原位标注　单击"梁二次编辑"面板里的【原位标注】按钮，依次单击 L1、L2 和

XL1，这时梁的颜色由粉红色变为绿色，最后单击鼠标右键。

单击绘图区右侧的 （动态观察）按钮，调整如图 2-48 所示角度，观察阳台挑梁截面高度的变化。如果出现高度设置错误（梁端部高度大于根部），这时应在"属性列表"里将"截面高度（mm）"由"600/400"改为"400/600"，然后单击 按钮。

3. 添加清单、定额子目

单击"通用操作"里的【定义】按钮，打开"定义"对话框。单击【构件做法】，填写非框架梁清单项目及定额子目。填完后单击【定义】按钮，返回绘图界面。

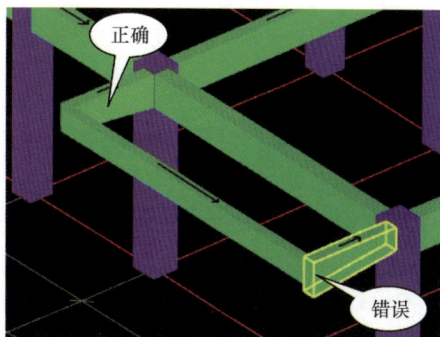

图　2-48

L1 清单项目及定额子目如图 2-49 所示，具体操作步骤参照前文框架柱或梯柱的做法。

	编码	类别	名称	项目特征	单位	工程量表达式	表达式说明	单价	综合单价	措施项目
1	⊟ 010505001	项	有梁板	1.混凝土种类：泵送商品混凝土 2.混凝土强度等级：C30	m³	TJ	TJ<体积>			☐
2	5-1-31	定	C30有梁板		m³	TJ	TJ<体积>	4587		☐
3	5-3-4	定	场外集中搅拌混凝土 25m³/h		m³	TJ*1.010	TJ<体积>*1.01	318.63		☐
4	5-3-12	定	泵送混凝土 柱、墙、梁、板 泵车		m³	TJ*1.010	TJ<体积>*1.01	96.23		☐
5	⊟ 011702014	项	有梁板	1.支撑高度：3.6m以内 2.模板的材质：胶合板 3.支撑：钢管支撑	m²	MBMJ	MBMJ<模板面积>			☑
6	18-1-92	定	有梁板复合木模板钢支撑		m²	MBMJ	MBMJ<模板面积>	454.73		☑

图　2-49

L2 和 XL1 的清单项目及定额子目如图 2-50 所示。

	编码	类别	名称	项目特征	单位	工程量表达式	表达式说明
1	⊟ 010505008	项	雨篷、悬挑板、阳台板	1.混凝土种类：泵送商品混凝土 2.混凝土强度等级：C30	m³	TJ	TJ<体积>
2	5-1-45	定	C30有梁式阳台 板厚100mm		m²	TJ*0	TJ<体积>*0
3	5-1-47	定	C30阳台、雨篷 板厚每增减10mm		m²	TJ*0	TJ<体积>*0
4	5-3-4	定	场外集中搅拌混凝土 25m³/h		m³	TJ*0	TJ<体积>*0
5	5-3-12	定	泵送混凝土 柱、墙、梁、板 泵车		m³	TJ*0	TJ<体积>*0

图　2-50

工程量表达式修改说明：《房屋建筑与装饰工程工程量计算规范》（GB 50854—2013）中明确规定，阳台板的混凝土工程量按设计图示尺寸以体积计算，包括伸出墙外的牛腿体积；《山东省建筑工程消耗量定额》（SD 01-31-2016）中明确规定，阳台的混凝土工程量按伸出外墙部分的水平投影面积计算，伸出外墙的牛腿不另计算，其嵌入墙内的梁另按梁有关规定单独计算。因此阳台板下部 L2、XL1 的混凝土清单工程量要与阳台板的混凝土工程量合并计算，而 L2、XL1 的定额工程量在此不能计算，5-1-45、5-1-47、5-3-4 和 5-3-12 的定额子目表达式要乘以零。

4. 观察对比

查看立体图中 L1 是否正确，单击黑色绘图区右侧 ⬛ 下面的下拉箭头→单击【东南等轴测】，观察 L1 的顶标高是否比 KL9、KL12 低 0.05m，这是因为 L1 在设置属性时"起点（终点）顶标高（m）=层顶标高（m）−0.05（m）"。如图 2-51 所示，单击黑色绘图区右侧 ⬛ 下面的下拉箭头→单击【俯视】。

5. 汇总计算并查看工程量

单击"工程量"选项板中"汇总"面板里的【汇总计算】按钮，进行汇总计算。选中 L1、L2 和 XL1，然后单击"土建计算结果"面板里的【查看工程量】按钮，如图 2-52 所示。

说明：阳台梁（L2、XL1）工程量如果对不上，原因可能是 XL1 的上部支座点画在了 KL1 的中心线上，正确位置应为柱的下边线上。工程量表中的"单价"和"合价"栏可忽略，具体价格在计价软件中调整。

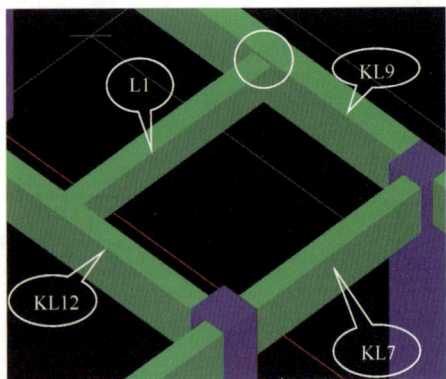

图　2-51

	编码	项目名称	单位	工程量	单价	合价
1	010505001	有梁板	m³	0.26		
2	5-1-31	C30有梁板	10m³	0.026	4587	119.262
3	5-3-4	场外集中搅拌混凝土 25m³/h	10m³	0.02626	318.63	8.3672
4	5-3-12	泵送混凝土 柱、墙、梁、板 泵车	10m³	0.02626	96.23	2.527
5	011702014	有梁板	m²	2.73		
6	18-1-92	有梁板复合木模板钢支撑	10m²	0.273	454.73	124.1…
7	010505008	雨篷、悬挑板、阳台板	m³	0.9049		
8	5-1-45	C30有梁式阳台 板厚100mm	10m²	0	1088.35	0
9	5-1-47	C30阳台、雨篷 板厚每增减10mm	10m²	0	57.72	0
10	5-3-4	场外集中搅拌混凝土 25m³/h	10m³	0	318.63	0
11	5-3-12	泵送混凝土 柱、墙、梁、板 泵车	10m³	0	96.23	0

图　2-52

📋 任务六　画楼梯平台梁

1. 定义 PTL1 的属性

根据附录 A-2 结施 15、17，定义 PTL1 的属性。单击"构件列表"里的【新建】→单击【新建矩形梁】→单击"属性列表"里的名称"KL-1"，

画楼梯平台梁

改为"PTL1",其余属性值修改如图 2-53 所示。

2. 画 PTL1

（1）画左边 PTL1　单击新建的【PTL1】→单击"绘图"面板里的【直线】→单击左边 TZ1 的中心→将光标移到 KL-3 处，出现 ⊾（若一直不出现，看下边的【垂点】是否已选择）后单击→单击鼠标右键以确认结束。采用同样方法画右边 PTL1。

（2）删除辅助轴线　单击"导航树"中"轴线"文件夹前面的 🧰，使其展开→单击【辅助轴线】→单击"选择"面板里的【选择】→用鼠标左键框选所有辅助轴线→单击"修改"面板里的【删除】，这样图中所有辅助轴线就都被删除了。最后返回梁层。

（3）原位标注　用鼠标左键框选④轴线上的 PTL1，单击"梁二次编辑"面板里的 🔼▾（原位标注）按钮，弹出"确认"对话框，提示"次梁类别为非框架梁且以柱为支座，是否将其更改为框架梁？"。单击【否】按钮，单击鼠标右键结束命令。采用同样方法，对⑤轴线上的 PTL1 进行原位标注。

3. 观察立体图

单击【视图】选项板，单击"通用操作"面板里【俯视】下面的下拉箭头→单击【东南等轴测】，绘图区出现立体图，如图 2-54 所示。

4. 添加清单、定额子目，查看工程量

双击"构件列表"下的【PTL1】，打开"定义"对话框，填完 PTL1 清单、定额子目后（图 2-55），双击【PTL1】返回绘图界面。

	属性名称	属性值
	属性列表	
1	名称	PTL1
2	结构类别	非框架梁
3	跨数量	
4	截面宽度(mm)	240
5	截面高度(mm)	200
6	轴线距梁左边线…	(120)
7	箍筋	Φ6@200(2)
8	肢数	2
9	上部通长筋	2Φ12
10	下部通长筋	2Φ16
11	侧面构造或受扭…	
12	拉筋	
13	定额类别	连续梁
14	材质	混凝土
15	混凝土类型	(现浇混凝土碎石<31.5)
16	混凝土强度等级	(C30)
17	混凝土外加剂	(无)
18	泵送类型	(混凝土泵)
19	泵送高度(m)	
20	截面周长(m)	0.88
21	截面面积(m²)	0.048
22	起点顶标高(m)	层底标高+1.83
23	终点顶标高(m)	层底标高+1.83

图 2-53

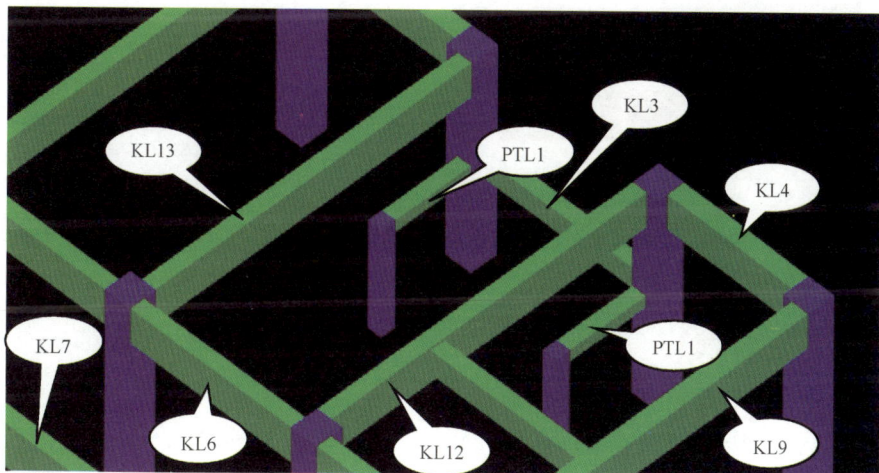

图 2-54

单击选中两根 PTL1，单击【工程量】选项板，再单击"汇总"面板里的【汇总选中图元】按钮，弹出"计算汇总"对话框，提示"计算成功"，单击【确定】按钮。单击"土建计

算结果"面板里的【查看工程量】按钮，做法工程量如图 2-56 所示。查看完毕，单击对话框右上角的 ✕（关闭）按钮。

	编码	类别	名称	项目特征	单位	工程量表达式	表达式说明
1	⊟ 010503002	项	矩形梁	1. 混凝土种类：泵送商品混凝土 2. 混凝土强度等级：C30	m³	TJ	TJ〈体积〉
2	5-1-19	定	C30框架梁、连续梁		m³	TJ	TJ〈体积〉
3	5-3-4	定	场外集中搅拌混凝土 25m³/h		m³	TJ*1.01	TJ〈体积〉*1.01
4	5-3-12	定	泵送混凝土 柱、墙、梁、板 泵车		m³	TJ*1.01	TJ〈体积〉*1.01
5	⊟ 011701002	项	外脚手架	1. 脚手架搭设的方式：双排 2. 高度：6m以内 3. 材质：钢管脚手架	m²	JSJMJ	JSJMJ〈脚手架面积〉
6	17-1-7	定	双排外钢管脚手架≤6m		m²	JSJMJ	JSJMJ〈脚手架面积〉
7	⊟ 011702006	项	矩形梁	1. 支撑高度：3.6m以内 2. 模板的材质：胶合板 3. 支撑：钢管支撑	m²	MBMJ	MBMJ〈模板面积〉
8	18-1-56	定	矩形梁复合木模板对拉螺栓钢支撑		m²	MBMJ	MBMJ〈模板面积〉

图　2-55

弧形梁、异形梁的绘图技巧

	构件工程量	做法工程量				
	编码	项目名称	单位	工程量	单价	合价
1	010503002	矩形梁	m³	0.1282		
2	5-1-19	C30框架梁、连续梁	10m³	0.01282	4931.33	63.2197
3	5-3-4	场外集中搅拌混凝土 25m³/h	10m³	0.01294	327.42	4.2368
4	5-3-12	泵送混凝土 柱、墙、梁、板泵车	10m³	0.01294	125.12	1.6191
5	011701002	外脚手架	m²	5.8206		
6	17-1-7	双排外钢管脚手架≤6m	10m²	0.58206	141.66	82.4546
7	011702006	矩形梁	m²	1.7088		
8	18-1-56	矩形梁复合木模板对拉螺栓钢支撑	10m²	0.17088	512.08	87.5042

图　2-56

子项三　画墙体、门和窗

理论链接：

　　在框架结构中，除极少数承重墙外，大多数墙体为框架柱之间的填充墙，其位置要根据框架柱来确定，识图时要注意分清内墙和外墙，定义墙体属性时分清内外墙标志。

任务一　画墙体

1. 建立墙体、定义属性

　　根据附录 A-1 建施 04，建立各种墙体。单击"导航树"中"墙"前面的 📁，使其展开，单击【砌体墙】，打开"构件列表"对话框，打开"属性列表"对话框，单击"构件列表"下的【新建】→单击【新建外墙】，建立"QTQ-1［外墙］"，在"属性列表"里将"QTQ-1［外墙］"改为"240 外墙"。单击【新建】→单击【新建内墙】，建立"240 外墙 -1

画墙体

［内墙］"。重复操作，建立内墙"240外墙 -2［内墙］"。在"属性列表"里将"240外墙 -1［内墙］"改为"240内墙"，将"240外墙 -2［内墙］"改为"180内墙"，其属性值如图 2-57所示。

	属性名称	属性值		属性名称	属性值		属性名称	属性值
1	名称	240外墙	1	名称	240内墙	1	名称	180内墙
2	厚度(mm)	240	2	厚度(mm)	240	2	厚度(mm)	180
3	轴线距左墙...	(120)	3	轴线距左墙...	(120)	3	轴线距左墙...	(90)
4	砌体通长筋		4	砌体通长筋		4	砌体通长筋	
5	横向短筋		5	横向短筋		5	横向短筋	
6	材质	烧结煤矸石多孔砖	6	材质	烧结煤矸石多孔砖	6	材质	烧结煤矸石空心砖
7	砂浆类型	(混合砂浆)	7	砂浆类型	(混合砂浆)	7	砂浆类型	(混合砂浆)
8	砂浆标号	(M5.0)	8	砂浆标号	(M5.0)	8	砂浆标号	(M5.0)
9	内/外墙标志	外墙	9	内/外墙标志	(内墙)	9	内/外墙标志	(内墙)
10	类别	砌体墙	10	类别	砌体墙	10	类别	砌体墙
11	起点顶标高(m)	层顶标高	11	起点顶标高(m)	层顶标高	11	起点顶标高(m)	层顶标高
12	终点顶标高(m)	层顶标高	12	终点顶标高(m)	层顶标高	12	终点顶标高(m)	层顶标高
13	起点底标高(m)	层底标高	13	起点底标高(m)	层底标高	13	起点底标高(m)	层底标高
14	终点底标高(m)	层底标高	14	终点底标高(m)	层底标高	14	终点底标高(m)	层底标高
15	备注		15	备注		15	备注	

图　2-57

2. 添加墙体清单、定额子目

本工程 240 外墙的清单编码及项目特征如图 2-58 所示，240 内墙的清单编码及项目特征如图 2-59 所示，180 内墙的清单编码及项目特征如图 2-60 所示。

	编码	类别	名称	项目特征	单位	工程量表达式	表达式说明	单价	合价	措施项目
1	⊟ 010401004	项	多孔砖墙	1. 砖品种：煤矸石多孔砖 2. 砌体厚度：240mm 3. 砂浆强度等级：M5.0混浆	m³	TJ	TJ<体积>			☐
2	4-1-13	定	M5.0混合砂浆多孔砖墙 厚240mm		m³	TJ	TJ<体积>	4637.88		☐
3	⊟ 011701002	项	外脚手架	1. 脚手架搭设的方式：双排 2. 高度：15m以内 3. 材质：钢管脚手架	m²	WQWJSJMJ	WQWJSJMJ<外墙外脚手架面积>			☑
4	17-1-9	定	双排外钢管脚手架 ≤15m		m²	WQWJSJMJ	WQWJSJMJ<外墙外脚手架面积>	176.62		☑

图　2-58

	编码	类别	名称	项目特征	单位	工程量表达式	表达式说明	单价	合价	措施项目
1	⊟ 010401004	项	多孔砖墙	1. 砖品种：煤矸石多孔砖 2. 砌体厚度：240mm 3. 砂浆强度等级：M5.0浆	m³	TJ	TJ<体积>			☐
2	4-1-13	定	M5.0混合砂浆多孔砖墙 厚240mm		m³	TJ	TJ<体积>	4637.88		☐
3	⊟ 011701003	项	里脚手架	1. 脚手架搭设的方式：双排 2. 高度：3.6m以内 3. 材质：钢管脚手架	m²	NQJSJMJ	NQJSJMJ<内墙脚手架面积>			☑
4	17-2-2	定	双排里脚手架 ≤3.6m		m²	NQJSJMJ	NQJSJMJ<内墙脚手架面积>	101.69		☑

图　2-59

	编码	类别	名称	项目特征	单位	工程量表达式	表达式说明	单价	合价	措施项目
1	⊟ 010401005	项	空心砖墙	1. 砖品种：煤矸石空心砖 2. 砌体厚度：180mm 3. 砂浆强度等级：M5.0混浆	m³	TJ	TJ<体积>			☐
2	4-1-17	定	M5.0混合砂浆空心砖墙 厚180mm		m³	TJ	TJ<体积>	4707.58		☐
3	⊟ 011701003	项	里脚手架	1. 脚手架搭设的方式：双排 2. 高度：3.6m以内 3. 材质：钢管脚手架	m²	NQJSJMJ	NQJSJMJ<内墙脚手架面积>			☑
4	17-2-2	定	双排里脚手架≤3.6m		m²	NQJSJMJ	NQJSJMJ<内墙脚手架面积>	101.69		☑

图 2-60

双击"构件列表"下的【180 内墙】，切换到绘图界面。

3. 画内外墙

阅读附录 A-1 建施 04，分清内外墙体，找出它们的厚度。单击选中"构件列表"里的"240 外墙［外墙］"→单击【直线】按钮→依次单击 4 个角柱处的轴线交点→单击鼠标右键结束操作。采用同样方法，沿着轴线画出各种材料砌筑的内墙。

4. 调整墙体

对照附录 A-1 建施 04 不难看出，所画的很多墙体的位置与图样标注不一致，这时就要对这些墙体进行调整，将墙体与柱外侧对齐，如图 2-61 所示。

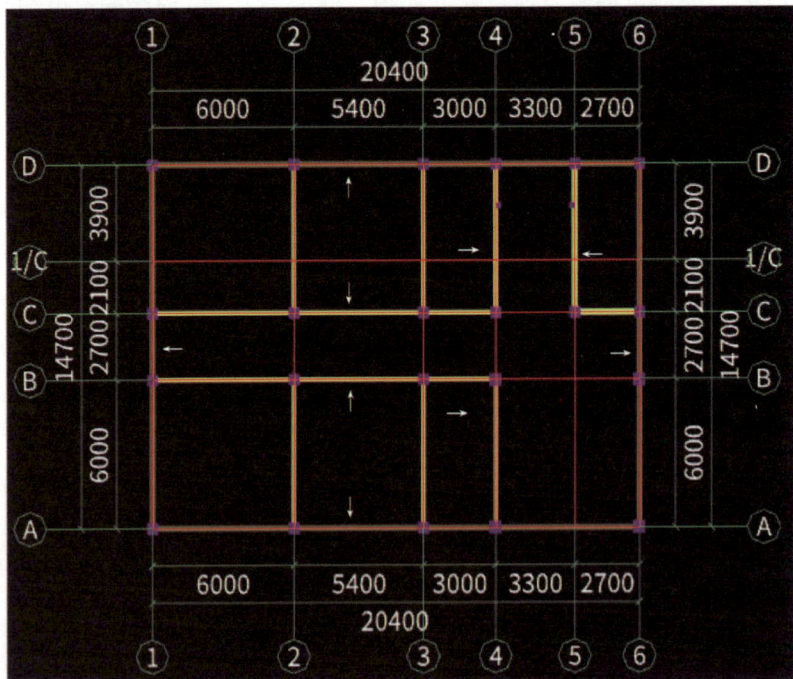

图 2-61

（1）对齐 以Ⓐ轴线为例，单击"修改"面板里的【对齐】→单击Ⓐ轴与③轴相交处 KZ1 的外边线（图 2-62）→单击Ⓐ轴外墙外边线，这时Ⓐ轴外墙与柱外边就对齐了，如图 2-63 所示，外墙也就移到了图样所示位置。重复以上操作，参照附录 A-1 建施 04，把剩余墙体均调整到图样所示位置。

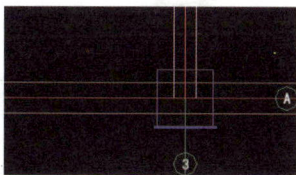

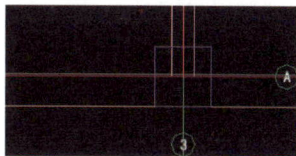

图　2-62　　　　　　　　　　　　　　　图　2-63

（2）延伸　墙体虽然移到了正确位置，但是墙体中心线并没有相交，这时应将墙体所有相交处延伸，使它们的中心线相交，这样是为了确保后续的计算结果准确无误。单击【选择】按钮，在英文输入状态下按 <Z> 键，这样就可以把所有的柱子都隐藏起来（屏幕上不显示）。单击选中每段墙体，仔细观察墙体两端，可以发现墙体有很多地方需要延伸，如图 2-64 中椭圆处所示。

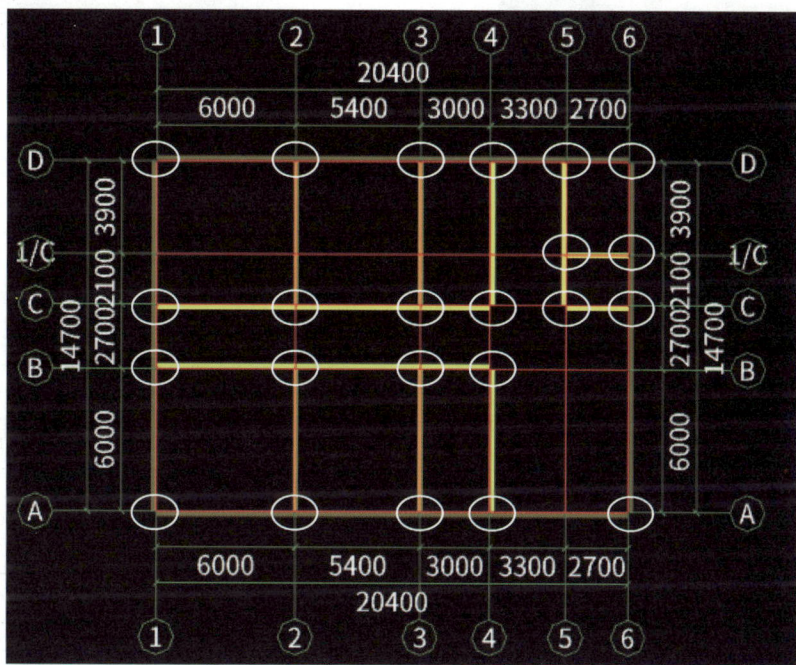

图　2-64

以图 2-64 左下角墙角为例，单击"修改"面板里的【延伸】→单击Ⓐ轴线上的外墙中心线（墙中心线变粗，如图 2-65 所示）→单击①轴线上的外墙→单击鼠标右键结束操作。单击①轴线上的外墙中心线（墙中心线变粗，如图 2-66 所示）→单击Ⓐ轴线上的外墙→单击鼠标右键结束操作。也可以将墙体延伸至墙外边线，但不能延伸至内边线。采用同样方法，参照图 2-64 中椭圆处，延伸其他部位墙体相交处。最后，按 <Z> 键，显示所有的柱子。

（3）修改属性　单击黑色绘图区右边【俯视】按钮下面的箭头→单击【西南等轴测】→单击【选择】→单击选中厕所与洗漱间的墙，如图 2-67 所示。单击【属性】（打开"属性列表"）→单击"起点顶标高"后的【层顶标高】，将"层顶标高"改为"层顶标高 –0.05"，单击"终点顶标高"后的【层顶标高】，将"层顶标高"改为"层顶标高 –0.05"，将鼠标放在绘图区并单击鼠标右键选择"取消选择"。修改后的墙如图 2-68 所示，单击 （动态观察）查

认真、仔细是
能力的体现

看修改前后此墙高度的变化。

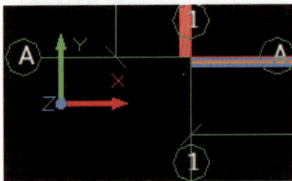
图 2-65

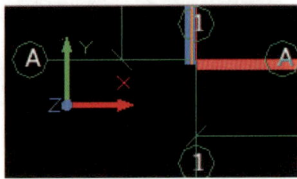
图 2-66

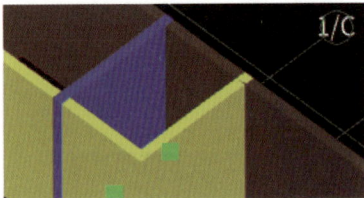
图 2-67

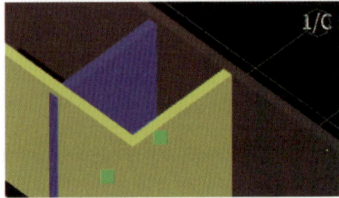
图 2-68

5. 汇总计算并查看工程量

单击【工程量】选项板，单击"汇总"面板里的【汇总计算】按钮，弹出"计算汇总"对话框，提示"计算成功"，单击【确定】按钮。单击"土建计算结果"面板里的【查看工程量】按钮，做法工程量如图 2-69 所示。查看完毕，单击对话框右上角的 ☒ （关闭）按钮。

	编码	项目名称	单位	工程量	单价	合价
1	010401004	多孔砖墙	m³	57.0092		
2	4-1-13	M5.0混合砂浆多孔砖墙 厚240mm	10m³	5.70092	4637.88	26440.1828
3	011701002	外脚手架	m²	284.4		
4	17-1-9	双排外钢管脚手架≤15m	10m²	28.44	176.62	5023.0728
5	011701003	里脚手架	m²	249.1305		
6	17-2-2	双排里脚手架≤3.6m	10m²	24.91305	101.69	2533.4081
7	010401005	空心砖墙	m³	28.998		
8	4-1-17	M5.0混合砂浆空心砖墙 厚180mm	10m³	2.8998	4707.58	13651.0405

图 2-69

📊 任务二　画门、墙洞

1. 创建门、定义属性

根据附录 A-1 建施 02~04，创建各种门。单击"导航树"中"门窗洞"前面的 ⊞ 使其展开，双击【门（M）】，打开【构件列表】对话框，单击【新建】→单击【新建矩形门】，新建"M-1"。重复上述操作建立"M-2~M-5"，将"M-1"名称改为"M3229"，"M-2"名称改为"M1224"，"M-3"名称改为"M1024"，"M-4"名称改为"M0924"，"M-5"名称改为"M0921"，其属性值如图 2-70 和图 2-71 所示。

画门、墙洞

	属性名称	属性值
1	名称	M3229
2	洞口宽度(mm)	3200
3	洞口高度(mm)	2950
4	离地高度(mm)	50
5	框厚(mm)	60
6	立樘距离(mm)	0
7	洞口面积(m^2)	9.44
8	框外围面积(m^2)	(9.44)
9	框上下扣尺寸(...	0
10	框左右扣尺寸(...	0
11	是否随墙变斜	否
12	备注	

	属性名称	属性值
1	名称	M1224
2	洞口宽度(mm)	1200
3	洞口高度(mm)	2400
4	离地高度(mm)	50
5	框厚(mm)	60
6	立樘距离(mm)	0
7	洞口面积(m^2)	2.88
8	框外围面积(m^2)	(2.88)
9	框上下扣尺寸(...	0
10	框左右扣尺寸(...	0
11	是否随墙变斜	否
12	备注	

	属性名称	属性值
1	名称	M1024
2	洞口宽度(mm)	1000
3	洞口高度(mm)	2400
4	离地高度(mm)	50
5	框厚(mm)	60
6	立樘距离(mm)	0
7	洞口面积(m^2)	2.4
8	框外围面积(m^2)	(2.4)
9	框上下扣尺寸(...	0
10	框左右扣尺寸(...	0
11	是否随墙变斜	否
12	备注	

图　2-70

2. 添加门的清单、定额子目

M3229 清单、定额子目如图 2-72 所示，M1224 清单、定额子目如图 2-73 所示，M1024 清单、定额子目如图 2-74 所示，M0924 清单、定额子目如图 2-75 所示，M0921 清单、定额子目如图 2-76 所示。

	属性名称	属性值
1	名称	M0924
2	洞口宽度(mm)	900
3	洞口高度(mm)	2400
4	离地高度(mm)	50
5	框厚(mm)	60
6	立樘距离(mm)	0
7	洞口面积(m^2)	2.16
8	框外围面积(m^2)	(2.16)
9	框上下扣尺寸...	0
10	框左右扣尺寸...	0
11	是否随墙变斜	否
12	备注	

	属性名称	属性值
1	名称	M0921
2	洞口宽度(mm)	900
3	洞口高度(mm)	2100
4	离地高度(mm)	20
5	框厚(mm)	60
6	立樘距离(mm)	0
7	洞口面积(m^2)	1.89
8	框外围面积(m^2)	(1.89)
9	框上下扣尺寸(...	0
10	框左右扣尺寸(...	0
11	是否随墙变斜	否
12	备注	

图　2-71

	编码	类别	名称	项目特征	单位	工程量表达式	表达式说明
1	010801001	项	木质门	1. 门类型：半玻自由门 2. 玻璃：钢化玻璃6mm	m^2	3.1*2.2	6.82
2	8-1-3	定	普通成品门扇安装		m^2 扇面积	3.1*2.2	6.82
3	010801005	项	木门框	1. 门类型：半玻自由门 2. 油漆种类、遍数：橘黄色调和漆三遍	m	3.2+2.95*2	9.1
4	8-1-2	定	成品木门框安装		m	3.2+2.95*2	9.1
5	010806001	项	木质窗	1. 类型：普通木窗 2. 玻璃：厚度3mm	m^2	3.1*0.70	2.17
6	8-6-1	定	成品窗扇		m^2 扇面积	3.1*0.70	2.17
7	011401001	项	木门油漆	1. 油漆种类、遍数：橘黄色调和漆三遍	m^2	3.2*2.2	7.04
8	14-1-1	定	调和漆 刷底油一遍、调和漆二遍 单层木门		m^2	3.2*2.2	7.04
9	14-1-21	定	调和漆 每增一遍 单层木门		m^2	3.2*2.2	7.04
10	011402001	项	木窗油漆	1. 油漆种类、遍数：橘黄色调和漆三遍	m^2	3.2*0.75	2.4
11	14-1-2	定	调和漆 刷底油一遍、调和漆二遍 单层木窗		m^2	3.2*0.75	2.4
12	14-1-22	定	调和漆 每增一遍 单层木窗		m^2	3.2*0.75	2.4

图　2-72

	编码	类别	名称	项目特征	单位	工程量表达式	表达式说明
1	⊟ 010802001	项	金属(塑钢)门	1. 门类型：铝合金双扇地弹门 2. 洞口尺寸：1200mm*2400mm 3. 玻璃：钢化玻璃6mm	m²	DKMJ	DKMJ<洞口面积>
2	8-2-1	定	铝合金推拉门		m²	DKMJ	DKMJ<洞口面积>

图 2-73

	编码	类别	名称	项目特征	单位	工程量表达式	表达式说明
1	⊟ 010801001	项	木质门	1. 门类型：无纱玻璃镶木板门 2. 玻璃：钢化玻璃6mm	m²	0.9*2.1	1.89
2	8-1-3	定	普通成品门扇安装		m²扇面积	0.9*2.1	1.89
3	⊟ 010801005	项	木门框	1. 门类型：无纱玻璃镶木板门 2. 油漆种类、遍数：橘黄色调和漆三遍	m	1.0+2.4*2	5.8
4	8-1-2	定	成品木门框安装		m	1.0+2.4*2	5.8
5	⊟ 010801006	项	门锁安装	1. 类型：普通执手锁	个	SL	SL<数量>
6	15-9-22	定	门扇五金配件安装 L形执手插锁安装		个	SL	SL<数量>
7	⊟ 010806001	项	木质窗	1. 类型：普通木窗 2. 玻璃：厚度3mm	m²	0.9*0.25	0.225
8	8-6-1	定	成品窗扇		m²扇面积	0.9*0.25	0.225
9	⊟ 011401001	项	木门油漆	1. 油漆种类、遍数：橘黄色调和漆三遍	m²	1.0*2.1	2.1
10	14-1-1	定	调和漆 刷底油一遍、调和漆二遍 单层木门		m²	1.0*2.1	2.1
11	14-1-21	定	调和漆 每增一遍 单层木门		m²	1.0*2.1	2.1
12	⊟ 011402001	项	木窗油漆	1. 油漆种类、遍数：橘黄色调和漆三遍	m²	1.0*0.3	0.3
13	14-1-2	定	调和漆 刷底油一遍、调和漆二遍 单层木窗		m²	1.0*0.3	0.3
14	14-1-22	定	调和漆 每增一遍 单层木窗		m²	1.0*0.3	0.3

图 2-74

	编码	类别	名称	项目特征	单位	工程量表达式	表达式说明
1	⊟ 010801001	项	木质门	1. 门类型：无纱玻璃镶木板门 2. 玻璃：钢化玻璃6mm	m²	0.8*2.1	1.68
2	8-1-3	定	普通成品门扇安装		m²扇面积	0.8*2.1	1.68
3	⊟ 010801005	项	木门框	1. 门类型：无纱玻璃镶木板门 2. 油漆种类、遍数：橘黄色调和漆三遍	m	0.9+2.4*2	5.7
4	8-1-2	定	成品木门框安装		m	0.9+2.4*2	5.7
5	⊟ 010801006	项	门锁安装	1. 类型：普通执手锁	个	SL	SL<数量>
6	15-9-22	定	门扇五金配件安装 L形执手插锁安装		个	SL	SL<数量>
7	⊟ 010806001	项	木质窗	1. 类型：普通木窗 2. 玻璃：厚度3mm	m²	0.8*0.25	0.2
8	8-6-1	定	成品窗扇		m²扇面积	0.8*0.25	0.2
9	⊟ 011401001	项	木门油漆	1. 油漆种类、遍数：橘黄色调和漆三遍	m²	0.9*2.1	1.89
10	14-1-1	定	调和漆 刷底油一遍、调和漆二遍 单层木门		m²	0.9*2.1	1.89
11	14-1-21	定	调和漆 每增一遍 单层木门		m²	0.9*2.1	1.89
12	⊟ 011402001	项	木窗油漆	1. 油漆种类、遍数：橘黄色调和漆三遍	m²	0.9*0.3	0.27
13	14-1-2	定	调和漆 刷底油一遍、调和漆二遍 单层木窗		m²	0.9*0.3	0.27
14	14-1-22	定	调和漆 每增一遍 单层木窗		m²	0.9*0.3	0.27

图 2-75

	编码	类别	名称	项目特征	单位	工程量表达式	表达式说明
1	⊟ 010801001	项	木质门	1. 门类型：无纱玻璃镶木板门 2. 玻璃：钢化玻璃6mm	m²	0.8*2.05	1.64
2	8-1-3	定	普通成品门扇安装		m²扇面积	0.8*2.05	1.64
3	⊟ 010801005	项	木门框	1. 门类型：无纱玻璃镶木板门 2. 油漆种类·遍数：橘黄色调和漆三遍	m	0.9+2.1*2	5.1
4	8-1-2	定	成品木门框安装		m	0.9+2.1*2	5.1
5	⊟ 011401001	项	木门油漆	1. 油漆种类·遍数：橘黄色调和漆三遍	m²	0.9*2.1	1.89
6	14-1-1	定	调和漆 刷底油一遍、调和漆二遍 单层木门		m²	0.9*2.1	1.89
7	14-1-21	定	调和漆 每增一遍 单层木门		m²	0.9*2.1	1.89

图 2-76

3. 画门

（1）画 M3229　单击选中"构件列表"里的【M3229】，单击【精确布置】按钮，移动光标到⑥轴线墙的中心线位置，如图 2-77 所示"×"处。单击鼠标左键，在数字框里输入门的定位尺寸"1500"，按 <Enter> 键结束，M3229 就画到了图样所示的准确位置。

（2）画 M1224　单击"构件列表"里的【M1224】，单击 ┿（点）按钮，移动光标到①轴线墙的中心位置，如图 2-78 所示，在下部数字框里输入门的定位尺寸"6975"，按 <Enter> 键结束，M1224 就画到了图样所示的准确位置。说明：输入的定位尺寸是根据定位尺寸的起点算起，本次输入 6975 的起点为 Ⓐ 轴线墙体的外边线，也就是说①轴线墙体延伸时已延伸至最外边。6975mm=225mm+6000mm+750mm。

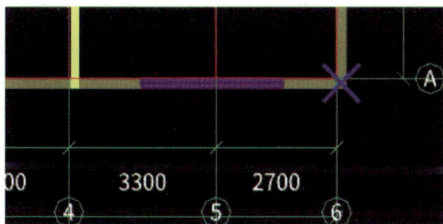

图 2-77

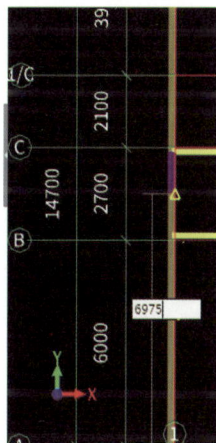

图 2-78

（3）画其他门　仔细阅读附录 A-1 建施04，找出其他门的定位尺寸，运用"精确布置"或 ┿（点）按钮，画出其他门。

4. 汇总计算并查看工程量

单击【工程量】选项板，单击"汇总"面板里的【汇总计算】按钮，弹出"计算汇总"对话框，提示"计算成功"，单击【确定】按钮。单击"土建计算结果"面板里的【查看工程量】按钮；单击【做法工程量】按钮，打开工程量表；单击表下部的【导出到 Excel 文件

（X）】按钮，见表 2-1。查看完毕，单击对话框右上角的 ⊠（关闭）按钮。

表 2-1　首层门清单、定额工程量表

编码	项目名称	单位	工程量	单价	合价
011401001	木门油漆	m²	21.11		
14-1-1	调和漆　刷底油一遍、调和漆二遍　单层木门	10m²	2.111	303.29	640.2452
14-1-21	调和漆　每增一遍　单层木门	10m²	2.111	98.63	208.2079
010801001	木质门	m²	6.82		
8-1-3	普通成品门扇安装	10m²（扇面积）	0.682	3983.95	2717.0539
010801005	木门框	m	9.1		
8-1-2	成品木门框安装	10m	0.91	139.45	126.8995
010806001	木质窗	m²	3.47		
8-6-1	成品窗扇	10m²（扇面积）	0.347	840.47	291.6431
011402001	木窗油漆	m²	4.14		
14-1-2	调和漆　刷底油一遍、调和漆二遍　单层木窗	10m²	0.414	288.82	119.5715
14-1-22	调和漆　每增一遍　单层木窗	10m²	0.414	92.32	38.2205
010802001	金属（塑钢）门	m²	2.88		
8-2-1	铝合金推拉门	10m²	0.288	2848.92	820.489
010801001	木质门	m²	12.56		
8-1-3	普通成品门扇安装	10m²（扇面积）	1.256	3983.95	5003.8412
010801005	木门框	m	39.7		
8-1-2	成品木门框安装	10m	3.97	139.45	553.6165
010801006	门锁安装	个	6		
15-9-22	门扇五金配件安装　L 形执手插锁安装	10 个	0.6	997.39	598.434

5. 画墙洞

（1）建立 QD1224 并定义属性　单击"导航树"中"门窗洞"前面的 ⊞ 使其展开→单击【墙洞（D）】→单击"构件列表"下的【新建】→单击【新建矩形墙洞】，新建"D-1"，修改名称为"QD1224"，其属性值如图 2-79 所示。

（2）画 QD1224　单击【精确布置】→单击 ⓒ 轴线上洗漱间的墙体→单击选中墙体的左端部中点，如图 2-80 所示，鼠标沿着 ⓒ 轴移动到 ⑤ 轴线右侧，在数字框输入"330"，按

<Enter> 键，单击【确认】按钮，这时 QD1224 就画到了图样位置。说明：330mm=450mm－240mm/2。

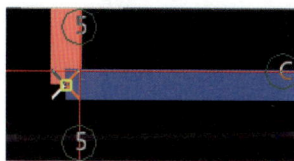

图　2-79

图　2-80

任务三　画窗

1. 建立窗、定义属性

根据附录 A-1 建施 03、04，创建各种窗。单击"导航树"中"门窗洞"前面的 ▦ 使其展开→双击【窗（C）】→单击构件"构件列表"下的【新建】→单击【新建矩形窗】，建立"C-1"。重复上述操作建立"C-2""C-3"和"C-4"，将"C-1"名称改为"C3021"，"C-2"名称改为"C2421"，"C-3"名称改为"C1521"，"C-4"名称改为"C1221"，其属性值如图 2-81 和图 2-82 所示。

图　2-81

2. 添加窗的清单、定额子目

填写首层窗的清单编码及项目特征，C3021 的清单编码及项目特征如图 2-83 所示，C2421

的清单编码及项目特征如图 2-84 所示，C1521 的清单编码及项目特征如图 2-85 所示，C1221 的清单编码及项目特征如图 2-86 所示。

	属性名称	属性值		属性名称	属性值
1	名称	C1521	1	名称	C1221
2	顶标高(m)	层底标高+3	2	顶标高(m)	层底标高+3
3	洞口宽度(mm)	1500	3	洞口宽度(mm)	1200
4	洞口高度(mm)	2100	4	洞口高度(mm)	2100
5	离地高度(mm)	900	5	离地高度(mm)	900
6	框厚(mm)	60	6	框厚(mm)	60
7	立梃距离(mm)	0	7	立梃距离(mm)	0
8	洞口面积(m²)	3.15	8	洞口面积(m²)	2.52
9	框外围面积(m²)	(3.15)	9	框外围面积(m²)	(2.52)
10	框上下扣尺寸(...	0	10	框上下扣尺寸(...	0
11	框左右扣尺寸(...	0	11	框左右扣尺寸(...	0
12	是否随墙变斜	是	12	是否随墙变斜	是

图 2-82

	编码	类别	名称	项目特征	单位	工程量表达式	表达式说明
1	⊟ 010807001	项	金属（塑钢、断桥）窗	1. 材料：铝合金型材90系列 2. 玻璃：平板玻璃厚5mm	m²	DKMJ	DKMJ<洞口面积>
2	8-7-1	定	铝合金推拉窗		m²	DKMJ	DKMJ<洞口面积>
3	8-7-5	定	铝合金纱窗扇		m²扇面积	0.73*1.65*2	2.409

图 2-83

	编码	类别	名称	项目特征	单位	工程量表达式	表达式说明
1	⊟ 010807001	项	金属（塑钢、断桥）窗	1. 材料：铝合金型材90系列 2. 玻璃：平板玻璃厚5mm	m²	DKMJ	DKMJ<洞口面积>
2	8-7-1	定	铝合金推拉窗		m²	DKMJ	DKMJ<洞口面积>
3	8-7-5	定	铝合金纱窗扇		m²扇面积	0.78*1.65*2	2.574

图 2-84

	编码	类别	名称	项目特征	单位	工程量表达式	表达式说明
1	⊟ 010807001	项	金属（塑钢、断桥）窗	1. 材料：铝合金型材90系列 2. 玻璃：平板玻璃厚5mm	m²	DKMJ	DKMJ<洞口面积>
2	8-7-1	定	铝合金推拉窗		m²	DKMJ	DKMJ<洞口面积>
3	8-7-5	定	铝合金纱窗扇		m²扇面积	0.73*1.65	1.2045

图 2-85

	编码	类别	名称	项目特征	单位	工程量表达式	表达式说明
1	⊟ 010807001	项	金属（塑钢、断桥）窗	1. 材料：铝合金型材90系列 2. 玻璃：平板玻璃厚5mm	m²	DKMJ	DKMJ<洞口面积>
2	8-7-1	定	铝合金推拉窗		m²	DKMJ	DKMJ<洞口面积>
3	8-7-5	定	铝合金纱窗扇		m²扇面积	0.58*1.65	0.957

图 2-86

3. 画 C3021、C2421 及其他窗

（1）画 C3021　单击选中"构件列表"里的【C3021】，单击【精确布置】按钮，移动光标到①轴线墙的中心线位置，如图 2-87 所示"×"处，单击鼠标左键，在数字框里输入门的定位尺寸"1725"，按 <Enter> 键，C3021 就画到了图样的准确位置。说明：1725mm＝1500mm＋225mm。

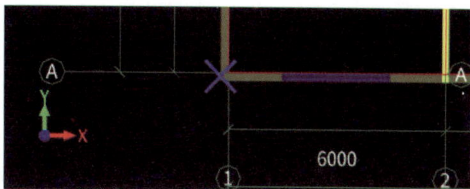

（2）画 C2421　单击选中"构件列表"里的【C2421】，单击【精确布置】按钮，移动光标到①轴线墙与Ⓐ轴线墙的交点位置，如图 2-88 所示"×"处，单击鼠标左键，在数字框里输入门的定位尺寸"1500"，按 <Enter> 键结束，C2421 就画到了图样的准确位置。

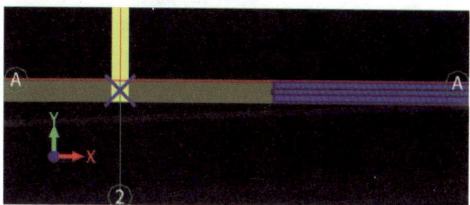

图 2-87

（3）画其他窗　仔细阅读附录 A 建施 04，找出各种窗的定位尺寸，运用"精确布置"或 ![点图标] （点）按钮，画其他窗。

4. 汇总计算并查看工程量

单击【工程量】选项板，单击"汇总"面板里的【汇总计算】按钮，弹出"计算汇总"对话框，提示"计算成功"，单击【确定】按钮。单击【土建计算结果】面板里的【查看工程量】按钮，单击【做法工程量】按钮，首层窗做法工程量如图 2-89 所示。工程量表里的"单价"及"合价"可忽略，到计价软件里需要继续调整。

图 2-88

	编码	项目名称	单位	工程量	单价	合价
1	010807001	金属（塑钢、断桥）窗	m²	34.02		
2	8-7-1	铝合金推拉窗	10m²	3.402	2150.6	7316.3412
3	8-7-5	铝合金纱窗扇	10m²扇面积	1.4289	222.2	317.5016

图 2-89

子项四　画过梁及构造柱

理论链接：

软件画图通常有 4 个步骤：定义构件→画图→添加清单、定额子目→计算工程量。阅读附录 A-1 建施 02~04 和附录 A-2 结施 01~04，找出施工图中有过梁和构造柱的部位。

任务一　画过梁

1. 新建过梁、定义属性

单击"导航树"中"门窗洞"文件夹前面的 ![展开图标] 使其展开，双击【过梁（G）】→单击"构件列表"下的【新建】→单击【新建矩形过梁】，建立"GL-1"。重复上述操作建立"GL-2"，将"GL-1"名称改为"GL1"，"GL-2"名称改为"GL2"，其属性值如图 2-90 所示。

画过梁

	属性列表			属性列表	
	属性名称	属性值		属性名称	属性值
1	名称	GL1	1	名称	GL2
2	截面宽度(mm)		2	截面宽度(mm)	
3	截面高度(mm)	180	3	截面高度(mm)	200
4	中心线距左墙...	(0)	4	中心线距左墙...	(0)
5	全部纵筋		5	全部纵筋	
6	上部纵筋		6	上部纵筋	2Φ8
7	下部纵筋	3Φ10	7	下部纵筋	3Φ14
8	箍筋	Φ8@200	8	箍筋	Φ6@150(2)
9	肢数	1	9	肢数	2
10	材质	混凝土	10	材质	混凝土
11	混凝土类型	(现浇混凝土碎...	11	混凝土类型	(现浇混凝土碎...
12	混凝土强度等级	(C25)	12	混凝土强度等级	(C25)
13	混凝土外加剂	(无)	13	混凝土外加剂	(无)
14	泵送类型	(混凝土泵)	14	泵送类型	(混凝土泵)
15	泵送高度(m)		15	泵送高度(m)	
16	位置	洞口上方	16	位置	洞口上方
17	顶标高(m)	洞口顶标高加...	17	顶标高(m)	洞口顶标高加...
18	起点伸入墙内...	250	18	起点伸入墙内...	250
19	终点伸入墙内...	250	19	终点伸入墙内...	250
20	长度(mm)	(500)	20	长度(mm)	(500)

图 2-90

2. 添加过梁清单、定额子目

GL1、GL2 的清单编码及项目特征如图 2-91 所示。

	编码	类别	名称	项目特征	单位	工程量表达式	表达式说明	单价	合价	措施项目
1	⊟ 010503005	项	过梁	1. 混凝土种类：泵送商品混凝土 2. 混凝土强度等级：C25	m³	TJ	TJ<体积>			☐
2	5-1-22	定	C20过梁		m³	TJ	TJ<体积>	7088.91		☐
3	5-3-4	定	场外集中搅拌混凝土 25m³/h		m³	TJ*1.01	TJ<体积>*1.01	318.63		☐
4	5-3-12	定	泵送混凝土 柱、墙、梁、板 泵车		m³	TJ*1.01	TJ<体积>*1.01	96.23		☐
5	⊟ 011702009	项	过梁	1. 支撑高度：3.6m以内 2. 模板的材质：胶合板 3. 支撑：钢管支撑	m²	MBMJ	MBMJ<模板面积>			☑
6	18-1-65	定	过梁复合木模板木支撑		m²	MBMJ	MBMJ<模板面积>	723.28		☑

图 2-91

3. 布置过梁

（1）用"智能布置"布置过梁　单击选中"构件列表"里的【GL1】→单击"过梁二次编辑"面板的【智能布置】→单击【按门窗洞口宽度】，软件弹出"按门窗洞口宽度布置过梁"对话框（图 2-92），分别输入"850"和"1100"，单击【确定】按钮。这样，M1024、M0924 和 M0921 上面的过梁就全画上了。

（2）用"点"布置过梁　单击选中"构件列表"里的【GL2】→单击 ✛（点）按钮→单击①轴线上

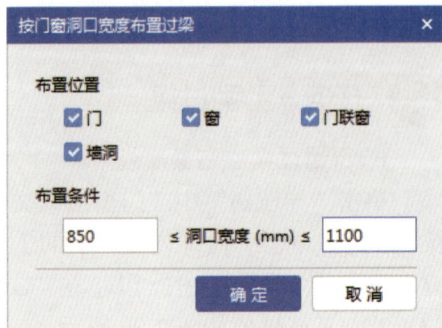

按门窗洞口宽度布置过梁 ✕

布置位置

☑门　　☑窗　　☑门联窗
☑墙洞

布置条件

850　≤ 洞口宽度 (mm) ≤　1100

【确定】　【取消】

图 2-92

M1224 处→单击Ⓒ轴线上 QD1224 处→单击鼠标右键结束操作。

4. 汇总计算并查看工程量

（1）汇总计算　单击【工程量】选项板，单击【汇总计算】按钮，弹出"汇总计算"对话框。勾选"全楼"，单击【确定】按钮，软件开始计算，之后弹出"计算成功"提示对话框，单击【确定】按钮。

	编码	项目名称	单位	工程量	单价	合价
1	010503005	过梁	m³	0.4969		
2	5-1-22	C20过梁	10m³	0.04969	7088.91	352.2479
3	5-3-4	场外集中搅拌混凝土 25m³/h	10m³	0.0502	318.63	15.9952
4	5-3-12	泵送混凝土 柱、墙、梁、板泵车	10m³	0.0502	96.23	4.8307
5	011702009	过梁	m²	6.768		
6	18-1-65	过梁复合木模板木支撑	10m²	0.6768	723.28	489.5159

图 2-93

（2）查看工程量　单击【查看工程量】按钮，用鼠标左键框选所有过梁，弹出【查看构件图元工程量】对话框。单击【做法工程量】按钮，软件计算的工程量结果如图 2-93 所示。查看完毕，单击【退出】按钮。

任务二　画构造柱

1. 新建构造柱、定义属性

阅读附录 A-1 建施 04 和附录 A-2 结施 01、04，找出构造柱的位置及相关信息。新建构造柱，单击"导航树"中"柱"前面的 ⊞ 使其展开→单击【构造柱（Z）】→单击"构件列表"下的【新建】→单击【新建矩形构造柱】，新建"GZ-1"。重复上述操作建立"GZ-2"和"GZ-3"，单击【属性】按钮，打开"属性列表"对话框，将"GZ-1"改名为"GZ1"，"GZ-2"改名为"GZ2"，"GZ-3"改名为"GZ3"，定义其属性值，如图 2-94 所示。

	属性名称	属性值
1	名称	GZ1
2	类别	构造柱
3	截面宽度(B边)(...	240
4	截面高度(H边)(...	240
5	马牙槎设置	带马牙槎
6	马牙槎宽度(mm)	60
7	全部纵筋	4Φ12
8	角筋	
9	B边一侧中部筋	
10	H边一侧中部筋	
11	箍筋	Φ6@200(2*2)
12	箍筋胶数	2*2
13	材质	混凝土
14	混凝土类型	(现浇混凝土碎石...
15	混凝土强度等级	(C25)
16	混凝土外加剂	(无)
17	泵送类型	(混凝土泵)
18	泵送高度(m)	
19	截面周长(m)	0.96
20	截面面积(m²)	0.058
21	顶标高(m)	层顶标高-0.6
22	底标高(m)	层底标高

	属性名称	属性值
1	名称	GZ2
2	类别	构造柱
3	截面宽度(B边)(...	240
4	截面高度(H边)(...	240
5	马牙槎设置	带马牙槎
6	马牙槎宽度(mm)	60
7	全部纵筋	4Φ12
8	角筋	
9	B边一侧中部筋	
10	H边一侧中部筋	
11	箍筋	Φ6@200(2*2)
12	箍筋胶数	2*2
13	材质	混凝土
14	混凝土类型	(现浇混凝土碎石...
15	混凝土强度等级	(C25)
16	混凝土外加剂	(无)
17	泵送类型	(混凝土泵)
18	泵送高度(m)	
19	截面周长(m)	0.96
20	截面面积(m²)	0.058
21	顶标高(m)	层顶标高-0.6
22	底标高(m)	层底标高

	属性名称	属性值
1	名称	GZ3
2	类别	构造柱
3	截面宽度(B边)(...	240
4	截面高度(H边)(...	240
5	马牙槎设置	带马牙槎
6	马牙槎宽度(mm)	60
7	全部纵筋	4Φ12
8	角筋	
9	B边一侧中部筋	
10	H边一侧中部筋	
11	箍筋	Φ6@200(2*2)
12	箍筋胶数	2*2
13	材质	混凝土
14	混凝土类型	(现浇混凝土碎石...
15	混凝土强度等级	(C25)
16	混凝土外加剂	(无)
17	泵送类型	(混凝土泵)
18	泵送高度(m)	
19	截面周长(m)	0.96
20	截面面积(m²)	0.058
21	顶标高(m)	层顶标高-0.6
22	底标高(m)	层底标高

图 2-94

2. 作辅助轴线

（1）作辅助轴线 ①/① 单击"通用操作"面板里的【平行辅轴】→单击①轴，弹出"请输入"对话框，输入"偏移距离（mm）"为"1380"，"轴号"为"1/1"，单击【确定】按钮。

说明：1380mm=1500mm-120mm。

（2）作辅助轴线 ②/1 　单击"通用操作"面板里的【平行辅轴】→单击②轴，弹出"请输入"对话框，输入"偏移距离（mm）"为"-1380"，"轴号"为"2/1"，单击【确定】按钮。

（3）采用同样方法，作其他辅助轴线　作辅助轴线 ①/4 ，在④轴右边距离为1285mm；作辅助轴线 ①/5 ，在⑥轴左边距离为1275mm。说明：1285mm=3300mm+2700m+225mm-240mm-1500mm-3200mm，1275mm=1500mm-225mm。

3. 布置构造柱

单击选中"构件列表"里的【GZ1】→单击"绘图"面板里的 ⊕（点）→单击辅助轴线 ①/1 与 Ⓐ、Ⓓ 轴线的交点→单击辅助轴线 ②/1 与 Ⓐ、Ⓓ 轴线的交点→单击鼠标右键结束操作。采用同样方法，认真阅读附录 A-1 建施 04 和附录 A-2 结施 04 布置 GZ3。

单击选中"构件列表"里的【GZ2】→单击"绘图"面板里的 ⊕（点）→单击辅助轴线 ①/C 内墙的左端点与右端点→单击鼠标右键结束操作。注意 GZ2 位于丁字墙交接处。采用同样方法，在 Ⓐ 轴线上画两根 GZ3。

4. 调整构造柱位置

构造柱虽然画上了，但很多构造柱并不在图样所示位置，如图 2-95 所示，这时需要调整构造柱位置。以辅助轴线 ①/1 和 Ⓐ 轴线相交处 GZ1 为例：单击【对齐】→单击【单对齐】→单击 Ⓐ 轴线墙体下边线→单击 GZ1 的左边线（对齐线），这时 GZ1 就移到了图样所示位置。参照图 2-95，调整其他构造柱的位置。最后单击鼠标右键结束操作。

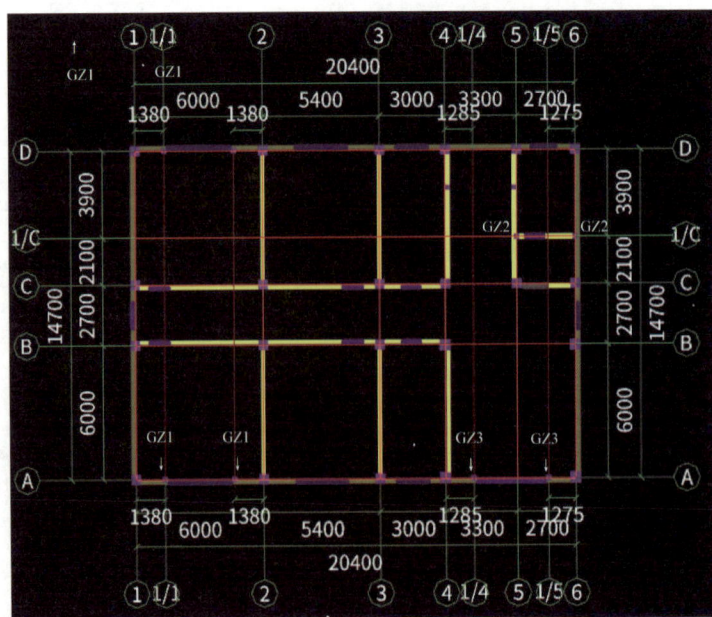

图 2-95

5. 删除辅助轴线

单击"导航树"内"轴线"前面的 ▣ 使其展开→单击【辅助轴线】→单击选中绘图区内所有辅助轴线→单击"修改"面板里的【删除】，这样辅助轴线就删除了。返回"过梁"层。

6. 添加构造柱清单、定额子目

双击"构件列表"下的【GZ1】，打开"定义"对话框，添加清单、定额子目。GZ1、GZ2 和 GZ3 的清单编码及项目特征如图 2-96 所示。

	编码	类别	名称	项目特征	单位	工程量表达式	表达式说明	单价	合价	措施项目
1	⊟ 010502002	项	构造柱	1. 混凝土种类: 泵送商品混凝土 2. 混凝土强度等级: C25	m³	TJ	TJ〈体积〉			☐
2	5-1-17	定	C20现浇混凝土 构造柱		m³	TJ	TJ〈体积〉	6183.4		☐
3	5-3-4	定	场外集中搅拌混凝土 25m³/h		m³	TJ*0.98691	TJ〈体积〉*0.9869	318.63		☐
4	5-3-12	定	泵送混凝土 柱、墙、梁、板 泵车		m³	TJ*0.98691	TJ〈体积〉*0.9869	96.23		☐
5	⊟ 011702003	项	构造柱	1. 支撑高度: 3.6m 以内 2. 模板的材质: 胶合板 3. 支撑: 钢管支撑	m²	MBMJ	MBMJ〈模板面积〉			☑
6	18-1-40	定	构造柱复合木模板钢支撑		m²	MBMJ	MBMJ〈模板面积〉	653.43		☑

图 2-96

7. 修改计算规则

单击【工程设置】选项板→单击"土建设置"面板里的【计算规则】，弹出"计算规则"对话框，单击【清单规则】→单击 ▣ 柱 前面的三角符号→单击【构造柱】→单击第 38 条后的"2 加马牙槎模板面积，（按属性定义的 1/2* 槎宽计算）"→单击后面的 ▾ →单击"1 加马牙槎模板面积，（按属性定义的槎宽计算）"，修改完毕，关闭"计算规则"对话框。构造柱定额模板计算规则符合定额计算规则要求，在此就不用修改了；否则，应参照上面的步骤进行修改。

8. 汇总计算并查看工程量

（1）汇总计算　单击【工程量】选项板，单击【汇总计算】按钮，弹出"汇总计算"对话框。勾选"全楼"，单击【确定】按钮。软件开始计算，之后弹出"计算成功"提示对话框，单击【确定】按钮。

（2）查看工程量　单击【查看工程量】按钮，依次单击选中所有构造柱，软件弹出"查看构件图元工程量"对话框。单击【做法工程量】按钮，软件计算的工程量结果如图 2-97 所示。查看完毕，单击【退出】按钮。

	编码	项目名称	单位	工程量	单价	合价
1	010502002	构造柱	m³	1.6684		
2	5-1-17	C20现浇混凝土 构造柱	10m³	0.16684	6183.4	1031.6385
3	5-3-4	场外集中搅拌混凝土 25m³/h	10m³	0.16468	318.63	52.472
4	5-3-12	泵送混凝土 柱、墙、梁、板 泵车	10m³	0.16468	96.23	15.8472
5	011702003	构造柱	m²	18.276		
6	18-1-40	构造柱复合木模板钢支撑	10m²	1.8276	653.43	1194.2087

图 2-97

任务三　检查一层构件

到此为止，除了楼层现浇混凝土板、台阶、楼梯及散水以外，一层的大部分构件已经画完了。

单击【视图】选项板→单击"操作"面板里的【显示设置】，打开"显示设置"对话框，勾选"所有构件"→单击右上角 ⊠ 关闭对话框→单击"通用操作"面板里"俯视"按钮下面的 ▾ →单击【东南等轴测】，也可以单击 ◎（动态观察），在绘图区单击鼠标左键并移动光标，调整观看角度，这样就能看到已画的全部构件，从而检查有无漏画（错画）的构件，如图 2-98 所示。若有漏画（错画）的构件，应及时补画（修改）。

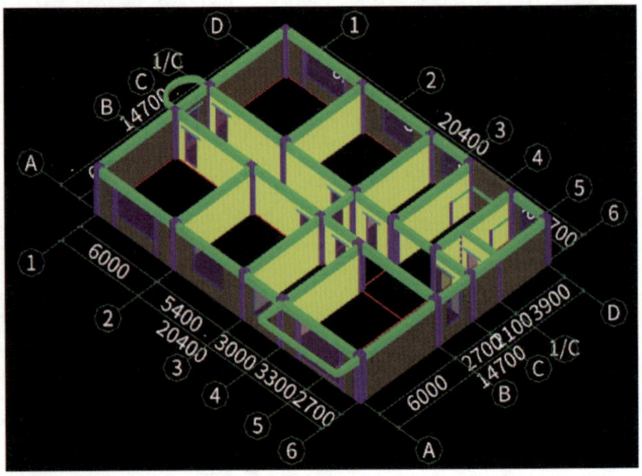

看看自己建造的房子，很有成就感吧！
加油！

图　2-98

子项五　画钢筋混凝土现浇板

理论链接：

对于混凝土现浇板，软件提供了多种智能布置方法，比如按墙外边、墙轴线、梁中心线等，具体应用时可以根据板的实际情况来选择。

任务一　新建现浇板并定义属性

1. 建立现浇板

阅读附录 A-2 结施 13，单击"导航树"中"板"前面的 ➕ 使其展开→单击【现浇板（B）】→单击【构件列表】，打开"构件列表"对话框，单击【属性】按钮，打开"属性列表"对话框。单击"构件列表"下的【新建】→单击【新建现浇板】，建立"B-1"。重复上述操作建立"B-2~B-11"。

2. 定义现浇板属性

在"属性列表"里将"B-1~B-10"的名称分别改为"LB1~LB10"，将"B-11"名称改为"PTB1"。

单击"构件列表"里的【LB1】→单击"属性列表"里第 12 行"钢筋业务属性"前面的 ⊞ →单击第 16 行"马凳筋参数图"后面的单元格（软件出现 ▥）→单击 ▥，弹出"马凳筋设置"对话框，单击【Ⅰ型】→单击右侧大图中的 L1，输入"100"→单击 L2，输入"100"→单击 L3，输入"100"→单击"马凳筋信息"后边空格，输入"A8@1000*1000"→单击【确定】按钮。采用同样方法，确定 LB2~LB9 的马凳筋（Ⅰ型）信息。

LB2 马凳筋信息：A6@1000*1000；L1=100，L2=100，L3=100。

LB3 马凳筋信息：A8@1000*1000；L1=100，L2=100，L3=100。

LB4、LB5、LB6 马凳筋信息：A6@1000*1000；L1=90，L2=90，L3=85。

LB7、LB8 马凳筋信息：A8@1000*1000；L1=90，L2=90，L3=85。

LB9 马凳筋信息：A6@1000*1000；L1=80，L2=80，L3=80。

LB10、PTB1 马凳筋信息：A8@1000*1000；L1=80，L2=80，L3=80。

> **说明：**《山东省建筑工程消耗量定额》（SD 01-31-2016）规定，当设计无规定时，马凳的材料应比底板钢筋降低一个规格（若底板钢筋规格不同时，按其中规格大的钢筋降低一个规格计算），长度按底板厚度的 2 倍加 200mm 计算，按 1 个 /m² 计入马凳筋工程量。

LB1~LB10 和 PTB1 的属性值如图 2-99~ 图 2-102 所示。

	属性名称	属性值		属性名称	属性值		属性名称	属性值
1	名称	LB1	1	名称	LB2	1	名称	LB3
2	厚度(mm)	150	2	厚度(mm)	150	2	厚度(mm)	150
3	类别	平板	3	类别	平板	3	类别	平板
4	是否是楼板	是	4	是否是楼板	是	4	是否是楼板	是
5	混凝土类型	(现浇混凝土碎...	5	混凝土类型	(现浇混凝土碎...	5	混凝土类型	(现浇混凝土碎...
6	混凝土强度等级	(C30)	6	混凝土强度等级	(C30)	6	混凝土强度等级	(C30)
7	混凝土外加剂	(无)	7	混凝土外加剂	(无)	7	混凝土外加剂	(无)
8	泵送类型	(混凝土泵)	8	泵送类型	(混凝土泵)	8	泵送类型	(混凝土泵)
9	泵送高度(m)		9	泵送高度(m)		9	泵送高度(m)	
10	顶标高(m)	层顶标高	10	顶标高(m)	层顶标高	10	顶标高(m)	层顶标高
11	备注		11	备注		11	备注	
12	⊟ 钢筋业务属...		12	⊟ 钢筋业务属...		12	⊟ 钢筋业务属...	
13	其它钢筋		13	其它钢筋		13	其它钢筋	
14	保护层厚...	(15)	14	保护层厚...	(15)	14	保护层厚...	(15)
15	汇总信息	(现浇板)	15	汇总信息	(现浇板)	15	汇总信息	(现浇板)
16	马凳筋参...	Ⅰ型	16	马凳筋参...	Ⅰ型	16	马凳筋参...	Ⅰ型
17	马凳筋信息	Φ8@1000*1000	17	马凳筋信息	Φ6@1000*1000	17	马凳筋信息	Φ8@1000*1000
18	线形马凳...	平行横向受力筋	18	线形马凳...	平行横向受力筋	18	线形马凳...	平行横向受力筋
19	拉筋		19	拉筋		19	拉筋	
20	马凳筋数...	向上取整+1	20	马凳筋数...	向上取整+1	20	马凳筋数...	向上取整+1
21	拉筋数量...	向上取整+1	21	拉筋数量...	向上取整+1	21	拉筋数量...	向上取整+1
22	归类名称	(LB1)	22	归类名称	(LB2)	22	归类名称	(LB3)

图　2-99

	属性名称	属性值		属性名称	属性值		属性名称	属性值
1	名称	LB4	1	名称	LB5	1	名称	LB6
2	厚度(mm)	(120)	2	厚度(mm)	(120)	2	厚度(mm)	(120)
3	类别	平板	3	类别	平板	3	类别	平板
4	是否是楼板	是	4	是否是楼板	是	4	是否是楼板	是
5	混凝土类型	(现浇混凝土碎...	5	混凝土类型	(现浇混凝土碎...	5	混凝土类型	(现浇混凝土碎...
6	混凝土强度等级	(C30)	6	混凝土强度等级	(C30)	6	混凝土强度等级	(C30)
7	混凝土外加剂	(无)	7	混凝土外加剂	(无)	7	混凝土外加剂	(无)
8	泵送类型	(混凝土泵)	8	泵送类型	(混凝土泵)	8	泵送类型	(混凝土泵)
9	泵送高度(m)		9	泵送高度(m)		9	泵送高度(m)	
10	顶标高(m)	层顶标高	10	顶标高(m)	层顶标高	10	顶标高(m)	层顶标高
11	备注		11	备注		11	备注	
12	⊟ 钢筋业务属...		12	⊟ 钢筋业务属...		12	⊟ 钢筋业务属...	
13	其它钢筋		13	其它钢筋		13	其它钢筋	
14	保护层厚...	(15)	14	保护层厚...	(15)	14	保护层厚...	(15)
15	汇总信息	(现浇板)	15	汇总信息	(现浇板)	15	汇总信息	(现浇板)
16	马凳筋参...	Ⅰ型	16	马凳筋参...	Ⅰ型	16	马凳筋参...	Ⅰ型
17	马凳筋信息	Φ6@1000*1000	17	马凳筋信息	Φ6@1000*1000	17	马凳筋信息	Φ6@1000*1000
18	线形马凳...	平行横向受力筋	18	线形马凳...	平行横向受力筋	18	线形马凳...	平行横向受力筋
19	拉筋		19	拉筋		19	拉筋	
20	马凳筋数...	向上取整+1	20	马凳筋数...	向上取整+1	20	马凳筋数...	向上取整+1
21	拉筋数量...	向上取整+1	21	拉筋数量...	向上取整+1	21	拉筋数量...	向上取整+1
22	归类名称	(LB4)	22	归类名称	(LB5)	22	归类名称	(LB6)

图　2-100

属性列表	图层管理		属性列表	图层管理		属性列表	
	属性名称	属性值		属性名称	属性值		属性名称	属性值

表一：

	属性名称	属性值
1	名称	LB7
2	厚度(mm)	(120)
3	类别	有梁板
4	是否是楼板	是
5	混凝土类型	(现浇混凝土碎…
6	混凝土强度等级	(C30)
7	混凝土外加剂	(无)
8	泵送类型	(混凝土泵)
9	泵送高度(m)	
10	顶标高(m)	层顶标高-0.05
11	备注	
12	⊟ 钢筋业务属…	
13	其它钢筋	
14	保护层厚…	(15)
15	汇总信息	(现浇板)
16	马凳筋参…	I 型
17	马凳筋信息	Φ8@1000*1000
18	线形马凳	平行横向受力筋
19	拉筋	
20	马凳筋数…	向上取整+1
21	拉筋数量…	向上取整+1
22	归类名称	(LB7)

表二：

	属性名称	属性值
1	名称	LB8
2	厚度(mm)	(120)
3	类别	有梁板
4	是否是楼板	是
5	混凝土类型	(现浇混凝土碎…
6	混凝土强度等级	(C30)
7	混凝土外加剂	(无)
8	泵送类型	(混凝土泵)
9	泵送高度(m)	
10	顶标高(m)	层顶标高-0.05
11	备注	
12	⊟ 钢筋业务属…	
13	其它钢筋	
14	保护层厚…	(15)
15	汇总信息	(现浇板)
16	马凳筋参…	I 型
17	马凳筋信息	Φ8@1000*1000
18	线形马凳	平行横向受力筋
19	拉筋	
20	马凳筋数…	向上取整+1
21	拉筋数量…	向上取整+1
22	归类名称	(LB8)

表三：

	属性名称	属性值
1	名称	LB9
2	厚度(mm)	100
3	类别	平板
4	是否是楼板	是
5	混凝土类型	(现浇混凝土碎…
6	混凝土强度等级	(C30)
7	混凝土外加剂	(无)
8	泵送类型	(混凝土泵)
9	泵送高度(m)	
10	顶标高(m)	层顶标高
11	备注	
12	⊟ 钢筋业务属…	
13	其它钢筋	
14	保护层厚…	(15)
15	汇总信息	(现浇板)
16	马凳筋参…	I 型
17	马凳筋信息	Φ6@1000*1000
18	线形马凳	平行横向受力筋
19	拉筋	
20	马凳筋数…	向上取整+1
21	拉筋数量…	向上取整+1
22	归类名称	(LB9)

图 2-101

表四：

属性列表	图层管理	
	属性名称	属性值
1	名称	LB10
2	厚度(mm)	100
3	类别	平板
4	是否是楼板	是
5	混凝土类型	(现浇混凝土碎…
6	混凝土强度等级	(C30)
7	混凝土外加剂	(无)
8	泵送类型	(混凝土泵)
9	泵送高度(m)	
10	顶标高(m)	层顶标高-0.25
11	备注	
12	⊟ 钢筋业务属…	
13	其它钢筋	
14	保护层厚…	(15)
15	汇总信息	(现浇板)
16	马凳筋参…	I 型
17	马凳筋信息	Φ8@1000*1000
18	线形马凳	平行纵向受力筋
19	拉筋	
20	马凳筋数…	向上取整+1
21	拉筋数量…	向上取整+1
22	归类名称	(LB10)

表五：

属性列表	图层管理	
	属性名称	属性值
1	名称	PTB1
2	厚度(mm)	100
3	类别	平板
4	是否是楼板	是
5	混凝土类型	(现浇混凝土碎石<20)
6	混凝土强度等级	C25
7	混凝土外加剂	(无)
8	泵送类型	(混凝土泵)
9	泵送高度(m)	
10	顶标高(m)	层底标高+1.83
11	备注	
12	⊟ 钢筋业务…	
13	其它钢筋	
14	保护层厚…	(20)
15	汇总信息	(现浇板)
16	马凳筋参…	I 型
17	马凳筋信息	Φ8@1000*1000
18	线形马凳	平行纵向受力筋
19	拉筋	
20	马凳筋数…	向上取整+1
21	拉筋数量…	向上取整+1
22	归类名称	(PTB1)

图 2-102

任务二　画现浇板

画现浇板

1. 布置现浇板

仔细阅读附录 A-2 结施 06、07、13 和 17，布置以下现浇板。

（1）布置热工测试实验室 LB1　单击选中"构件列表"里的【LB1】→单击【智能布置】→

单击【墙梁轴线】→单击Ⓐ轴线 KL1 →单击①轴线 KL9 →单击Ⓑ轴线 KL7 →单击②轴线 KL11 →单击鼠标右键结束操作。

（2）布置建筑结构实验室 LB2　单击选中"构件列表"里的【LB2】→单击【绘图】面板里的 ✛（点）→单击①/Ⓒ~②/Ⓓ范围内空白处任意一点→单击鼠标右键结束操作。

（3）布置大厅、阳台处 LB3　单击选中"构件列表"里的【LB3】→单击【智能布置】→单击【墙梁轴线】→单击 L2 →单击⑥轴线 XL1 和 KL9 →单击Ⓑ轴线 KL7 →单击④轴线 KL11 和 XL1 →单击鼠标右键结束操作。

（4）布置楼梯的楼层平台板 LB9　单击选中"构件列表"里的【LB9】→单击【矩形】→单击④轴线 KL13 下部端点中心→按 <Shift> 键的同时单击Ⓒ轴与⑤轴交点，弹出"请输入偏移值"对话框，输入"X=-100""Y=660"，单击【确认】按钮。说明：660mm=900mm-240mm。

（5）布置雨篷板 LB10　单击选中"构件列表"里的【LB10】→单击【智能布置】→单击【墙梁轴线】→单击①轴线 KL9 →依次单击各段 KL8 →单击鼠标右键。

参照上面的做法，选择合适的命令，画一层除 PTB1 以外的其他现浇板。

2. 调整边板的位置

（1）调整 LB1 边线位置　单击"选择"面板里的【选择】按钮→单击选中绘图区热工测试实验室 LB1 →单击 LB1 下边线中间的控制点（图 2-103）→光标向下移动→在数字框内输入"150"→按 <Enter> 键，这时 LB1 的下边线偏移到了Ⓐ轴线 KL1 的下边线，单击 LB1 左边

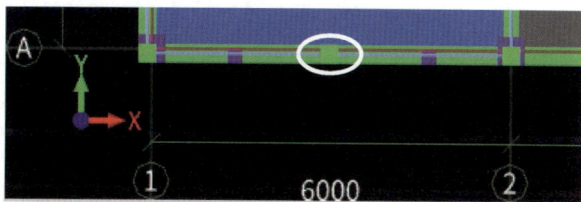

图　2-103

线中间的控制点→光标向左移动→在数字框内输入"150"→按 <Enter> 键，这时 LB1 的左边线偏移到了①轴线 KL9 的左边线。

采用同样方法，将建筑结构实验室 LB2、LB7 外侧板边向外偏移 150mm。

（2）分割 LB3　单击【选择】按钮→单击选中绘图区 LB3 →单击鼠标右键→单击【分割（F）】→按 <Shift> 键的同时单击④轴与Ⓐ轴交点，弹出"请输入偏移值"对话框，输入"X=0""Y=-225"→单击【确定】按钮→按 <Shift> 键的同时单击⑥轴与Ⓐ轴交点，软件弹出"请输入偏移值"对话框，输入"X=225""Y=-225"→单击【确定】按钮→单击两次鼠标右键，弹出"分割成功"提示框。选中阳台板，在属性列表里将此板改名为"阳台板"。

（3）采用同样方法，依次将板的以下部位分别偏移　将其他两块 LB1、LB2 的外边向外偏移 150mm；将 LB3 的右边向右偏移 150mm；将 LB4 的左边、右边分别向外偏移 150mm；将 LB5 的下边向下偏移 150mm；将 LB6 的上边向上偏移 150mm，右边向右偏移 125mm；将 LB7 的左边向左偏移 125mm；LB8 的右边向右偏移 150mm，左边向左偏移 125mm；将 LB9 的左边和右边向内偏移 125mm；将 LB10 的右边向左偏移 150mm；雨篷板 LB10 外边向外偏移 125mm；阳台板的左边、右边分别向外偏移 125mm，下边向下偏移 100mm。调整 PTB1，使其左边线向右偏移 120mm，右边线向左偏移 120mm，上边线向下偏移 120mm。

（4）调整观察角度　单击【三维】按钮，调整观察角度，LB7、LB8 的板顶标高比其他板低 50mm，LB10 的板顶标高比其他板低 250mm，如图 2-104 所示。继续观察其他板平面位置及板顶高度是否正确。

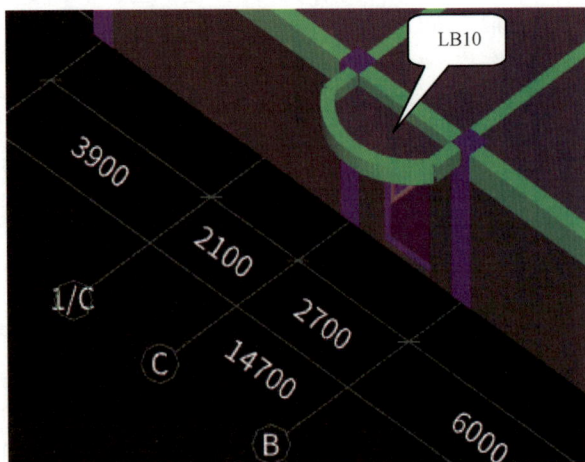

图　2-104

任务三　添加现浇板清单

双击"构件列表"下的【LB1】，打开"添加清单"对话框，LB1~LB6、LB9 的清单编码及项目特征如图 2-105 所示，LB7、LB8 的清单编码及项目特征如图 2-106 所示，LB10 的清单编码及项目特征如图 2-107 所示，阳台板的清单编码及项目特征如图 2-108 所示。

	编码	类别	名称	项目特征	单位	工程量表达式	表达式说明	单价	合价	措施项目
1	⊟ 010505003	项	平板	1. 混凝土种类：泵送商品混凝土 2. 混凝土强度等级：C30	m³	TJ	TJ〈体积〉			☐
2	5-1-33	定	C30平板		m³	TJ	TJ〈体积〉	4841.71		☐
3	5-3-4	定	场外集中搅拌混凝土 25m³/h		m³	TJ*1.01	TJ〈体积〉*1.01	318.63		☐
4	5-3-12	定	泵送混凝土 柱、墙、梁、板 泵车		m³	TJ*1.01	TJ〈体积〉*1.01	96.23		☐
5	⊟ 011702016	项	平板	1. 支撑高度：3.6m以内 2. 模板的材质：胶合板 3. 支撑：钢管支撑	m²	MBMJ	MBMJ〈底面模板面积〉			☑
6	18-1-100	定	平板复合木模板钢支撑		m²	MBMJ	MBMJ〈底面模板面积〉	465.13		☑

图　2-105

	编码	类别	名称	项目特征	单位	工程量表达式	表达式说明	单价	综合单价	措施项目
1	⊟ 010505001	项	有梁板	1. 混凝土种类：泵送商品混凝土 2. 混凝土强度等级：C30	m³	TJ	TJ〈体积〉			☐
2	5-1-31	定	C30有梁板		m³	TJ	TJ〈体积〉	4587		☐
3	5-3-4	定	场外集中搅拌混凝土 25m³/h		m³	TJ*1.010	TJ〈体积〉*1.01	318.63		☐
4	5-3-12	定	泵送混凝土 柱、墙、梁、板 泵车		m³	TJ*1.010	TJ〈体积〉*1.01	96.23		☐
5	⊟ 011702014	项	有梁板	1. 支撑高度：3.6m以内 2. 模板的材质：胶合板 3. 支撑：钢管支撑	m²	MBMJ	MBMJ〈模板面积〉			☑
6	18-1-92	定	有梁板复合木模板钢支撑		m²	MBMJ	MBMJ〈模板面积〉	454.73		☑

图　2-106

编码	类别	名称	项目特征	单位	工程量表达式	表达式说明	单价	综合单价	措施项目
1 ☐ 010505008	项	雨篷、悬挑板、阳台板	1.混凝土种类：泵送商品混凝土 2.混凝土强度等级：C30	m³	TJ	TJ<体积>			☐
2 5-1-45	定	C30有梁式阳台板厚100mm		m²	TJ/0.1	TJ<体积>/0.1	1088.35		☐
3 5-3-4	定	场外集中搅拌混凝土 25m³/h		m³	TJ/0.1*0.16817	TJ<体积>/0.1*0.1682	318.63		☐
4 5-3-12	定	泵送混凝土柱、墙、梁、板 泵车		m³	TJ/0.1*0.16817	TJ<体积>/0.1*0.1682	96.23		☐
5 ☐ 011702023	项	雨篷、悬挑板、阳台板	1.支撑高度：3.6m以内 2.模板的材质：胶合板 3.支撑：钢管支撑	m²	TJ/0.1	TJ<体积>/0.1			☑
6 18-1-108	定	雨篷、悬挑板、阳台板直形木模板木支撑		m²	TJ/0.1	TJ<体积>/0.1	1211.11		☑

图　2-107

编码	类别	名称	项目特征	单位	工程量表达式	表达式说明	单价	综合单价	措施项目
1 ☐ 010505008	项	雨篷、悬挑板、阳台板	1.混凝土种类：泵送商品混凝土 2.混凝土强度等级：C30	m³	TJ	TJ<体积>			☐
2 5-1-45	定	C30有梁式阳台板厚100mm		m²	TJ*/0.1	TJ<体积>*/0.1	1088.35		☐
3 5-1-47	定	C30阳台、雨篷板厚每增减10mm		m²	TJ*/0.1*5	TJ<体积>*/0.1*5	57.72		☐
4 5-3-4	定	场外集中搅拌混凝土 25m³/h		m³	TJ*/0.15*0.16817+TJ/0.15*0.0101*5	TJ<体积>*/0.1*0.1682*0.0101*5	318.63		☐
5 5-3-12	定	泵送混凝土柱、墙、梁、板 泵车		m³	TJ*/0.1*0.16817+0.0101*5	TJ<体积>*/0.1*0.1682+0.0101*5	96.23		☐
6 ☐ 011702023	项	雨篷、悬挑板、阳台板	1.支撑高度：3.6m以内 2.模板的材质：胶合板 3.支撑：钢管支撑	m²					☑
7 18-1-10	定	带形基础（有梁式）钢筋混凝土复合木模板对拉螺栓钢支撑		m²	TJ/0.15	TJ<体积>/0.15	1107.97		☑

图　2-108

任务四　画现浇板受力筋

1. 画 LB1 底筋

单击"导航树"中"板"文件夹前面的 ✚ 使其展开→单击【板受力筋（S）】→单击【视图】选项板→单击"用户面板"里的【构件列表】，打开"构件列表"对话框，单击【属性】按钮，打开"属性编辑器"对话框，单击【建模】选项板→单击"构件列表"里的【新建】→单击【新建板受力筋】，建立"SLJ-1"，其属性值如图2-109所示。

画现浇板钢筋

单击黑色绘图区上部的【单板】→单击【XY 方向】，弹出"智能布置"对话框，输入板底筋（图 2-110）→单击绘图区①/Ⓐ～②/Ⓑ范围的 LB1 →单击绘图区②/Ⓐ～③/Ⓑ范围的 LB1 →单击鼠标右键，这样 LB1 的底筋就画完了。

图 2-109

图 2-110

2. 画 LB3 的底筋、面筋

在"智能布置"对话框输入 LB3 的钢筋信息，如图 2-111 所示，单击【多板】→单击大厅处的 LB3 →单击阳台处的 LB3 →单击鼠标右键结束操作。这样 LB3 的底筋、面筋就画完了。

3. 画 LB10 的底筋、面筋

单击【单板】→单击【双向布置】，在"智能布置"对话框输入 LB10 的钢筋信息，如图 2-112 所示，单击雨篷处的 LB10 →单击鼠标右键结束操作。

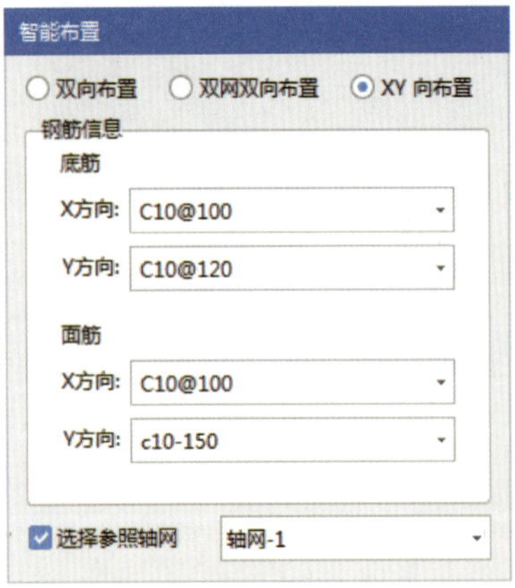

图 2-111

图 2-112

4. 画其他板

参照 LB1、LB3 的画法，画 LB2、LB4~LB9 的受力筋。

任务五 画跨板负筋

1. 新建并定义跨板负筋

单击"构件列表"里的【新建】→单击【新建跨板受力筋】，新建"KBSLJ-1"。重复上述操作，建立"KBSLJ-2"；并将"KBSLJ-1"重命名为"3 号跨板负筋"，将"KBSLJ-2"重命名为"4 号跨板负筋"，其属性值如图 2-113 所示。

	属性名称	属性值
1	名称	3号跨板负筋
2	类别	面筋
3	钢筋信息	Φ8@150
4	左标注(mm)	1630
5	右标注(mm)	0
6	马凳筋排数	1/1
7	标注长度位置	(支座中心线)
8	左弯折(mm)	(0)
9	右弯折(mm)	(0)
10	分布钢筋	Φ8@250
11	备注	
12	⊞ 钢筋业务属性	
21	⊞ 显示样式	

	属性名称	属性值
1	名称	4号跨板负筋
2	类别	面筋
3	钢筋信息	Φ10@150
4	左标注(mm)	1570
5	右标注(mm)	1570
6	马凳筋排数	1/1
7	标注长度位置	(支座中心线)
8	左弯折(mm)	(0)
9	右弯折(mm)	(0)
10	分布钢筋	Φ8@250
11	备注	
12	⊞ 钢筋业务属性	
21	⊞ 显示样式	

图 2-113

2. 布置跨板负筋

单击"构件列表"内的【3 号跨板负筋】→单击黑色绘图区上面的【水平】→单击【单板】→单击绘图区的 LB5 和 LB6。单击"构件列表"内的【4 号跨板负筋】→单击"绘图"面板的【垂直】→单击绘图区①、③轴线间的 LB4 →单击刚画好的 4 号跨板负筋→单击"4 号跨板负筋"范围显示矩形框右边中间的控制点→光标向右移动→在数字框中输入"3000"→按 <Enter> 键。画图时，有时会出现绘图区布置的钢筋与图样上的钢筋位置正好相反的情况，这时可以利用"板受力筋二次编辑"的"交换标注"按钮，调整钢筋位置。

任务六 画现浇板负筋

1. 新建并定义现浇板负筋

阅读附录 A-2 结施 13，找出所有现浇板的负筋。单击"导航树"中【板负筋】→单击"通用操作"中的【定义】，打开"定义"对话框→单击"构件列表"下的【新建】→单击【新建板负筋】，新建"FJ-1"。重复上述操作建立"FJ-2~FJ-4"，并将"FJ-3"重命名为"FJ-5"，将"FJ-4"重命名为"FJ-6"。FJ-1 和 FJ-2 的属性值如图 2-114 所示，FJ-5 和 FJ-6 的属性值如图 2-115 所示。

	属性名称	属性值
1	名称	FJ-1
2	钢筋信息	Φ8@200
3	左标注(mm)	0
4	右标注(mm)	1720
5	马凳筋排数	1/1
6	单边标注位置	支座外边线
7	左弯折(mm)	(0)
8	右弯折(mm)	(0)
9	分布钢筋	Φ8@250
10	备注	
11	⊞ 钢筋业务属性	
19	⊞ 显示样式	

	属性名称	属性值
1	名称	FJ-2
2	钢筋信息	Φ8@200
3	左标注(mm)	1630
4	右标注(mm)	1630
5	马凳筋排数	1/1
6	非单边标注含...	(是)
7	左弯折(mm)	(0)
8	右弯折(mm)	(0)
9	分布钢筋	Φ8@250
10	备注	
11	⊞ 钢筋业务属性	
19	⊞ 显示样式	

图 2-114

属性列表				属性列表		
	属性名称	属性值			属性名称	属性值
1	名称	FJ-5		1	名称	FJ-6
2	钢筋信息	Φ10@150		2	钢筋信息	Φ10@150
3	左标注(mm)	0		3	左标注(mm)	980
4	右标注(mm)	4405		4	右标注(mm)	4300
5	马凳筋排数	1/1		5	马凳筋排数	1/1
6	单边标注位置	支座外边线		6	非单边标注含...	(是)
7	左弯折(mm)	(0)		7	左弯折(mm)	(0)
8	右弯折(mm)	(0)		8	右弯折(mm)	(0)
9	分布钢筋	Φ8@250		9	分布钢筋	Φ8@250
10	备注			10	备注	
11	⊞ 钢筋业务属性			11	⊞ 钢筋业务属性	
19	⊞ 显示样式			19	⊞ 显示样式	

图　2-115

2. 布置现浇板负筋

（1）布置①号轴线的 FJ-1　单击选中"构件列表"里【FJ-1】→单击黑色绘图区上部的【按板边布置】→鼠标移到①号轴线 LB1 的左边，出现如图 2-116 所示状态后单击鼠标左键→光标移到⑥号轴线中部 LB4 的右边，出现如图 2-117 所示状态后单击鼠标左键→单击鼠标右键结束操作。采用同样方法，布置其他板边的 FJ-1。

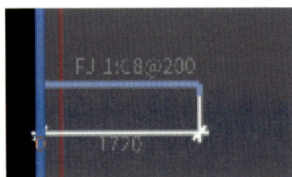

图　2-116

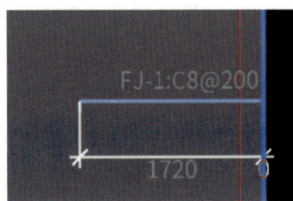

图　2-117

（2）布置②号轴线的 FJ-2　单击选中"构件列表"里的【FJ-2】→单击②号轴线 LB1 的边线→单击②号轴线 LB2 的边线→单击鼠标右键结束操作。

采用同样方法布置其他板负筋，注意绘制 FJ-5、FJ-6 时选择 LB9 和 LB8 的下边线。画图时，有时会出现在绘图区布置的钢筋与图样上的钢筋位置正好相反的情况，这时可以利用"交换标注"按钮，调整钢筋位置。

任务七　汇总计算并查看工程量

单击【现浇板（B）】→单击【工程量】→单击"汇总"面板里的【汇总计算】，弹出"计算汇总"对话框，提示"计算成功"，单击【确定】按钮。单击"土建计算结果"面板里的【查看工程量】→单击【做法工程量】，打开"工程量表"，单击表下部的【导出到 Excel 文件（X）】按钮，见表 2-2。查看完毕，单击对话框右上角的 ✕（关闭）按钮。

表 2-2　首层现浇板清单、定额工程量表

序号	编码	项目名称	单位	工程量	单价	合价
1	010505003	平板	m³	39.0442		
2	5-1-33	C30 平板	10m³	3.90442	4841.71	18904.0694
3	5-3-4	场外集中搅拌混凝土　25m³/h	10m³	3.94347	318.63	1256.5078
4	5-3-12	泵送混凝土　柱、墙、梁、板　泵车	10m³	3.94347	96.23	379.4801
5	011702016	平板	m²	243.2797		
6	18-1-100	平板复合木模板钢支撑	10m²	24.32797	465.13	11315.6687
7	010505001	有梁板	m³	2.3909		
8	5-1-31	C30 有梁板	10m³	0.23909	4587	1096.7058
9	5-3-4	场外集中搅拌混凝土　25m³/h	10m³	0.24148	318.63	76.9428
10	5-3-12	泵送混凝土　柱、墙、梁、板　泵车	10m³	0.24148	96.23	23.2376
11	011702014	有梁板	m²	14.69		
12	18-1-92	有梁板复合木模板钢支撑	10m²	1.469	454.73	667.9984
13	010505008	雨篷、悬挑板、阳台板	m³	0.3224		
14	5-1-45	C30 有梁式阳台板厚 100mm	10m²	0.3224	1088.35	350.884
15	5-3-4	场外集中搅拌混凝土　25m³/h	10m³	0.05422	318.63	17.2761
16	5-3-12	泵送混凝土　柱、墙、梁、板　泵车	10m³	0.05422	96.23	5.2176
17	011702023	雨篷、悬挑板、阳台板	m²	14.474		
18	18-1-108	雨篷、悬挑板、阳台板直形木模板木支撑	10m²	1.4474	1211.11	1752.9606
19	010505008	雨篷、悬挑板、阳台板	m³	1.6875		
20	5-1-45	C30 有梁式阳台板厚 100mm	10m²	1.125	1088.35	1224.3938
21	5-1-47	C30 阳台、雨篷板厚每增减 10mm	10m²	5.625	57.72	324.675
22	5-3-4	场外集中搅拌混凝土　25m³/h	10m³	0.246	318.63	78.383
23	5-3-12	泵送混凝　土柱、墙、梁、板　泵车	10m³	0.246	96.23	23.6726

子项六　画楼梯

任务一　计算楼梯混凝土工程量

1. 画楼梯

（1）新建楼梯，定义属性　阅读附录 A-1 建施 12 和附录 A-2 结施 17，单击"导航树"中"楼梯"前面的 ▦ 使其展开→单击【楼梯】→单击"构件列表"下的【新建】→单击【新建楼梯】，建立"LT-1"，将名称改为"楼梯"，其属性值如图 2-118 所示。

楼梯土建部分

（2）添加楼梯清单、定额子目　查阅附录 A-1 建施 02、03，添加楼梯清单、定额子目，如图 2-119 所示，图中第 12、13 行要勾选"措施项目"列。

（3）绘制楼梯　单击"通用操作"面板里"两点辅轴"后面的下拉箭头→单击【平行辅轴】→单击Ⓒ轴，弹出"请输入"对话框→输入"偏移距离（mm）"为"660"，"轴号"为"01/C"→单击【确定】按钮→单击"绘图"面板里的 ⬜ →单击Ⓓ、④轴交点→单击 ⑴/Ⓒ 辅轴与⑤轴交点，这样楼梯就画完了。说明：900mm-240mm=660mm。

（4）汇总计算　单击软件右上方【工程量】选项板→单击【汇总计算】按钮，弹出"汇总计算"对话框→勾选"全楼"→单击【确定】按钮，软件开始计算，之后弹出"计算成功"提示对话框→单击【确定】按钮。

	属性名称	属性值
1	名称	楼梯
2	建筑面积计算...	不计算
3	图元形状	直形
4	混凝土强度等级	(C25)
5	类别	无斜梁
6	备注	
7	⊞ 钢筋业务属性	
10	⊞ 土建业务属性	
12	⊞ 显示样式	

图　2-118

	编码	类别	名称	项目特征	单位	工程量表达式	表达式说明	措施项目
3	5-3-4	定	场外集中搅拌混凝土 25m³/h		m³	TYMJ*2.1796	TYMJ〈水平投影面积〉*2.1796	☐
4	5-3-12	定	泵送混凝土柱、墙、梁、板 泵车		m³	TYMJ*2.1796	TYMJ〈水平投影面积〉*2.1796	☐
5	⊟ 011106004	项	水泥砂浆楼梯面层	1.面层厚度：20mm 2.砂浆配合比：1:2水泥砂浆	m²	TYMJ	TYMJ〈水平投影面积〉	☐
6	11-2-2	定	水泥砂浆 楼梯 20mm		m²	TYMJ	TYMJ〈水平投影面积〉	☐
7	⊟ 011301001	项	天棚抹灰	1.面层：1:2.5水泥砂浆厚7mm 2.找平：1:3水泥砂浆厚7mm	m²	TYMJ*1.37	TYMJ〈水平投影面积〉*1.37	☐
8	13-1-2	定	混凝土面天棚 水泥砂浆（厚度5+3mm）		m²	TYMJ*1.37	TYMJ〈水平投影面积〉*1.37	☐
9	⊟ 011407002	项	天棚喷刷涂料	1.面层：刷乳胶漆两遍 2.腻子要求：满刮两遍	m²	TYMJ*1.37	TYMJ〈水平投影面积〉*1.37	☐
10	14-3-9	定	室内乳胶漆二遍 天棚		m²	TYMJ*1.37	TYMJ〈水平投影面积〉*1.37	☐
11	14-4-3	定	满刮调制腻子二遍 天棚抹灰面 二遍		m²	TYMJ*1.37	TYMJ〈水平投影面积〉*1.37	☐
12	⊟ 011702024	项	楼梯	1.双跑平行楼梯（无斜梁）	m²	TYMJ	TYMJ〈水平投影面积〉	☑
13	18-1-110	定	楼梯直形木模板木支撑		m²	TYMJ	TYMJ〈水平投影面积〉	☑

图　2-119

（5）查看工程量　单击【查看工程量】按钮，用鼠标左键框选所有过梁，弹出"查看构件图元工程量"对话框。单击【做法工程量】按钮，软件计算的工程量结果如图 2-120 所示。查看完毕，单击【退出】按钮。

（6）删除辅助轴线　单击"导航树"中"轴线"前面的 ⊞ 使其展开→单击【辅助轴线】→单击【选择】→单击选中所有辅助轴线→按 <Delete> 键，这样图中所有的辅助轴线就被删除了。

2. 画楼梯扶手

（1）建立扶手，定义属性　阅读附录 A-1 建施 12，单击"导航树"中"自定义"前面的

✚ 使其展开→单击【自定义线（X）】→单击"构件列表"下的【新建】→单击【新建矩形自定义线】，建立"ZDYX-1"，单击【新建矩形自定义线】，建立"ZDYX-2"，将名称分别改为"楼梯扶手　直段"和"楼梯扶手　斜段"，其属性值如图 2-121 所示。

	编码	项目名称	单位	工程量	单价	合价
1	010506001	直形楼梯	m²	15.1762		
2	5-1-39	C30无斜梁直形楼梯 板厚100mm	10m²	1.51762	1308.49	1985.7906
3	5-3-4	场外集中搅拌混凝土 25m³/h	10m³	3.3078	318.63	1053.9643
4	5-3-12	泵送混凝土 柱、墙、梁、板 泵车	10m³	3.3078	96.23	318.3096
5	011106004	水泥砂浆楼梯面层	m²	15.1762		
6	11-2-2	水泥砂浆 楼梯20mm	10m²	1.51762	524.18	795.5061
7	011301001	天棚抹灰	m²	20.7914		
8	13-1-2	混凝土面天棚 水泥砂浆（厚度5+3mm）	10m²	2.07914	171.19	355.928
9	011407002	天棚喷刷涂料	m²	20.7914		
10	14-3-9	室内乳胶漆二遍 天棚	10m²	2.07914	86.23	179.2842
11	14-4-3	满刮周制腻子 天棚抹灰面 二遍	10m²	2.07914	47.33	98.4057
12	011702024	楼梯	m²	15.1762		
13	18-1-110	楼梯直形木模板木支撑	10m²	1.51762	1546.33	2346.7413

图　2-120

	属性名称	属性值		属性名称	属性值
1	名称	楼梯扶手 直段	1	名称	楼梯扶手 斜段
2	构件类型	自定义线	2	构件类型	自定义线
3	截面宽度(mm)	60	3	截面宽度(mm)	60
4	截面高度(mm)	900	4	截面高度(mm)	900
5	轴线距左边线…	(30)	5	轴线距左边线…	(30)
6	混凝土强度等级	(C30)	6	混凝土强度等级	(C30)
7	起点顶标高(m)	层底标高+0.95	7	起点顶标高(m)	层底标高+0.95
8	终点顶标高(m)	层底标高+0.95	8	终点顶标高(m)	层底标高+0.95
9	备注		9	备注	
10	⊕ 钢筋业务…		10	⊕ 钢筋业务…	
20	⊕ 土建业务…		20	⊕ 土建业务…	
23	⊕ 显示样式		23	⊕ 显示样式	

图　2-121

（2）删除楼梯扶手内的默认钢筋　单击"通用操作"面板里的【定义】，打开"定义"对话框，单击【截面编辑】→单击【清空钢筋】，弹出"确认"对话框，提示"是否清空当前所有钢筋？"→单击【是】，这时楼梯扶手内的默认钢筋就被删除了。

（3）添加楼梯扶手的清单、定额子目　"楼梯扶手　直段"清单、定额子目如图 2-122 所示，"楼梯扶手　斜段"清单、定额子目如图 2-123 所示。

	编码	类别	名称	项目特征	单位	工程量表达式	表达式说明
1	⊟ 011503001	项	金属扶手、栏杆、栏板	1. 材料：不锈钢扶手栏杆 2. 形式：格构式	m	CD	CD<长度>
2	15-3-4	定	直形不锈钢管栏杆(带扶手)成品安装		m	CD	CD<长度>

图　2-122

编码	类别	名称	项目特征	单位	工程量表达式	表达式说明
1	⊟ 011503001	项	金属扶手、栏杆、栏板	1. 材料：不锈钢扶手栏杆 2. 形式：格构式	m	CD*1.15	CD<长度>*1.15
2	15-3-4	定	直形不锈钢管栏杆（带扶手）成品安装		m	CD*1.15	CD<长度>*1.15

图　2-123

（4）作辅助轴线　单击"通用操作"面板里"两点辅轴"后面的下拉箭头→单击【平行辅轴】→单击④轴，弹出"请输入"对话框输入"偏移距离（mm）"为"1540"，"轴号"为"1/4"→单击【确定】按钮。说明：3300mm/2−60mm/2−80mm=1540mm。采用同样方法，作以下各条辅助轴线。

作 ②/④ 辅轴，偏移④轴距离：1760mm；说明：1540mm+80mm×2+60mm=1760mm。

作 ①/C 辅轴，偏移ⓒ轴距离：1400mm；说明：900mm−100mm=800mm。

作 ②/C 辅轴，偏移ⓒ轴距离：4900mm；说明：900mm+3300mm+100mm=4300mm。

（5）布置楼梯扶手　单击"构件列表"内的【楼梯扶手　直段】→单击"绘图"面板里的【直线】→单击 ①/④ 辅轴与 ①/C 辅轴交点→单击 ②/④ 辅轴与 ①/C 辅轴交点→单击鼠标右键→单击 ①/④ 辅轴与 ②/C 辅轴交点→单击 ②/④ 辅轴与 ②/C 辅轴交点→单击鼠标右键。

单击"构件列表"内的【楼梯扶手　斜段】→单击 ①/④ 辅轴与 ①/C 辅轴交点→单击 ①/④ 辅轴与 ②/C 辅轴交点→单击鼠标右键→单击 ②/④ 辅轴与 ②/C 辅轴交点→单击 ②/④ 辅轴与 ①/C 辅轴交点→单击鼠标右键。

单击"导航树"中的【辅助轴线（O）】按钮，选中所有辅助轴线，全部删除，然后单击【自定义线】，返回"自定义线"层。

（6）汇总计算并查看工程量　单击【工程量】选项板，用鼠标左键框选所有楼梯扶手，单击"汇总"面板里的【汇总选中图元】按钮。计算结束后，单击【查看工程量】按钮，如图 2-124 所示。

编码	项目名称	单位	工程量	单价	合价
1 011503001	金属扶手、栏杆、栏板	m	8.49		
2 15-3-4	直形不锈钢管栏杆（带扶手）成品安装	10m	0.849	3614.04	3068.32

图　2-124

任务二　计算楼梯钢筋工程量

1. 画 TL1 和 TL2

（1）定义属性　阅读附录 A-2 结施 15、17，单击"导航树"中"梁"文件夹前面的 📁 使其展开→单击【梁（L）】→单击"构件列表"下的【新建】→单击【新建矩形梁】，新建"PTL2"。

梯梁钢筋　　　　梯板钢筋

重复上述操作建立"PTL3"。在"属性编辑器"里将"PTL2"重命名为"TL1"，"PTL3"重命名为"TL2"，其属性值如图 2-125 所示。

（2）布置 TL1 和 TL2　单击"构件列表"中里的【TL1】→单击"绘图"面板里的【直线】→

单击④轴上 TZ1 的中心点→单击⑤轴上 TZ1 的中心点→单击鼠标右键。

	属性名称	属性值		属性名称	属性值
1	名称	TL1	1	名称	TL2
2	结构类别	非框架梁	2	结构类别	非框架梁
3	跨数量		3	跨数量	
4	截面宽度(mm)	240	4	截面宽度(mm)	240
5	截面高度(mm)	350	5	截面高度(mm)	350
6	轴线距梁左边...	(120)	6	轴线距梁左边...	(120)
7	箍筋	Φ6@200(2)	7	箍筋	Φ6@200(2)
8	胶数	2	8	胶数	2
9	上部通长筋	2Φ10	9	上部通长筋	3Φ10
10	下部通长筋	3Φ16	10	下部通长筋	3Φ18
11	侧面构造或受...		11	侧面构造或受...	
12	拉筋		12	拉筋	
13	定额类别	连续梁	13	定额类别	连续梁
14	材质	混凝土	14	材质	混凝土
15	混凝土类型	(现浇混凝土碎...	15	混凝土类型	(现浇混凝土碎...
16	混凝土强度等级	C25	16	混凝土强度等级	(C30)
17	混凝土外加剂	(无)	17	混凝土外加剂	(无)
18	泵送类型	(混凝土泵)	18	泵送类型	(混凝土泵)
19	泵送高度(m)		19	泵送高度(m)	
20	截面周长(m)	1.18	20	截面周长(m)	1.18
21	截面面积(m²)	0.084	21	截面面积(m²)	0.084
22	起点顶标高(m)	层底标高+1.83	22	起点顶标高(m)	层顶标高
23	终点顶标高(m)	层底标高+1.83	23	终点顶标高(m)	层顶标高
24	备注		24	备注	

图 2-125

单击 "构件列表" 中里的【TL2】→按 <Shift> 键的同时单击④轴与ⓒ轴的交点，弹出 "请输入偏移值" 对话框，输入 "X=100" "Y=780"，单击【确定】按钮，按 <Shift> 键的同时单击⑤轴与ⓒ轴的交点，弹出 "请输入偏移值" 对话框，输入 "X=−100" "Y=780"，单击【确定】按钮。

（3）原位标注 单击 "梁二次编辑" 面板 🖨 后面的下拉箭头 🔽 →单击【原位标注】→单击黑色绘图区的 TL2 →单击黑色绘图区的 TL1，弹出 "确认" 对话框（图 2-126），单击【否】→单击鼠标右键结束操作。

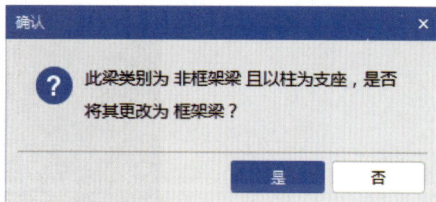

单击绘图区右边 "俯视" 下面的下拉箭头→单击【东南等轴测】，绘图区出现立体图，依次按 <B>、<Q> 和 <J> 键，关闭现浇板、墙体和轴网层，TL1、

图 2-126 此梁类别为 非框架梁 且以柱为支座，是否将其更改为 框架梁？ 是 否

TL2、PTL1 和 KL3 的位置如图 2-127 所示，仔细观察它们的位置是否正确。检查无误后，依次按 <B>、<Q> 和 <J> 键，打开现浇板、墙体和轴网层，返回 "俯视" 状态。

2. 画 PTB1 及受力钢筋

（1）画 PTB1 单击 "导航树" 里 "板" 前面的 🗔 使其展开→单击【现浇板（B）】→单击 "构件列表" 下的【PTB1】→单击 "绘图" 面板里的 ▭ →单击⑤轴线 TZ1 的右下角点→按 <Shift> 键的同时单击④轴与ⓓ轴的交点，弹出 "请输入偏移值" 对话框，输入 "X=−15" "Y=225"→单击【确定】按钮，这样 PTB1 就画好了。单击黑色绘图区的 🔮（动态观察），调整观察角度，查看 PTB1 位置是否正确；如果高度不对，检查"属性列表"中的"10 顶标高（m）"值是否为"层底标高 +1.83"。

（2）画受力钢筋　单击"导航树"里的【板受力筋（S）】→单击【单板】→单击【双向布置】，在"智能布置"对话框内输入 PTB1 的钢筋信息，如图 2-128 所示，单击楼梯间的PTB →单击鼠标右键。

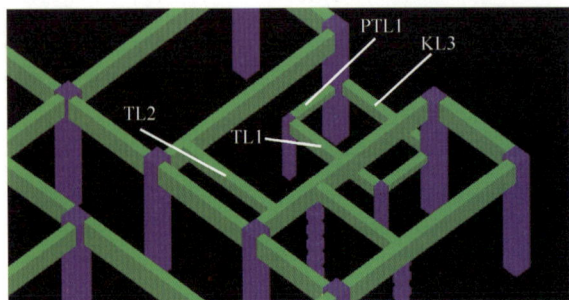

图　2-127

图　2-128

3. 画楼梯踏步斜段配筋

（1）计算 TB1 的钢筋　单击【工程量】选项板→单击【表格输入】→单击【钢筋】→单击【构件】，建立"构件 1"（改名为"TB1"），单击右边【参数输入】→单击"11G101-2 楼梯"前面的小箭头→单击【AT 型楼梯】→单击图中绿色尺寸数字或钢筋标注逐一进行修改，如图 2-129 所示。说明：1395mm=（3300−450−60）mm/2。

数据填完经检查无误后，单击【计算保存】按钮，这样就得到了 TB1 的钢筋工程量，如图 2-130 所示。

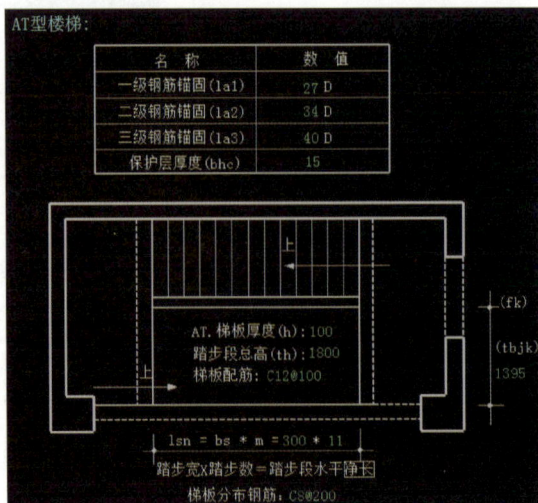

a)

图　2-129

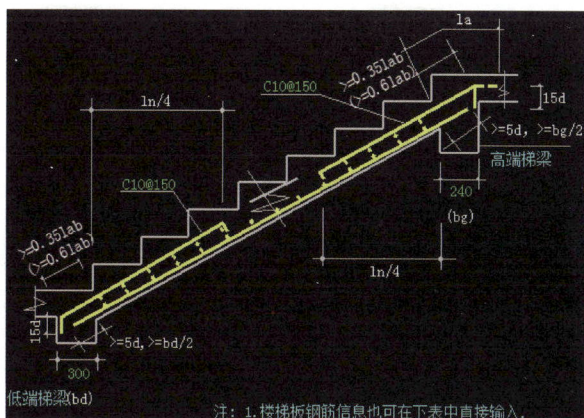

b)

图 2-129（续）

图 2-130

（2）计算 TB2 的钢筋 单击【构件】，建立"构件 1"，在下面表格内将"构件名称"改为"TB2"，单击"11G101-2 楼梯"前面的小箭头→单击【AT 型楼梯】→单击图中绿色尺寸数字或钢筋标注逐一进行修改，如图 2-131 所示。

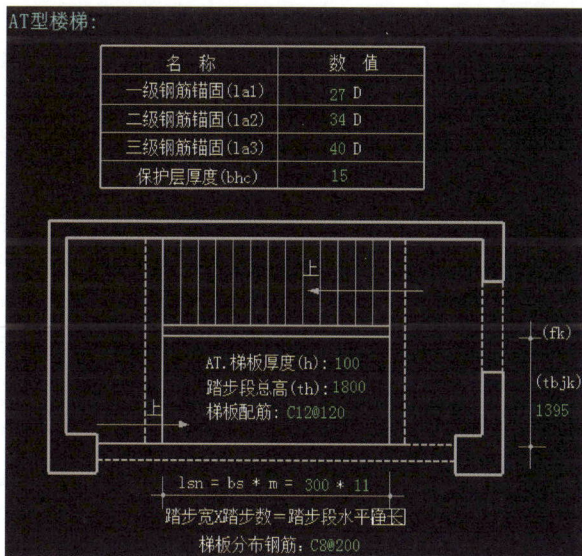

a)

图 2-131

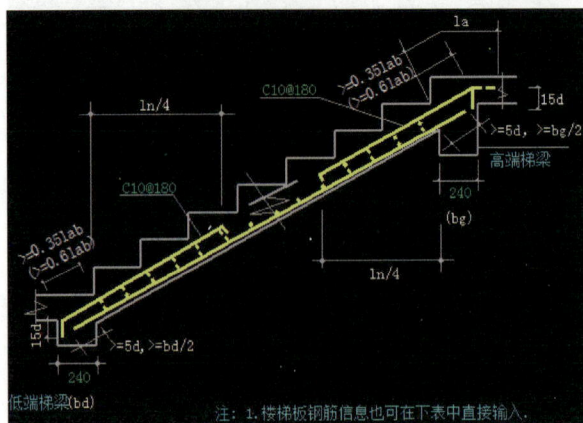

b)

图　2-131（续）

数据填完经检查无误后，单击【计算保存】按钮，这样就得到了 TB2 的钢筋工程量，如图 2-132 所示。最后单击 ✖ 关闭"表格输入"对话框。

筋号	直径(mm)	级别	图号	图形	计算公式	公式	长度	根数
1 梯板下部纵筋	12	Φ	3	3929	3300*1.118+120+120		3929	13
2 下梯梁端上部纵筋	10	Φ	149	150 1174 600 70	3300/4*1.118+400+100-2*15		1392	9
3 梯板分布钢筋	8	Φ	3	1365	1395-2*15		1365	31
4 上梯梁端上部纵筋	10	Φ	149	148 1174 600 70	3300/4*1.118+400+100-2*15		1392	9

图　2-132

画台阶

子项七　画台阶、散水和平整场地

任务一　画室外台阶

画室外台阶的方法较多，本任务介绍了一种基本的画法，即通过作辅助轴线来绘制；当熟练应用软件以后，可以直接用 <Shift> 键通过"偏移"来画台阶。阅读附录 A 建施 02~12，并按以下步骤操作。

1. 新建台阶、定义属性

单击"导航树"中"其它"前面的 使其展开→单击【台阶】→单击"构件列表"下的【新建】→单击【新建台阶】，建立"TAIJ-1"，在"属性列表"里将"TAIJ-1"的名称改为"台阶"，其属性值如图 2-133 所示。

2. 添加台阶清单、定额子目

单击"通用操作"面板里的【定义】按钮，打开"定义"对话框，台阶的清单、定额子目如图 2-134 所示。填完后，关闭"定

属性列表	图层管理
属性名称	**属性值**
1　名称	台阶
2　台阶高度(mm)	390
3　踏步高度(mm)	390
4　材质	混凝土
5　混凝土类型	(现浇混凝土碎...
6　混凝土强度等级	(C30)
7　顶标高(m)	层底标高+0.04
8　备注	

图　2-133

义"对话框。

	编码	类别	名称	项目特征	单位	工程量表达式	表达式说明
1	⊟ 011102001	项	石材楼地面	1. 面层材料: 20mm黑色大理石 2. 粘结层: 20mm1:2.5水泥砂浆 3. 垫层: C20混凝土厚50mm	m²	PTSPTYMJ	PTSPTYMJ〈平台水平投影面积〉
2	1-4-12	定	机械夯填地坪		m³	PTSPTYMJ*0.2	PTSPTYMJ〈平台水平投影面积〉*0.2
3	2-1-23	定	垫层 地瓜石灌浆		m³	PTSPTYMJ*0.1	PTSPTYMJ〈平台水平投影面积〉*0.1
4	2-1-28	定	C15无筋混凝土垫层		m³	PTSPTYMJ*0.05	PTSPTYMJ〈平台水平投影面积〉*0.05
5	11-3-1	定	石材块料 楼地面 水泥砂浆 不分色		m²	PTSPTYMJ	PTSPTYMJ〈平台水平投影面积〉
6	⊟ 011107001	项	石材台阶面	1. 面层材料: 20mm黑色大理石 2. 粘结层: 20mm1:2.5水泥砂浆 3. 垫层: C20混凝土厚50mm	m²	TBSPTYMJ	TBSPTYMJ〈踏步水平投影面积〉
7	1-4-9	定	机械原土夯实(两遍)		m²	TBSPTYMJ	TBSPTYMJ〈踏步水平投影面积〉
8	2-1-23	定	垫层 地瓜石灌浆		m³	TBSPTYMJ*0.1	TBSPTYMJ〈踏步水平投影面积〉*0.1
9	2-1-28	定	C15无筋混凝土垫层		m³	TBSPTYMJ*0.05	TBSPTYMJ〈踏步水平投影面积〉*0.05
10	11-3-18	定	石材块料 台阶 水泥砂浆		m²	TBSPTYMJ	TBSPTYMJ〈踏步水平投影面积〉

按步骤操作,宛如有轨列车,高效且有保障

图 2-134

3. 画台阶

（1）画大厅（M3229）处台阶 第一步,作辅助轴线。单击【平行辅轴】→单击Ⓐ轴,弹出"请输入"对话框,"偏移距离（mm）"输入"-225","轴号"输入"1/0A",单击【确定】按钮。采用同样方法,作以下几条辅助轴线。

作 ②/0A 辅轴,距Ⓐ轴偏移: -2525mm。说明: 225m+1700mm+300mm×2=2525mm。

作 ①/3 辅轴,距③轴偏移: 2400mm。说明: 3000mm-300mm×2=2400mm。

作 ①/6 辅轴,距⑥轴偏移: 825mm。说明: 225mm+300mm×2=825mm。

第二步,延伸辅助轴线。单击"导航树"中"轴线"前面的 🧰 使其展开→单击【辅助轴线（O）】→单击【延伸】→单击 ②/0A 辅轴（变粗）→单击 ①/3 轴→单击 ①/6 辅轴→单击鼠标右键结束操作;单击【延伸】→单击 ①/6 辅轴（变粗）→单击 1/0A 辅轴→单击 ②/0A 辅轴→单击鼠标右键结束操作。

第三步,作虚墙。单击"导航树"中"墙"前面的 🧰 使其展开→单击【砌体墙（Q）】→单击"构件列表"下的【新建】→单击【新建虚墙】,建立"180内墙-1",将"180内墙-1"改名为"台阶虚墙",其属性如图2-135所示。

单击"绘图"面板里的【直线】→单击 ①/3 辅轴与 1/0A 辅轴相交点→单击 ①/3 辅轴与 ②/0A 辅轴相交点→单击 ①/6 辅轴与 ②/0A 辅轴相交点→单击 ①/6 辅轴与 1/0A 辅轴相交点→单击⑥轴

	属性名称	属性值	附加
	属性列表 图层管理		
1	名称	台阶虚墙	☐
2	厚度(mm)	1	☐
3	轴线距左墙皮...	(0.5)	☐
4	内/外墙标志	(内墙)	☐
5	类别	虚墙	☐
6	起点顶标高(m)	层顶标高	☐
7	终点顶标高(m)	层顶标高	☐
8	起点底标高(m)	层底标高	☐
9	终点底标高(m)	层底标高	☐
10	备注		☐

图 2-135

与 $\overset{1}{\underset{0A}{}}$ 轴相交点，这样虚墙就布置完成了。

第四步，画台阶。单击"导航树"中的【台阶】→单击"构件列表"下的【台阶】→单击 （点）→单击"M3229"下边虚墙范围内任意一点→单击鼠标右键结束操作。

第五步，设置踏步台阶。单击"导航树"中的【砌体墙（Q）】按钮，选中台阶处所有的台阶虚墙，按 <Delete> 键全部删除，并删除"构件列表"内的"台阶虚墙"。单击"导航树"中的【台阶】→单击"台阶二次编辑"面板里的【设置踏步边】→依次单击选中台阶最外侧三条边线（选中后边线变粗）→单击鼠标右键，弹出"设置踏步边"对话框，如图 2-136 所示。输入完毕，单击【确定】按钮。

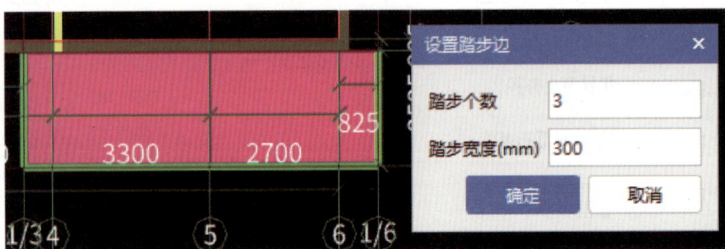

图　2-136

单击 （动态观察）按钮，按下鼠标左键的同时调整视图角度，仔细观察台阶设置是否正确。台阶如图 2-137 所示。

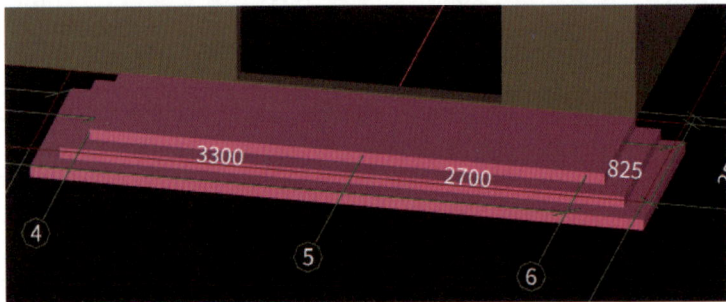

图　2-137

（2）画走廊端部（M1224）处台阶　第一步，作辅助轴线。单击【平行】→单击①轴，弹出"请输入"对话框，"偏移距离（mm）"输入"–2325"，"轴号"输入"1/01"，单击【确定】按钮。说明：225mm+1500mm+300mm×2=2325mm。采用同样方法，作以下几条辅助轴线。

作 $\overset{1}{\underset{A}{}}$ 辅轴，偏移距离：5400mm。说明：6000mm–300mm×2=5400mm。

作 $\overset{01}{\underset{C}{}}$ 辅轴，偏移距离：600mm。说明：300mm×2=600mm。

第二步，延伸辅助轴线，单击"导航树"中"轴线"前面的 使其展开→单击【辅助轴线（O）】→单击【延伸】→单击 $\overset{1}{\underset{01}{}}$ 辅轴（变粗）→单击 $\overset{1}{\underset{A}{}}$ 辅轴→单击 $\overset{1}{\underset{C}{}}$ 辅轴→单击鼠标右键结束操作，返回台阶层。

第三步，画台阶。单击"构件列表"下的【台阶】→单击【矩形】→单击①轴与 $\overset{1}{\underset{A}{}}$ 辅轴相交点→单击 ①/01 辅轴与 01/C 铺轴相交点。这样，台阶就布置完成了。

第四步，设置踏步台阶。单击"台阶二次编辑"面板里的【设置踏步边】→依次单击选中台阶最外侧三条边线（选中后边线变粗）→单击鼠标右键，弹出"设置踏步边"对话框，踏步个数输入"3"，踏步宽度（mm）输入"300"，单击【确定】按钮。

单击"导航树"里"轴线"前面的 ✚ 使其展开→单击【辅助轴线】→单击【选择】→依次选中所有的辅助轴线，然后删除所有辅助轴线，最后返回"台阶"层。

4. 汇总计算并查看工程量

单击【汇总计算】按钮，选中"台阶"，然后单击【查看工程量】按钮，工程量如图 2-138 所示。

	编码	项目名称	单位	工程量	单价	合价
1	011102001	石材楼地面	m²	10.395		
2	1-4-12	机械夯填地坪	10m³	0.2079	93.42	19.422
3	2-1-23	垫层 地瓜石灌浆	10m³	0.10395	2510.75	260.9925
4	2-1-28	C15无筋混凝土垫层	10m³	0.05198	3997.65	207.7978
5	11-3-1	石材块料 楼地面 水泥砂浆 不分色	10m²	1.0395	1690.1	1756.8589
6	011107001	石材台阶面	m²	14.8725		
7	1-4-9	机械原土夯实（两遍）	10m²	1.48725	9.6	14.2776
8	2-1-23	垫层 地瓜石灌浆	10m³	0.14873	2510.75	373.4238
9	2-1-28	C15无筋混凝土垫层	10m³	0.07436	3997.65	297.2653
10	11-3-18	石材块料 台阶 水泥砂浆	10m²	1.48725	2604.52	3873.5724

图 2-138

任务二　画室外散水

1. 新建散水、定义属性

阅读附录 A-1 建施 04、11 的散水部分。单击"导航树"中"其它"前面的 ✚ 使其展开→单击【散水（S）】→单击"构件列表"下的【新建】→单击【新建散水】，建立"SS-1"，并将其改名为"散水"，其属性值如图 2-139 所示。

2. 添加散水的清单、定额子目

散水的清单、定额子目如图 2-140 所示。

3. 画散水

单击"散水二次编辑"面板里"智能布置"右边的下拉箭头→单击【外墙外边线】→用鼠标左键框选所有外墙→单击鼠标右键，弹出"设置散水宽度"对话框，如图 2-141 所示，单击【确定】按钮。

单击【选择】→单击选中刚画的散水→单击"修改"面板里的【分割】→按 <Shift> 键的同时单击 Ⓐ/⑥轴墙角的右下角点，弹出"请输入偏移值"对话框，输入"X=800""Y=0"，单击【确定】按钮→单击 Ⓐ/⑥轴墙角的右下角点→按 <Shift> 键的同时单击 Ⓐ/⑥轴墙角的右下角点，弹出"请输入偏移值"对话框，输入"X=0""Y=−800"，单击【确定】按钮→单击两次鼠标右键，弹

画散水、平整场地

	属性列表	图层管理	
	属性名称	属性值
1	名称	散水
2	材质	混凝土
3	混凝土类型	细石混凝土
4	混凝土强度等级	C20
5	底标高(m)	(-0.4)
6	备注	
7	⊞ 钢筋业务属性	
10	⊞ 土建业务属性	
13	⊞ 显示样式	

图 2-139

出"分割成功"提示，单击【选择】→单击选中右下角的正方形散水→单击"修改"面板里的【删除】，这时多余的散水就被删除了，软件里所画的散水位置与附录 A-1 建施 04 的散水吻合。

	编码	类别	名称	项目特征	单位	工程量表达式	表达式说明
1	⊟ 010507001	项	散水、坡道	1. 面层：C20细石混凝土 2. 垫层：灌浆地瓜石	m²	MJ	MJ〈面积〉
2	16-6-81	定	细石混凝土散水 3:7灰土垫层		m²	MJ	MJ〈面积〉

图 2-140

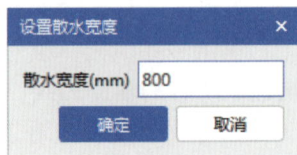

图 2-141

4. 汇总计算并查看工程量

单击【汇总计算】按钮，选中散水，然后单击【查看工程量】按钮，其工程量如图 2-142 所示。

	编码	项目名称	单位	工程量	单价	合价
1	010507001	散水、坡道	m²	50.94		
2	16-6-81	细石混凝土散水 3:7灰土垫层	10m²	5.094	605.26	3083.1944

图 2-142

任务三　画平整场地

1. 新建平整场地、定义属性

单击"导航树"中"其它"前面的 ⊞ 使其展开→单击【平整场地（V）】→单击"构件列表"下的【新建】→单击【新建平整场地】，建立"PZCD-1"，在"属性列表"里将名称改为"平整场地"。

2. 添加平整场地清单、定额子目

平整场地的清单、定额子目如图 2-143 所示。

	编码	类别	名称	项目特征	单位	工程量表达式	表达式说明
1	⊟ 010101001	项	平整场地	1. 土壤类别：坚土 2. 弃（取）土距离：2km	m²	MJ	MJ〈面积〉
2	1-4-1	定	人工平整场地		m²	MJ	MJ〈面积〉

图 2-143

3. 布置平整场地

单击"构件列表"内的【平整场地】→单击 ✛（点）→将光标放在外墙 240 内部任意区域→单击鼠标左键，平整场地就布置好了。

4. 汇总计算并查看工程量

单击【汇总计算】按钮，选中散水，然后单击【查看工程量】按钮，其工程量如图 2-144 所示。

编码	项目名称	单位	工程量	单价	合价
010101001	平整场地	m²	315.8775		
1-4-1	人工平整场地	10m²	31.58775	39.9	1260.3512

图 2-144

子项八　计算首层主体工程量

理论链接：

通过首层画图可以看出，画图的基本思路是：轴网→柱→梁→墙体→门窗（过梁）→楼板→楼梯→散水台阶等零星构件，这和现实生活中建造楼房的顺序基本一致。理顺这条思路，对于正确运用算量软件非常重要。

任务一　汇总计算

土木实训楼首层主体工程已经画完，如果要查看首层所有构件的工程量，需要从报表里查看，具体操作步骤是：单击选项板【工程量】→单击【汇总计算】，弹出"汇总计算"对话框（图2-145），单击【确定】按钮，软件开始计算，计算成功后单击【确定】按钮。

首层汇总计算

单击【查看报表】按钮，弹出"报表"对话框。报表分为两大类：钢筋报表量和土建报表量。软件提供了工程所需要的各类表格，单击【土建报表量】按钮，单击"做法汇总分析"下的【清单定额总表】按钮。工程量表分为全部项目、实体项目和措施项目3种情况，报表排序分为：按清单编码顺序、按外部清单排序，报表显示内容分为全部折叠和全部展开两种，也可以单击序号编码前的⊞局部展开，显示的费用项和分部整理是辅助功能，合理选择可提供内容的表格。

任务二　导出工程量表

1. 实体项目清单、定额工程量

单击选择【全部项目】→单击【实体项目】，光标移到"工程量"表格上→单击鼠标右键→单击【导出到Excel文件（X）】→选择文件路径（可到桌面）→"文件名（N）"输入"首层实体项目清单、定额工程量表"→单击【保存】，弹出"导出成功"对话框，单击【确定】按钮。首层实体项目清单、定额工程量表见表2-3。

导出首层工程量表

图　2-145

表2-3　首层实体项目清单、定额工程量表

工程名称：土木实训楼　　　　　　　　　　　　　　　　　　　编制日期：2024-03-18

序号	编码	项目名称	单位	工程量
1	010101001001	平整场地 1. 土壤类别：坚土 2. 弃（取）土距离：2km	m²	315.8775
	1-4-1	人工平整场地	10m²	31.58775
2	010401004001	多孔砖墙 1. 砖品种：煤矸石多孔砖 2. 砌体厚度：240mm 3. 砂浆强度等级：M5.0混浆	m³	42.8629
	4-1-13	M5.0混合砂浆多孔砖墙　厚240mm	10m³	4.28608

（续）

序号	编码	项目名称	单位	工程量
3	010401005001	空心砖墙 1. 砖品种：煤矸石空心砖 2. 砌体厚度：180mm 3. 砂浆强度等级：M5.0 混浆	m³	26.2072
	4-1-17	M5.0 混合砂浆空心砖墙　厚 180mm	10m³	2.62072
4	010502001001	矩形柱 1. 混凝土种类：泵送商品混凝土 2. 混凝土强度等级：C30	m³	16.9328
	5-1-14	C30 矩形柱	10m³	1.69328
	5-3-4	场外集中搅拌混凝土　25m³/h	10m³	1.67118
	5-3-12	泵送混凝土　柱、墙、梁、板　泵车	10m³	1.67118
5	010502002001	构造柱 1. 混凝土种类：泵送商品混凝土 2. 混凝土强度等级：C25	m³	1.6684
	5-1-17	C20 现浇混凝土　构造柱	10m³	0.16684
	5-3-4	场外集中搅拌混凝土　25m³/h	10m³	0.16468
	5-3-12	泵送混凝土　柱、墙、梁、板　泵车	10m³	0.16468
6	010503002001	矩形梁 1. 混凝土种类：泵送商品混凝土 2. 混凝土强度等级：C30	m³	17.9201
	5-1-19	C30 框架梁、连续梁	10m³	1.79201
	5-3-4	场外集中搅拌混凝土　25m³/h	10m³	1.80992
	5-3-12	泵送混凝土　柱、墙、梁、板　泵车	10m³	1.80992
7	010503005001	过梁 1. 混凝土种类：泵送商品混凝土 2. 混凝土强度等级：C25	m³	0.4969
	5-1-22	C20 过梁	10m³	0.04969
	5-3-4	场外集中搅拌混凝土　25m³/h	10m³	0.0502
	5-3-12	泵送混凝土　柱、墙、梁、板　泵车	10m³	0.0502
8	010505001001	有梁板 1. 混凝土种类：泵送商品混凝土 2. 混凝土强度等级：C30	m³	2.5729
	5-1-31	C30 有梁板	10m³	0.25729
	5-3-4	场外集中搅拌混凝土　25m³/h	10m³	0.25986
	5-3-12	泵送混凝土　柱、墙、梁、板　泵车	10m³	0.25986
9	010505003001	平板 1. 混凝土种类：泵送商品混凝土 2. 混凝土强度等级：C30	m³	39.0442
	5-1-33	C30 平板	10m³	3.90442
	5-3-4	场外集中搅拌混凝土　25m³/h	10m³	3.94347
	5-3-12	泵送混凝土　柱、墙、梁、板　泵车	10m³	3.94347

（续）

序号	编码	项目名称	单位	工程量
10	010505008001	雨篷、悬挑板、阳台板 1. 混凝土种类：泵送商品混凝土 2. 混凝土强度等级：C30	m³	2.2849
	5-1-45	C30 有梁式阳台　板厚 100mm	10m²	1.125
	5-1-47	C30 阳台、雨篷　板厚每增减 10mm	10m²	5.625
	5-3-4	场外集中搅拌混凝土　25m³/h	10m³	0.246
	5-3-12	泵送混凝土　柱、墙、梁、板　泵车	10m³	0.246
11	010505008002	雨篷、悬挑板、阳台板 1. 混凝土种类：泵送商品混凝土 2. 混凝土强度等级：C30	m³	0.582
	5-1-45	C30 有梁式阳台　板厚 100mm	10m²	0.3224
	5-3-4	场外集中搅拌混凝土　25m³/h	10m³	0.05422
	5-3-12	泵送混凝土　柱、墙、梁、板　泵车	10m³	0.05422
12	010506001001	直形楼梯 1. 混凝土种类：泵送商品混凝土 2. 混凝土强度等级：C25	m²	15.1762
	5-1-39	C30 无斜梁直形楼梯　板厚 100mm	10m²	1.51762
	5-3-4	场外集中搅拌混凝土　25m³/h	10m³	3.3078
	5-3-12	泵送混凝土　柱、墙、梁、板　泵车	10m³	3.3078
13	010507001001	散水、坡道 1. 面层：C20 细石混凝土 2. 垫层：灌浆地瓜石	m²	50.94
	16-6-81	细石混凝土散水　3:7 灰土垫层	10m²	5.094
14	010801001001	木质门 1. 门类型：半玻自由门 2. 玻璃：钢化玻璃 6mm	m²	6.82
	8-1-3	普通成品门扇安装	10m²（扇面积）	0.682
15	010801001002	木质门 1. 门类型：无纱玻璃镶木板门 2. 玻璃：钢化玻璃 6mm	m²	12.56
	8-1-3	普通成品门扇安装	10m²（扇面积）	1.256
16	010801005001	木门框 1. 门类型：半玻自由门 2. 油漆种类、遍数：橘黄色调和漆三遍	m	9.1
	8-1-2	成品木门框安装	10m	0.91
17	010801005002	木门框 1. 门类型：无纱玻璃镶木板门 2. 油漆种类、遍数：橘黄色调和漆三遍	m	39.7
	8-1-2	成品木门框安装	10m	3.97

（续）

序号	编码	项目名称	单位	工程量
18	010801006001	门锁安装 类型：普通执手锁	个	6
	15-9-22	门扇五金配件安装 L 形执手插锁安装	10 个	0.6
19	010802001001	金属（塑钢）门 1. 门类型：铝合金双扇地弹门 2. 洞口尺寸：1200mm×2400mm 3. 玻璃：钢化玻璃 6mm	m²	2.88
	8-2-1	铝合金推拉门	10m²	0.288
20	010806001001	木质窗 1. 类型：普通木窗 2. 玻璃：厚度 3mm	m²	3.47
	8-6-1	成品窗扇	10m²（扇面积）	0.347
21	010807001001	金属（塑钢、断桥）窗 1. 材料：铝合金型材 90 系列 2. 玻璃：平板玻璃厚 5mm	m²	34.02
	8-7-1	铝合金推拉窗	10m²	3.402
	8-7-5	铝合金纱窗扇	10m²（扇面积）	1.4289
22	011102001001	石材楼地面 1. 面层材料：20mm 黑色大理石 2. 黏结层：20mm 1∶2.5 水泥砂浆 3. 垫层：C20 混凝土厚 50mm	m²	10.395
	1-4-12	机械夯填地坪	10m³	0.2079
	2-1-23	垫层　地瓜石灌浆	10m³	0.10395
	2-1-28	C15 无筋混凝土垫层	10m³	0.05198
	11-3-1	石材块料　楼地面　水泥砂浆　不分色	10m²	1.0395
23	011106004001	水泥砂浆楼梯面层 1. 面层厚度：20mm 2. 砂浆配合比：1∶2 水泥砂浆	m²	15.1762
	11-2-2	水泥砂浆　楼梯 20mm	10m²	1.51762
24	011107001001	石材台阶面 1. 面层材料：20mm 黑色大理石 2. 黏结层：20mm 1∶2.5 水泥砂浆 3. 垫层：C20 混凝土厚 50mm	m²	25.2675
	1-4-9	机械原土夯实（两遍）	10m²	1.48725
	2-1-23	垫层　地瓜石灌浆	10m³	0.14873
	2-1-28	C15 无筋混凝土垫层	10m³	0.07436
	11-3-18	石材块料　台阶　水泥砂浆	10m²	1.48725
25	011301001001	天棚抹灰 1. 面层：1∶2.5 水泥砂浆厚 7mm 2. 找平：1∶3 水泥砂浆厚 7mm	m²	20.7914
	13-1-2	混凝土面天棚　水泥砂浆（厚度 5+3mm）	10m²	2.07914

（续）

序号	编码	项目名称	单位	工程量
26	011401001001	木门油漆 油漆种类、遍数：橘黄色调和漆三遍	m²	21.11
	14-1-1	调和漆　刷底油一遍、调和漆两遍　单层木门	10m²	2.111
	14-1-21	调和漆　每增一遍　单层木门	10m²	2.111
27	011402001001	木窗油漆 油漆种类、遍数：橘黄色调和漆三遍	m²	4.14
	14-1-2	调和漆　刷底油一遍、调和漆两遍　单层木窗	10m²	0.414
	14-1-22	调和漆　每增一遍　单层木窗	10m²	0.414
28	011407002001	天棚喷刷涂料 1. 面层：刷乳胶漆两遍 2. 腻子要求：满刮两遍	m²	20.7914
	14-3-9	室内乳胶漆两遍　天棚	10m²	2.07914
	14-4-3	满刮调制腻子　天棚抹灰面　两遍	10m²	2.07914
29	011503001001	金属扶手、栏杆、栏板 1. 材料：不锈钢扶手栏杆 2. 形式：格构式	m	8.49
	15-3-4	直形不锈钢管栏杆（带扶手）成品安装	10m	0.849

2. 措施项目清单、定额工程量

单击选择【实体项目】→单击【措施项目】→光标移到"工程量"表格上→单击鼠标右键→单击【导出到 Excel 文件（X）】→选择文件路径（可到桌面）→"文件名（N）"输入"首层措施项目清单、定额工程量表"→单击【保存】，弹出"导出成功"对话框，单击【确定】按钮。首层措施项目清单、定额工程量表见表 2-4。

表 2-4　首层措施项目清单、定额工程量表

工程名称：土木实训楼　　　　　　　　　　　　　　　　　　　　　　　　编制日期：2024-03-18

序号	编码	项目名称	单位	工程量
1	011701002001	外脚手架 1. 脚手架搭设的方式：双排 2. 高度：15m 以内 3. 材质：钢管脚手架	m²	284.4
	17-1-9	双排外钢管脚手架≤15m	10m²	28.44
2	011701002002	外脚手架 1. 脚手架搭设的方式：单排 2. 高度：3.6m 以内 3. 材质：钢管脚手架	m²	447.2496
	17-1-6	单排外钢管脚手架≤6m	10m²	44.72496
3	011701002003	外脚手架 1. 脚手架搭设的方式：双排 2. 高度：6m 以内 3. 材质：钢管脚手架	m²	302.1236
	17-1-7	双排外钢管脚手架≤6m	10m²	30.21236

（续）

序号	编码	项目名称	单位	工程量
4	011701003001	里脚手架 1. 脚手架搭设的方式：双排 2. 高度：3.6m 以内 3. 材质：钢管脚手架	m²	240.4887
	17-2-2	双排里脚手架≤3.6m	10m²	24.04887
5	011702002001	矩形柱 1. 模板的材质：胶合板 2. 支撑：钢管支撑	m²	3.2496
	18-1-36	矩形柱复合木模板钢支撑	10m²	0.35136
6	011702002002	矩形柱 1. 模板的材质：胶合板 2. 支撑：钢管支撑	m²	132.5275
	18-1-36	矩形柱复合木模板钢支撑	10m²	14.544
	18-1-48	柱支撑高度 >3.6m 每增 1m 钢支撑	10m²	1.414
7	011702003001	构造柱 1. 支撑高度：3.6m 以内 2. 模板的材质：胶合板 3. 支撑：钢管支撑	m²	18.276
	18-1-40	构造柱复合木模板钢支撑	10m²	1.8276
8	011702006001	矩形梁 1. 支撑高度：3.6m 以内 2. 模板的材质：胶合板 3. 支撑：钢管支撑	m²	170.0136
	18-1-56	矩形梁复合木模板对拉螺栓钢支撑	10m²	17.0264
9	011702009001	过梁 1. 支撑高度：3.6m 以内 2. 模板的材质：胶合板 3. 支撑：钢管支撑	m²	6.768
	18-1-65	过梁复合木模板木支撑	10m²	0.6768
10	011702014001	有梁板 1. 支撑高度：3.6m 以内 2. 模板的材质：胶合板 3. 支撑：钢管支撑	m²	16.796
	18-1-92	有梁板复合木模板钢支撑	10m²	1.6796
11	011702016001	平板 1. 支撑高度：3.6m 以内 2. 模板的材质：胶合板 3. 支撑：钢管支撑	m²	243.2797
	18-1-100	平板复合木模板钢支撑	10m²	25.15127

（续）

序号	编码	项目名称	单位	工程量
12	011702023001	雨篷、悬挑板、阳台板 1. 支撑高度：3.6m 以内 2. 模板的材质：胶合板 3. 支撑：钢管支撑	m²	14.474
	18-1-108	雨篷、悬挑板、阳台板直形木模板木支撑	10m²	1.4474
13	011702024001	楼梯 双跑平行楼梯（无斜梁）	m²	15.1762
	18-1-110	楼梯直形木模板木支撑	10m²	1.51762

3. 钢筋工程量

单击选择【钢筋报表量】→单击【钢筋统计汇总表】，光标移到"工程量"表格上→单击鼠标右键→单击【导出到 Excel 文件（X）】→选择文件路径（可到桌面）→"文件名（N）"输入"首层钢筋统计汇总表"→单击【保存】，弹出"导出成功"对话框，单击【确定】按钮。首层钢筋统计汇总表见表 2-5。

表 2-5　首层钢筋统计汇总表

工程名称：土木实训楼　　　　　　　　　　　　　　　　　　编制日期：2024-03-18

构件类型	合计（t）	级别	6	8	10	12	14	16	18	20	22	25
柱	0.019	φ		0.019								
	0.019	Φ					0.019					
	3.359	⊕		0.647						0.302	0.916	1.494
构造柱	0.057	φ	0.026			0.031						
	0.029	Φ				0.029						
	0.062	⊕				0.062						
过梁	0.007	φ	0.004	0.003								
	0.038	⊕		0.008	0.018		0.012					
梁	0.813	φ	0.061	0.645	0.083	0.024						
	0.102	Φ				0.017			0.022	0.034	0.029	
	4.286	⊕		0.176	0.038	0.225	0.136	0.026	0.076	1.356	0.61	1.643
现浇板	0.036	φ	0.013	0.023								
	3.836	⊕		1.336	2.5							
合计（t）	0.932	φ	0.105	0.689	0.083	0.055						
	0.15	Φ				0.046	0.019		0.022	0.034	0.029	
	11.581	⊕		2.168	2.556	0.286	0.148	0.026	0.076	1.658	1.527	3.136

项目三

二层主体工程算量

学习目标

对比阅读附录 A 中的首层和二层施工图可以看出，一层、二层的很多构件是一样的，因此可以把首层的构件复制到二层，然后再进行修改。

子项一　将首层构件图元复制到二层

将首层构件复制到二层

任务一　复制首层构件到二层

1. 复制构件

单击"导航树"上方"首层"后面的下拉箭头→单击【第 2 层】→单击"通用操作"面板里"复制到其它层"后面的下拉箭头→单击【从其它层复制】，打开"从其它楼层复制构件图元"对话框，目标楼层选择"第 2 层"（默认）→源楼层选择"首层"（默认），图元选择如图 3-1 所示。选完后单击【确定】按钮。

复制构件，要仔细甄别，认真筛选

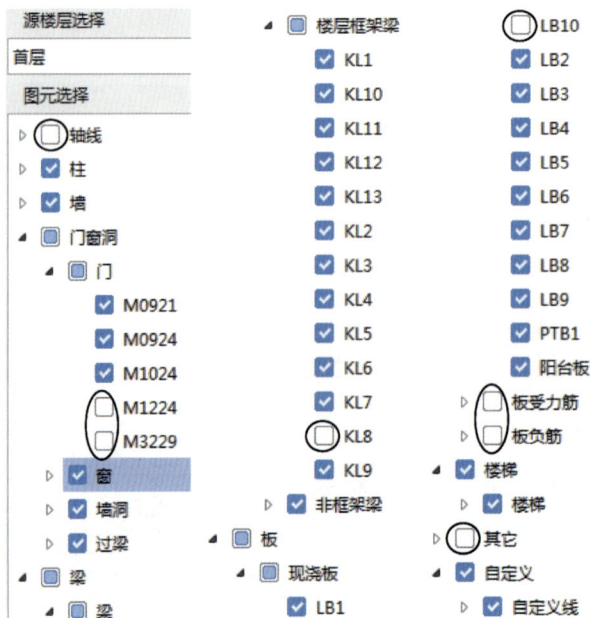

图　3-1

2. 几点说明

1）如图 3-1 所示，未勾选的图元表示二层无此构件，因此不需将该构件复制到二层。如果多选了，可以在编辑二层时将此构件删除；如果少选了，可以在二层按一层的方法画该构件，或再从一层复制该构件。例如：板受力筋和板负筋未勾选的原因是从附录 B 结施 13 和 14 对比来看，一层和二层板内配筋相差太大，这时就没有必要再从一层复制，直接在二层画二层的板配筋就可以了。

2）选完"图元"单击"确定"按钮后出现复制失败记录，如图 3-2 所示，是因为"M1224"未勾选（也就是 M1224 没有复制到二层），门上的 GL2 失去了布置的依据（无父图元），软件默认过梁是依托门、窗或墙洞而存在。此时不必理会"错误提示"，关闭此对话框就可以了。

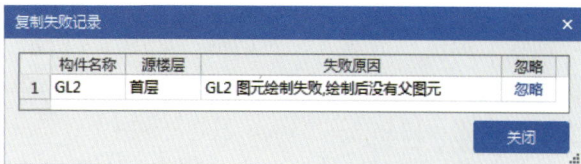

图　3-2

3）本项目所有的操作均在二层，因此在修改或建立新构件时，应随时注意"导航树"上方楼层状态是否显示当前为"第 2 层"；如果不是"第 2 层"，可单击楼层后面的 ，调整为"第 2 层"。

任务二　观察二层构件

单击"导航树"里"柱"前面的 →单击【柱】→单击【视图】选项板→单击【显示设置】，打开"显示设置"对话框，单击【图元显示】→勾选"所有构件"后面的"显示图元"→单击【楼层显示】→单击【当前楼层】，关闭"显示设置"对话框，单击 （动态观察）→光标移到黑色绘图区，按下鼠标左键并左右移动鼠标，这时显示出从一层复制过来的所有构件，按 <B> 键，关闭现浇板层。

观察二层构件

经观察可以看出，二层许多构件需要修改或补充，例如，②轴线上的横墙要删除，①轴线的 C1221 需要补充，二层阳台墙需要补画门，阳台窗需要补画，阳台墙处的 2 根 GZ3 需要删除等。因此一层构件复制到二层后需要对照二层施工图逐一修改。观察完毕后，单击【俯视】选项板。

在观察时会发现，一些首层的辅助轴线也复制到了二层，这时应把它们删除。在二层，单击"导航树"中的【辅助轴线（O）】，选中所有辅助轴线，全部删除即可。

子项二　修改二层墙体和构造柱

理论链接：

对比阅读附录 A-1 建施 04、05 不难发现，一层、二层的实验室房间大小发生了较大变化，②轴线的内墙应该删除。此外，二层新增了阳台，此处的墙体也需要修改。

任务一　修改二层阳台内墙

1. 删除②轴线墙体

在二层，单击"导航树"内"墙"前面的 使其展开→单击【砌体

修改二层阳台
内墙

墙（Q）】→单击"选择"面板里的【选择】→单击选中②轴线墙体→单击"修改"面板里的【删除】，这样②轴线墙体就被删除了。

2. 修改Ⓐ/④~Ⓐ/⑥段墙体属性

二层新增了阳台，所以应将Ⓐ/④~Ⓐ/⑥段外墙改为内墙，并增画阳台外墙。具体步骤如下：

第一步，作辅助轴线。单击"通用操作"面板内"两点辅轴"后边的下拉箭头→单击【平行辅轴】→单击选中④号轴线，弹出"请输入"对话框，如图 3-3 所示，输入"偏移距离（mm）"为"135"，"轴号"为"1/4"，单击【确定】按钮。说明：135mm=225mm-180mm/2

第二步，打断墙体。单击"修改"面板内的【打断】→单击选中Ⓐ轴线墙体→单击鼠标右键→单击 ①/④ 辅轴与Ⓐ轴相交处→单击鼠标右键，软件提示"打断完成"，单击鼠标右键结束操作，这样就打断了Ⓐ轴线墙体。

图 3-3

第三步，修改墙体属性。单击【选择】→单击选中打断的Ⓐ/④~Ⓐ/⑥墙体→在"属性列表"里单击"名称"后的【240 外墙】→单击"240 外墙"后面的 ▼ →单击【240 内墙】，此时出现提示框，如图 3-4 所示，单击【是】按钮。将属性列表里的"第 9 条　内/外墙标志"由"外墙"改为"内墙"。

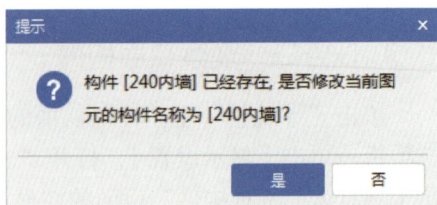

图 3-4

第四步，删除辅助轴线。单击"导航树"下"轴线"前面的 ✚ 使其展开→单击【辅助轴线（O）】→单击选中④轴右边的辅助轴线→单击【删除】，删除辅助轴线后，返回"砌体墙（Q）"层。

3. 修改墙体底标高

单击【选择】→单击选中厕所与洗漱间隔墙→在"属性列表"里单击"起点底标高"后的【层底标高】→将"层底标高"改为"层底标高 –0.05"→单击"终点底标高"后的【层底标高】→将"层底标高"改为"层底标高 –0.05"。

单击 ◐（动态观察）按钮，按住鼠标左键调整合适的角度，仔细观察厕所与洗漱间之间的隔墙，查看图 3-5 中 A 处修改前后墙体高度的变化。

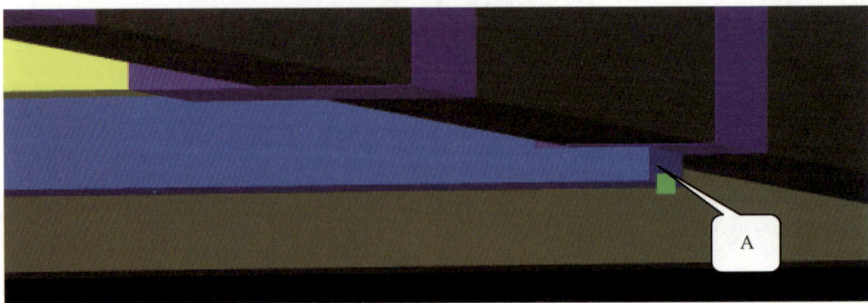

图 3-5

4. 延伸墙体

由附录 A-1 建施 04、05 可知：一层大厅的位置在二层是接待室，应补画Ⓑ/④～Ⓑ/⑥段 180 内墙，具体步骤是：单击【俯视】→单击"修改"面板里的【延伸】→单击⑥轴线外墙（墙中心线变粗）→单击Ⓑ轴上的 180 内墙→单击鼠标右键，这时 180 内墙就延伸到了⑥轴外墙上。

🖥 任务二　补画二层阳台外墙

1. 作辅助轴线

单击"通用操作"面板内的【平行辅轴】→单击选中Ⓐ轴线，弹出"请输入"对话框，如图 3-6 所示，输入"偏移距离（mm）"为"–105"，"轴号"为"1/0A"，单击【确定】按钮。说明：–105mm=–（225–240/2）mm。

采用同样方法作如下辅助轴线：辅轴 ②/0A：位于Ⓐ轴线下方 1935mm；辅轴 ①/⑥：位于⑥轴线右侧 135mm；辅轴 ①/④：位于④轴线右侧 65mm。说明：1935mm=（1800+225–180/2）mm；135mm=225mm–180mm/2；65mm=225mm–（250–180/2）mm。

延伸轴线。在二层，单击"导航树"内"轴线"前面的 ➕ 使其展开→单击【辅助轴线（O）】→单击【延伸】→单击 ②/0A 辅轴→单击 ①/④ 辅轴→单击 ①/⑥ 辅轴→单击【延伸】→单击 ①/⑥ 辅轴→单击 ①/0A 辅轴 →单击 ②/0A 辅轴（这样 4 条辅助轴线就相交了）→单击鼠标右键结束操作。单击【砌体墙（Q）】按钮返回墙层。

2. 建立阳台墙

单击"构件列表"下的【新建】→单击【新建外墙】，建立"180 内墙 -1"，在"属性列表"里将"180 内墙 -1"改名为"180 外墙"，其属性值如图 3-7 所示。

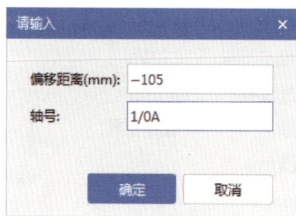

	属性名称	属性值
1	名称	180外墙
2	厚度(mm)	180
3	轴线距左墙皮...	(90)
4	砌体通长筋	
5	横向短筋	
6	材质	烧结煤矸石普...
7	砂浆类型	(混合砂浆)
8	砂浆标号	(M5.0)
9	内/外墙标志	(外墙)
10	类别	砌体墙
11	起点顶标高(m)	层顶标高-0.05
12	终点顶标高(m)	层顶标高-0.05
13	起点底标高(m)	层底标高
14	终点底标高(m)	层底标高
15	备注	

请输入

偏移距离(mm)：–105

轴号：1/0A

【确定】　【取消】

图 3-6

图 3-7

3. 添加阳台墙清单、定额子目

180 外墙的清单、定额子目如图 3-8 所示。

	编码	类别	名称	项目特征	单位	工程量表达式	表达式说明
1	☐ 010401005	项	空心砖墙	1. 砖品种：煤矸石空心砖 2. 砌体厚度：180mm 3. 砂浆强度等级：M5.0混浆	m³	TJ	TJ〈体积〉
2	4-1-17	定	M5.0混合砂浆空心砖墙 厚180mm		m³	TJ	TJ〈体积〉
3	☐ 011701002	项	外脚手架	1. 脚手架搭设的方式：双排 2. 高度：15m以内 3. 材质：钢管脚手架	m²	WQWJSJMJ	WQWJSJMJ〈外墙外脚手架面积〉
4	17-1-9	定	双排外钢管脚手架≤15m		m²	WQWJSJMJ	WQWJSJMJ〈外墙外脚手架面积〉

图　3-8

4. 画阳台墙

单击选中"构件列表"里的【180 外墙】→单击【直线】→单击 ①/0A 辅轴与 ①/4 辅轴交点→单击 ②/0A 辅轴与 ①/4 辅轴交点→单击 ②/0A 辅轴与 ①/6 辅轴交点→单击 ①/0A 辅轴与 ①/6 辅轴交点→单击鼠标右键结束操作。

单击"导航树"内"轴线夹"前面的 ➕ 使其展开→单击【辅助轴线（O）】→单击【选择】→单击选中所有辅助轴线→单击【删除】→单击【是（Y）】按钮，删除辅助轴线。

🗔 任务三　修改构造柱

1. 新建构造柱、定义属性

根据附录 A-2 结施 05，新建构造柱。单击"导航树"中"柱"前面的 ➕ 使其展开→单击【构造柱（Z）】→单击"构件列表"下的【新建】→单击【新建矩形构造柱】，新建"GZ4"。GZ4 的属性值如图 3-9 所示。

GZ4 清单、定额子目信息如图 3-10 所示。

2. 画构造柱

阅读附录 A-1 建施 05 和附录 A-2 结施 05，找出 GZ4 的位置。单击选中"构件列表"里的【GZ4】→单击 ⊕（点）按钮→依次单击阳台外墙的两个端点→单击鼠标右键结束操作。

3. 删除 Ⓐ 轴上的 GZ3

单击【删除】→单击选中 Ⓐ 轴上阳台处的 2 根 GZ3→单击鼠标右键，Ⓐ 轴上的 GZ3 就被删除了。

修改二层构造柱

	属性名称	属性值
1	名称	GZ4
2	类别	构造柱
3	截面宽度(B边)(...	240
4	截面高度(H边)(...	240
5	马牙槎设置	带马牙槎
6	马牙槎宽度(mm)	60
7	全部纵筋	4Φ12
8	角筋	
9	B边一侧中部筋	
10	H边一侧中部筋	
11	箍筋	Φ6@150(2*2)
12	箍筋胶数	2*2
13	材质	现浇混凝土
14	混凝土类型	(3现浇混凝土 碎石 <31.5mm)
15	混凝土强度等级	(C25)
16	混凝土外加剂	(无)
17	泵送类型	(混凝土泵)
18	泵送高度(m)	
19	截面周长(m)	0.96
20	截面面积(m²)	0.058
21	顶标高(m)	层顶标高-0.45
22	底标高(m)	层底标高
23	备注	

图　3-9

	编码	类别	名称	项目特征	单位	工程量表达式	表达式说明
1	⊟ 010502002	项	构造柱	1. 混凝土种类：泵送商品混凝土 2. 混凝土强度等级：C25	m³	TJ	TJ<体积>
2	5-1-17	定	C20现浇混凝土 构造柱		m³	TJ	TJ<体积>
3	5-3-4	定	场外集中搅拌混凝土 25m³/h		m³	TJ*0.98691	TJ<体积>*0.9869
4	5-3-12	定	泵送混凝土 柱、墙、梁、板 泵车		m³	TJ*0.98691	TJ<体积>*0.9869
5	⊟ 011702003	项	构造柱	1. 支撑高度：3.6m以内 2. 模板的材质：胶合板 3. 支撑：钢管支撑	m²	MBMJ	MBMJ<模板面积>
6	18-1-40	定	构造柱复合木模板 钢支撑		m²	MBMJ	MBMJ<模板面积>

图 3-10

子项三 修改二层门窗、梁

理论链接：

对比阅读附录 A-1 建施 04、05 和附录 A-2 结施 04~07、13、14，可以看出，从一层的大厅到二层的接待室，门窗及过梁发生了很大变化，并且二层又新增了阳台，所以这些部位的门窗、梁和板都需要修改或补充。

任务一 补画二层门窗

由附录 A-1 建施 05 可知：接待室需补画 M1024 及其过梁；走廊①轴处需补画 C1221；需补画楼梯间 C1815 及其过梁；阳台处需补画 C1822、C1821、MC1829；需删除④轴 C2421。

修改二层的门窗

1. 画接待室 M1024 及其过梁

单击"导航树"中"门窗洞"前面的 ➕ 使其展开→单击【门（M）】→单击【构件列表】→单击选中【M1024】→单击"门二次编辑"里面的【精确布置】，光标移到④轴与 Ⓑ 轴墙体相交处，单击鼠标左键→在数字框内输入"900"→按 <Enter> 键，如图 3-11 所示。

图 3-11

在"导航树"下单击【过梁（G）】→单击【构件列表】→单击选中【GL1】→单击 ➕（点）→光标移到Ⓑ轴接待室 M1024 处，单击鼠标左键→单击鼠标右键结束操作。

2. 画走廊①轴处 C1221

在"导航树"下单击【窗（C）】→单击"构件列表"里的【C1221】→单击"窗二次编辑"里面的【精确布置】，光标移到①轴与Ⓑ轴墙体相交处，单击鼠标左键→在数字框

（定位尺寸）内输入"615"→按 <Enter> 键。说明：定位尺寸 615mm=（2700−450+180−1200）mm/2。

3. 画楼梯间 C1815 及其过梁

单击"构件列表"下的【新建】→单击【新建矩形窗】，新建"C1222"，单击【属性】按钮将"C1222"重命名为"C1815"，其属性值如图 3-12 所示。

单击"构件列表"里的【C1815】→单击"窗二次编辑"里面的【精确布置】，光标移到④轴与 Ⓓ 轴墙体相交处，单击鼠标左键→在数字框内输入"645"→按 < Enter > 键。说明：645mm=（750−225+120）mm。C1815 清单、定额子目如图 3-13 所示。

在"导航树"下单击【过梁（G）】→单击"构件列表"下的【GL2】→单击 ┼ （点）→光标移到楼梯间 C1815 处，单击鼠标左键→单击鼠标右键结束操作。

4. 在阳台处画 C3922、C1221、MC1829

（1）画 C3922　单击"导航树"里的【窗（C）】→单击【新建】→单击【新建矩形窗】，新建"C1816"，在"属性列表"里将"C1816"重命名为"C3922"，其属性值如图 3-14 所示。

	属性列表	图层管理	
	属性名称	属性值	
1	名称	C1815	
2	顶标高(m)	层底标高+0.65	
3	洞口宽度(mm)	1800	
4	洞口高度(mm)	1500	
5	离地高度(mm)	−850	
6	框厚(mm)	60	
7	立梃距离(mm)	0	
8	洞口面积(m²)	2.7	
9	框外围面积	(4.2−3.55)m=0.65m	
10	框上下扣尺寸(...		
11	框左右扣尺寸(...	0	

图　3-12

	属性列表	图层管理	
	属性名称	属性值	
1	名称	C3922	
2	顶标高(m)	层底标高+3.15	
3	洞口宽度(mm)	3900	
4	洞口高度(mm)	2250	
5	离地高度(mm)	900	
6	框厚(mm)	60	
7	立梃距离(mm)	0	
8	洞口面积(m²)	8.777	
9	框外	(7.15−0.05−0.4−3.55)m=3.15m	
10	框上下扣尺寸...		
11	框左右扣尺寸(...	0	

	编码	类别	名称	项目特征	单位	工程量表达式	表达式说明
1	⊟ 010807001	项	金属（塑钢、断桥）窗	1. 材料：铝合金型材90系列 2. 玻璃：平板玻璃厚5mm	m²	DKMJ	DKMJ〈洞口面积〉
2	8-7-1	定	铝合金推拉窗		m²	DKMJ	DKMJ〈洞口面积〉
3	8-7-5	定	铝合金纱窗扇		m²扇面积	0.88*1.45	1.276

图　3-13

图　3-14

单击"构件列表"里的【C3922】→单击"窗二次编辑"里面的【智能布置】→单击【墙段中点】→单击阳台外墙→单击鼠标右键。C3922 清单、定额子目如图 3-15 所示。

（2）画窗 C1221　单击"构件列表"里的【C1221】→单击"窗二次编辑"里面的【精确布置】→光标移到⑥轴与 Ⓐ 轴墙体相交处，单击鼠标左键→在数字框内输入"900"→按 <Enter> 键。

（3）画 MC1829　单击"导航树"中的【门联窗（A）】→单击"构件列表"下的【新建】→单击【新建门联窗】，新建"MLC-1"，在属性列表里将"MLC-1"重命名为"MC1829"，其属性值如图 3-16 所示。单击"构件列表"里的【MC1829】→单击【精确布置】→单击阳台内墙→单击 Ⓐ 轴线阳台内墙 C1221 的中点→输入偏移值（mm）"1500"→单击【确定】按钮。说明：定位尺寸 1500mm=900mm+1200mm/2。MC1829 清单、定额子目如图 3-17 所示。

	编码	类别	名称	项目特征	单位	工程量表达式	表达式说明
1	⊟ 010807001	项	金属（塑钢、断桥）窗	1. 材料：铝合金型材90系列 2. 玻璃：平板玻璃厚5mm	m²	DKMJ	DKMJ＜洞口面积＞
2	— 8-7-1	定	铝合金推拉窗		m²	DKMJ	DKMJ＜洞口面积＞
3	8-7-5	定	铝合金纱窗扇		m²扇面积	0.95*1.65*2	3.135

图　3-15

	属性名称	属性值
1	名称	MC1829
2	洞口宽度(mm)	1800
3	洞口高度(mm)	2950
4	窗宽度(mm)	900
5	门离地高度(mm)	50
6	窗距门相对高…	850
7	窗位置	靠右
8	框厚(mm)	60
9	立樘距离(mm)	0

图　3-16

	编码	类别	名称	项目特征	单位	工程量表达式
1	⊟ 010801003	项	木质连窗门	1. 门类型：无纱玻璃镶木板门 2. 玻璃：钢化玻璃6mm	m²	0.8*2.1+0.8*0.8+0.85*2.05
2	8-1-3	定	普通成品门扇安装		m²扇面积	0.8*2.1
3	8-6-1	定	成品窗扇		m²扇面积	0.8*0.8+0.85*2.05
4	⊟ 010801005	项	木门框	1. 门类型：无纱玻璃镶木板门 2. 油漆种类、遍数：橘黄色调和漆二遍	m	(1.8+2.95)*2-0.9
5	8-1-2	定	成品木门框安装		m	(1.8+2.95)*2-0.9
6	⊟ 010801006	项	门锁安装	1. 类型：普通执手锁	个	SL
7	15-9-22	定	门扇五金配件安装 L形执手插锁安装		个	SL
8	⊟ 011401001	项	木门油漆	1. 油漆种类、遍数：橘黄色调和漆二遍	m²	0.9*2.1
9	14-1-1	定	调和漆 刷底油一遍、调和漆二遍 单层木门		m²	0.9*2.1
10	14-1-21	定	调和漆 每增一遍 单层木门		m²	0.9*2.1
11	⊟ 011402001	项	木窗油漆	1. 油漆种类、遍数：橘黄色调和漆二遍	m²	0.9*0.85+0.9*2.1
12	14-1-2	定	调和漆 刷底油一遍、调和漆二遍 单层木窗		m²	0.9*0.85+0.9*2.1
13	14-1-22	定	调和漆 每增一遍 单层木窗		m²	0.9*0.85+0.9*2.1

图　3-17

任务二　修改二层梁

1. 修改阳台梁 L3

单击"导航树"中"梁"前面的 ⊞ 使其展开→单击【梁（L）】→单击"选择"面板里的【选择】→单击选中黑色绘图区阳台的 L2 →在"属性列表"内修改"L2"的属性，将名称改为"L3"，属性修改值如图 3-18 所示，在选中绘图区内 L3 的状态下再修改一遍，在"构件做法"对话框里，删除 5-1-47 子目。

修改二层的梁

2. 修改阳台悬挑梁 XL2

单击选中绘图区内两根 XL1 →在"属性列表"内修改"XL1"的属性，将名称改为"XL2"。单击"梁二次编辑"面板里的 📇 后面的下拉箭头 ▾ →单击【原位标注】→单击选中

	属性名称	属性值
1	名称	L3
2	结构类别	非框架梁
3	跨数量	
4	截面宽度(mm)	200
5	截面高度(mm)	400
6	轴线距梁左边…	(100)
7	箍筋	Φ8@150(2)
8	胶数	2
9	上部通长筋	2Φ18
10	下部通长筋	3Φ20
11	侧面构造或受…	G2Φ10
12	拉筋	(Φ6)
13	定额类别	连续梁
14	材质	混凝土
15	混凝土类型	(现浇混凝土…
16	混凝土强度等级	(C30)
17	混凝土外加剂	(无)
18	泵送类型	(混凝土泵)
19	泵送高度(m)	
20	截面周长(m)	1.2
21	截面面积(m²)	0.08
22	起点顶标高(m)	层顶标高-0.05
23	终点顶标高(m)	层顶标高-0.05
24	备注	

图 3-18

绘图区④轴线处的 XL2，在下面的梁平法内将第 0 跨的起点标高和终点标高改为 "7.1"，具体修改如图 3-19 所示，采用同样方法修改⑥轴线处的 XL2，改完后单击鼠标右键结束命令，在 "构件做法" 对话框里，删除 5-1-47 子目。

3. 增加 L1 的次梁加筋

由附录 A-2 结施 09 可知，在 L1 两端的框架梁内各有 6Φ8 的次梁加筋。单击【原位标注】按钮，选中⑥轴线的 KL9，在下方的梁平法表格内添加次梁加筋信息，如图 3-20 所示。采用同样方法，添加⑤轴线的 KL12 的次梁加筋。

跨号		标高(m)		构件尺寸(mm)					
		起点标高	终点标高	A1	A2	A3	A4	跨长	截面(B*H)
1	0	7.1	7.1	(150)	(350)			(1950)	250*550/400

图 3-19

	跨号	拉筋	箍筋	胶数	次梁宽度	次梁加筋	吊筋
1	1	(Φ6)	Φ8@100/15	2			
2	2	(Φ6)	Φ8@100/15	2			
3	3	(Φ6)	Φ8@100/15	2	250	6Φ8	

图 3-20

子项四 修改二层现浇板

1. 修改现浇板属性

对比附录 A-2 结施 13 和 14 可以看出，一层大厅 LB3 在二层接待室改为了 LB11，一层大厅外面的 LB3 在二层阳台处改为了 LB12，并且板顶比二层结构标高低 0.05m。

修改二层现浇板

单击 "导航树" 中 "板" 前面的 ⊞ 使其展开→单击【现浇板（B）】→单击【选择】→单击选中绘图区内大厅的 LB3，在 "属性列表" 内将其名称改为 "LB11"，其他值不变。单击选中绘图区内的阳台板，在 "属性列表" 内将其名称改为 "LB12"，厚度（mm）改为 "100"，顶标高（mm）改为 "层顶标高 -0.05"，其他值不变，在 "构件做法" 对话框里，删除 5-1-47 子目，将 5-1-45 子目的表达式改为 "TJ/0.10"，将 5-3-4 子目的表达式改为 "TJ/0.10*0.16817"，将 5-3-12 子目的表达式改为 "TJ/0.10*0.16817"，并将 18-1-108 子目的表达式改为 "TJ/0.10"。

2. 观察三维效果图

单击【视图】选项板，单击 "通用操作" 面板里的 ⊙（动态观察）按钮，按下鼠标左键并慢慢移动，调整合适的观察角度，仔细观察二层阳台处梁、板、柱的标高是否正确，如图 3-21 所示。

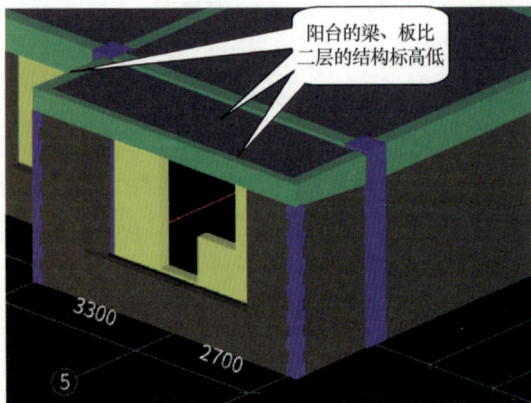

阳台的梁、板比二层的结构标高低

图 3-21

3. 画现浇板受力筋

单击“导航树”中“板”前面的 使其展开→单击【建模】选项板→单击“构件列表”里的【新建】→单击【新建板受力筋】，建立“SLJ-1”，其属性值如图 3-22 所示。

（1）画 LB1 底筋　单击黑色绘图区上部的【单板】→单击【XY 方向】，弹出“智能布置”对话框，输入板底筋信息（图 3-23）→单击绘图区①/Ⓐ~②/Ⓑ范围内的 LB1→单击绘图区②/Ⓐ~③/Ⓑ范围内的 LB1，这样 LB1 的底筋就画完了。

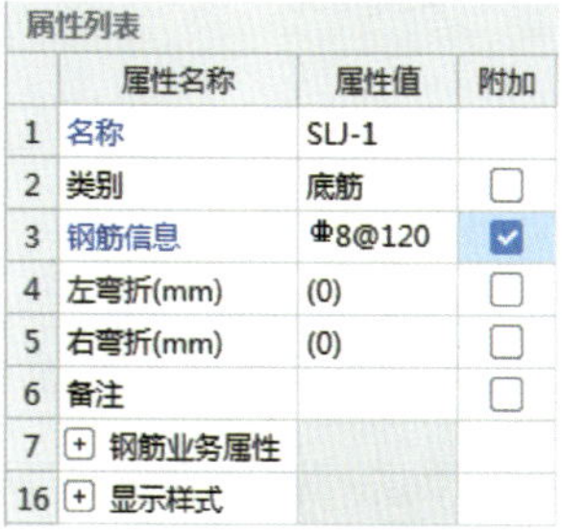

属性列表

	属性名称	属性值	附加
1	名称	SLJ-1	
2	类别	底筋	☐
3	钢筋信息	⌀8@120	☑
4	左弯折(mm)	(0)	☐
5	右弯折(mm)	(0)	☐
6	备注		☐
7	⊕ 钢筋业务属性		
16	⊕ 显示样式		

图　3-22

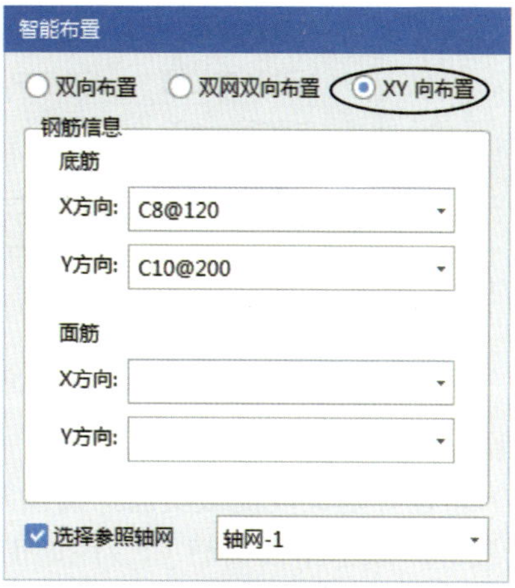

图　3-23

（2）画 LB7、LB8 的底筋、面筋　单击“智能布置”对话框里的【双向布置】→输入板底筋、面筋信息（图 3-24）→依次单击绘图区的 LB7 和 LB8→单击鼠标右键结束操作。这样 LB7、LB8 的底筋、面筋就画完了。

（3）画其他板受力筋　参照以上画法，画 LB2~LB6、LB9、LB11、LB12 的受力筋。查阅附录 A-2 结施 17，画楼梯平台板 PTB1 受力筋。

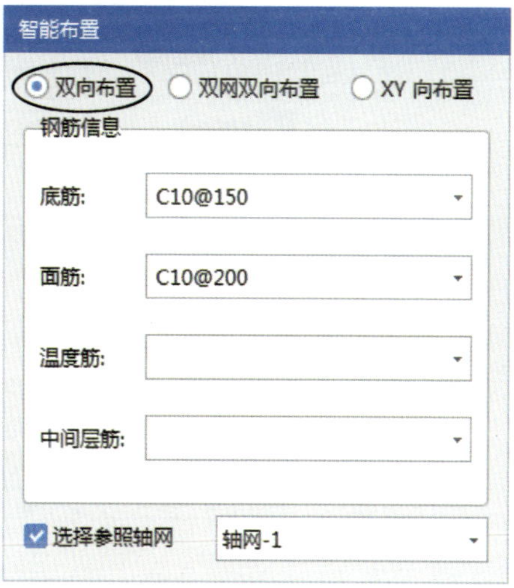

图　3-24

4. 画跨板负筋

（1）建立跨板负筋　单击“构件列表”里的【新建】→单击【新建跨板受力筋】，新建“KBSLJ-1”。重复以上操作，建立“KBSLJ-2”，并将“KBSLJ-1”重命名为“3 号跨板负筋”，将“KBSLJ-2”重命名为“4 号跨板负筋”，其属性值如图 3-25 所示。

（2）布置跨板负筋　单击“构件列表”内的【3 号跨板负筋】→单击黑色绘图区上面的【水平】→单击【单板】→单击绘图区的 LB5 和 LB6。单击“构件列表”内的【4 号跨板负筋】→单击“绘图”面板的【垂直】→单击绘图区①、③轴线间的 LB4→单击刚绘制好的 4 号跨板负筋→单击“4 号跨板负筋”中“显示范围”矩形框右边中间的控制点→光标向右移动→在数字框里面输入“3000”→按 <Enter> 键。画图时，有时会出现绘图区布置的钢筋与图样上钢筋的位置不一致的情况，这时可以利用“板受力筋二次编辑”的“交换标注”按钮，调整钢筋位置。

图　3-25

5. 画现浇板负筋

（1）新建并定义现浇板负筋　阅读附录 A-2 结施 14，单击"绘图输入"中"板"前面的 使其展开→双击【板负筋（F）】按钮，打开"定义"对话框→单击"构件列表"下的【新建】→单击【新建板负筋】，新建"FJ-1"。重复以上操作建立"FJ-2~FJ-4"，并将"FJ-3"重命名为"FJ-5"，将"FJ-4"重命名为"FJ-6"。FJ-1 和 FJ-2 的属性值如图 3-26 所示，FJ-5 和 FJ-6 的属性值如图 3-27 所示。

图　3-26

（2）布置现浇板负筋　布置①轴线的 FJ-1：单击选中"构件列表"里的【FJ-1】→单击黑色绘图区上部的【按梁布置】，光标移到①轴线 LB1 左边，出现如图 3-28 所示状态后单击鼠标左键→光标移到⑥轴线中部 LB4 右边，出现如图 3-29 所示状态后单击鼠标左键→单击鼠标右键结束操作。采用同样方法，布置其他板边处的 FJ-1。

布置②轴线的 FJ-2：单击选中"构件列表"里的【FJ-2】→单击②轴线 LB1 边线→单击②轴线 LB2 边线→单击鼠标右键结束操作。

	属性列表	图层管理	
	属性名称	属性值	附加
1	名称	FJ-5	
2	钢筋信息	Φ8@200	☐
3	左标注(mm)	0	☐
4	右标注(mm)	4300	☐
5	马凳筋排数	1/1	☐
6	单边标注位置	(支座中心线)	☐
7	左弯折(mm)	(0)	☐
8	右弯折(mm)	(0)	☐
9	分布钢筋	Φ8@250	☐
10	备注		☐
11	⊞ 钢筋业务属性		
19	⊞ 显示样式		

	属性列表	图层管理	
	属性名称	属性值	附加
1	名称	FJ-6	
2	钢筋信息	Φ8@200	☐
3	左标注(mm)	980	☐
4	右标注(mm)	4300	☐
5	马凳筋排数	1/1	☐
6	非单边标注含...	(是)	☐
7	左弯折(mm)	(0)	☐
8	右弯折(mm)	(0)	☐
9	分布钢筋	Φ8@250	☐
10	备注		☐
11	⊞ 钢筋业务属性		
19	⊞ 显示样式		

图　3-27

图　3-28

图　3-29

采用同样方法绘制其他板负筋。注意布置 FJ-5、FJ-6 时分别选择 LB9 和 LB8 的下边线。画图时，有时会出现绘图区布置的钢筋与图样上钢筋的位置不一致的情况，这时可以利用"交换标注"按钮，调整钢筋位置。

子项五　修改楼梯及扶手

任务一　修改二层楼梯及扶手

修改二层楼梯及扶手

单击"导航树"下"自定义"前面的 ⊞ 使其展开→单击【自定义线】→单击【平行辅轴】→单击⑤轴线→输入偏移距离（mm）为"–225"→单击【确定】按钮→单击【延伸】→单击辅轴（变粗）→单击 A 处扶手（图 3-30）→单击鼠标右键。这时，三层的水平扶手延伸到了⑤轴线墙体边，如图 3-31 所示，这样楼梯扶手就修改完了。

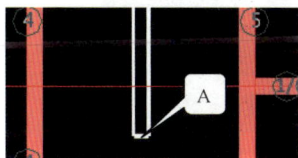

图　3-30

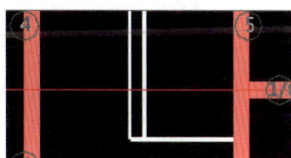

图　3-31

单击"导航树"内"轴线"前面的 ⊞ 使其展开→单击【辅助轴线（O）】→单击选中绘图区所有辅助轴线→单击"修改面板"里的【删除】，这样辅助轴线就删除了，然后返回"自定义线"层。

任务二　计算楼梯段钢筋工程量

计算 TB2 的钢筋：单击【工程量】选项板→单击【表格输入】→单击"钢筋"对话框的【表格输入】→单击【构件】，建立"构件1"，在下面属性框内将"构件 1"改名为"TB2"，构件数量改为"2"，如图 3-32 所示。

	属性名称	属性值
1	构件名称	TB2
2	构件类型	其它
3	构件数量	2
4	预制类型	现浇
5	汇总信息	其它
6	备注	
7	构件总重量(kg)	0

图　3-32

单击右边【参数输入】→单击"11G101-2 楼梯"前面的小箭头→单击【AT 型楼梯】，单击绘图区中图样上的绿色尺寸数字或钢筋标注逐一进行修改，如图 3-33 所示。说明：1395mm=（3300-450-60）mm/2。

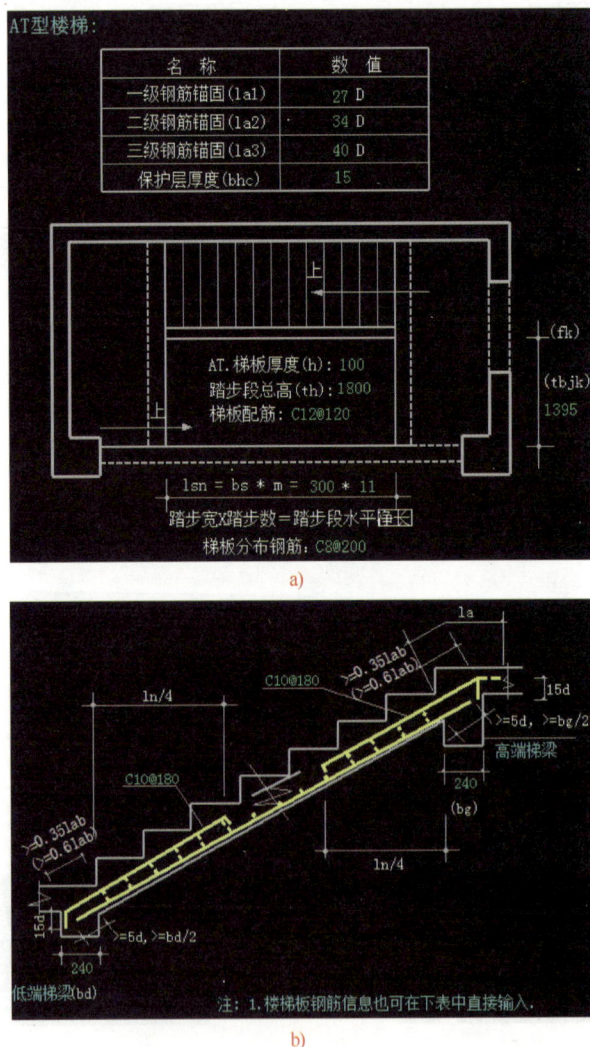

图　3-33

数据填完并经检查无误后，单击【计算保存】按钮，这样就得到了 TB2 钢筋工程量，如图 3-34 所示。楼梯钢筋计算完毕后，关闭"表格输入"对话框。

筋号	直径(mm)	级别	图号	图形	计算公式	公式	长度	根数
1 梯板下部纵筋	12	Φ	3	3929	3300*1.118+120+120		3929	13
2 下梯梁端上部纵筋	10	Φ	149	1174 150 600 70	3300/4*1.118+400+100-2*15		1392	9
3 梯板分布钢筋	8	Φ	3	1365	1395-2*15		1365	31
4 上梯梁端上部纵筋	10	Φ	149	1174 148 600 70	3300/4*1.118+400+100-2*15		1392	9

图 3-34

子项六 计算二层主体工程量

理论链接：

　　除阳台以外，二层的大部分构件都是从一层直接复制过来的，只需要再做一些必要的修改和增减即可。当建筑物一层和二层房间结构基本相同时，只要画完一层，二层很快就可以完成了，因此，一层的所有构件必须画得准确无误。

计算二层主体工程量

任务一 汇总计算

　　至此，土木实训楼二层主体工程已经画完了。如果要查看二层所有构件的工程量，就需要从"报表预览"里查看，具体操作步骤是：单击【工程量】选项板→单击【汇总计算】，弹出"汇总计算"对话框（图 3-35），单击【确定】按钮，软件开始计算。计算成功后单击【确定】按钮。

　　在计算过程中软件弹出"错误"提示对话框，如图 3-36 所示，这是由于部分混凝土柱在高度上不连续造成的，但这部分柱子符合图纸设计的要求，因此单击【是】按钮继续计算即可。

图 3-35

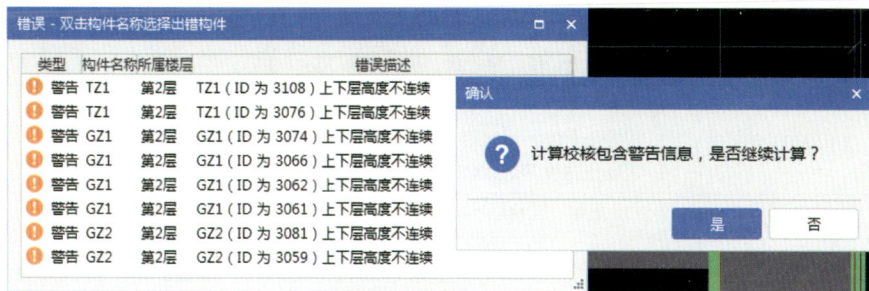

图 3-36

任务二　导出工程量表

1. 二层实体项目清单、定额工程量

　　单击【查看报表】按钮，弹出"报表"对话框→单击【土建报表量】→单击"做法汇总分析"下的【清单定额总表】→单击【全部项目】→单击【实体项目】→单击【设置报表范围】，弹出"设置报表范围"对话框，"绘图输入"勾选"第 2 层"→"表格输入"勾选"第 2 层"→下部"钢筋类型"所有选项全部勾选→单击【确定】按钮，光标移到"工程量"表格上→单击鼠标右键→单击【导出到 Excel 文件（X）】→选择文件路径（可到桌面）→"文件名（N）"输入"二层实体项目清单、定额工程量表"→单击【保存】，弹出"导出成功"对话框，单击【确定】按钮。二层实体项目清单、定额工程量表见表 3-1。

表 3-1　二层实体项目清单、定额工程量表

工程名称：土木实训楼　　　　　　　　　　　　　　　　　　　　　　　编制日期：2024-03-18

序号	编码	项目名称	单位	工程量
1	010401004001	多孔砖墙 1. 砖品种：煤矸石多孔砖 2. 砌体厚度：240mm 3. 砂浆强度等级：M5.0 混浆	m^3	43.6629
	4-1-13	M5.0 混合砂浆多孔砖墙　厚 240mm	$10m^3$	4.3654
2	010401005001	空心砖墙 1. 砖品种：煤矸石空心砖 2. 砌体厚度：180mm 3. 砂浆强度等级：M5.0 混浆	m^3	26.169
	4-1-17	M5.0 混合砂浆空心砖墙　厚 180mm	$10m^3$	2.62055
3	010502001001	矩形柱 1. 混凝土种类：泵送商品混凝土 2. 混凝土强度等级：C30	m^3	16.9328
	5-1-14	C30 矩形柱	$10m^3$	1.69328
	5-3-4	场外集中搅拌混凝土　25m³/h	$10m^3$	1.67118
	5-3-12	泵送混凝土　柱、墙、梁、板　泵车	$10m^3$	1.67118
4	010502002001	构造柱 1. 混凝土种类：泵送商品混凝土 2. 混凝土强度等级：C25	m^3	1.5505
	5-1-17	C20 现浇混凝土　构造柱	$10m^3$	0.15505
	5-3-4	场外集中搅拌混凝土　25m³/h	$10m^3$	0.15303
	5-3-12	泵送混凝土　柱、墙、梁、板　泵车	$10m^3$	0.15303
5	010503002001	矩形梁 1. 混凝土种类：泵送商品混凝土 2. 混凝土强度等级：C30	m^3	17.9201
	5-1-19	C30 框架梁、连续梁	$10m^3$	1.79201
	5-3-4	场外集中搅拌混凝土　25m³/h	$10m^3$	1.80992
	5-3-12	泵送混凝土　柱、墙、梁、板　泵车	$10m^3$	1.80992

（续）

序号	编码	项目名称	单位	工程量
6	010503005001	过梁 1. 混凝土种类：泵送商品混凝土 2. 混凝土强度等级：C25	m³	0.5743
	5-1-22	C20 过梁	10m³	0.05743
	5-3-4	场外集中搅拌混凝土　25m³/h	10m³	0.05802
	5-3-12	泵送混凝土　柱、墙、梁、板　泵车	10m³	0.05802
7	010505001001	有梁板 1. 混凝土种类：泵送商品混凝土 2. 混凝土强度等级：C30	m³	2.5729
	5-1-31	C30 有梁板	10m³	0.25729
	5-3-4	场外集中搅拌混凝土　25m³/h	10m³	0.25986
	5-3-12	泵送混凝土　柱、墙、梁、板　泵车	10m³	0.25986
8	010505003001	平板 1. 混凝土种类：泵送商品混凝土 2. 混凝土强度等级：C30	m³	39.0442
	5-1-33	C30 平板	10m³	3.90442
	5-3-4	场外集中搅拌混凝土　25m³/h	10m³	3.94347
	5-3-12	泵送混凝土　柱、墙、梁、板　泵车	10m³	3.94347
9	010505008001	雨篷、悬挑板、阳台板 1. 混凝土种类：泵送商品混凝土 2. 混凝土强度等级：C30	m³	1.8108
	5-1-45	C30 有梁式阳台　板厚 100mm	10m²	1.125
	5-1-47	C30 阳台、雨篷　板厚每增减 10mm	10m²	3.75
	5-3-4	场外集中搅拌混凝土　25m³/h	10m³	0.12613
	5-3-12	泵送混凝土　柱、墙、梁、板　泵车	10m³	0.12613
10	010506001001	直形楼梯 1. 混凝土种类：泵送商品混凝土 2. 混凝土强度等级：C25	m²	15.1762
	5-1-39	C30 无斜梁直形楼梯　板厚 100mm	10m²	1.51762
	5-3-4	场外集中搅拌混凝土　25m³/h	10m³	3.3078
	5-3-12	泵送混凝土　柱、墙、梁、板　泵车	10m³	3.3078
11	010801001001	木质门 1. 门类型：无纱玻璃镶木板门 2. 玻璃：钢化玻璃 6mm	m²	14.45
	8-1-3	普通成品门扇安装	10m²（扇面积）	1.445

（续）

序号	编码	项目名称	单位	工程量
12	010801003001	木质连窗门 1. 门类型：无纱玻璃镶木板门 2. 玻璃：钢化玻璃 6mm	m²	4.0625
	8-1-3	普通成品门扇安装	10m²（扇面积）	0.168
	8-6-1	成品窗扇	10m²（扇面积）	0.23825
13	010801005001	木门框 1. 门类型：无纱玻璃镶木板门 2. 油漆种类、遍数：橘黄色调和漆三遍	m	54.1
	8-1-2	成品木门框安装	10m	5.41
14	010801006001	门锁安装 类型：普通执手锁	个	8
	15-9-22	门扇五金配件安装 L 形执手插锁安装	10 个	0.8
15	010806001001	木质窗 1. 类型：普通木窗 2. 玻璃：厚度 3mm	m²	1.525
	8-6-1	成品窗扇	10m²（扇面积）	0.1525
16	010807001001	金属（塑钢、断桥）窗 1. 材料：铝合金型材 90 系列 2. 玻璃：平板玻璃厚 5mm	m²	50.535
	8-7-1	铝合金推拉窗	10m²	5.0535
	8-7-5	铝合金纱窗扇	10m²（扇面积）	2.0614
17	011106004001	水泥砂浆楼梯面层 1. 面层厚度：20mm 2. 砂浆配合比：1：2 水泥砂浆	m²	15.1762
	11-2-2	水泥砂浆　楼梯 20mm	10m²	1.51762
18	011301001001	天棚抹灰 1. 面层：1：2.5 水泥砂浆厚 7mm 2. 找平：1：3 水泥砂浆厚 7mm	m²	20.7914
	13-1-2	混凝土面天棚　水泥砂浆（厚度 5+3mm）	10m²	2.07914
19	011401001001	木门油漆 油漆种类、遍数：橘黄色调和漆三遍	m²	18.06
	14-1-1	调和漆　刷底油一遍、调和漆两遍　单层木门	10m²	1.806
	14-1-21	调和漆　每增一遍　单层木门	10m²	1.806
20	011402001001	木窗油漆 油漆种类、遍数：橘黄色调和漆三遍	m²	4.695
	14-1-2	调和漆　刷底油一遍、调和漆两遍　单层木窗	10m²	0.4695
	14-1-22	调和漆　每增一遍　单层木窗	10m²	0.4695

（续）

序号	编码	项目名称	单位	工程量
21	011407002001	天棚喷刷涂料 1. 面层：刷乳胶漆两遍 2. 腻子要求：满刮两遍	m²	20.7914
	14-3-9	室内乳胶漆两遍　天棚	10m²	2.07914
	14-4-3	满刮调制腻子　天棚抹灰面　两遍	10m²	2.07914
22	011503001001	金属扶手、栏杆、栏板 1. 材料：不锈钢扶手栏杆 2. 形式：格构式	m	8.49
	15-3-4	直形不锈钢管栏杆（带扶手）成品安装	10m	0.849

2. 二层措施项目清单、定额工程量

单击【实体项目】→单击【措施项目】→光标移到"工程量"表格上→单击鼠标右键→单击【导出到 Excel 文件（X）】→选择文件路径（可到桌面）→"文件名（N）"输入"二层措施项目清单、定额工程量表"→单击【保存】，弹出"导出成功"对话框，单击【确定】按钮。二层措施项目清单、定额工程量表见表 3-2。

表 3-2　二层措施项目清单、定额工程量表

工程名称：土木实训楼　　　　　　　　　　　　　　　　　　　　　　编制日期：2024-03-18

序号	编码	项目名称	单位	工程量
1	011701002001	外脚手架 1. 脚手架搭设的方式：双排 2. 高度：15m 以内 3. 材质：钢管脚手架	m²	271.6742
	17-1-9	双排外钢管脚手架≤15m	10m²	27.16742
2	011701002002	外脚手架 1. 脚手架搭设的方式：单排 2. 高度：3.6m 以内 3. 材质：钢管脚手架	m²	447.2496
	17-1-6	单排外钢管脚手架≤6m	10m²	44.72496
3	011701002003	外脚手架 1. 脚手架搭设的方式：双排 2. 高度：6m 以内 3. 材质：钢管脚手架	m²	274.0117
	17-1-7	双排外钢管脚手架≤6m	10m²	27.40117
4	011701003001	里脚手架 1. 脚手架搭设的方式：双排 2. 高度：3.6m 以内 3. 材质：钢管脚手架	m²	239.4735
	17-2-2	双排里脚手架≤3.6m	10m²	23.94735

（续）

序号	编码	项目名称	单位	工程量
5	011702002001	矩形柱 1. 模板的材质：胶合板 2. 支撑：钢管支撑	m²	132.74
	18-1-36	矩形柱复合木模板钢支撑	10m²	14.544
	18-1-48	柱支撑高度 >3.6m 每增 1m 钢支撑	10m²	0
6	011702002002	矩形柱 1. 模板的材质：胶合板 2. 支撑：钢管支撑	m²	3.2496
	18-1-36	矩形柱复合木模板钢支撑	10m²	0.35136
7	011702003001	构造柱 1. 支撑高度：3.6m 以内 2. 模板的材质：胶合板 3. 支撑：钢管支撑	m²	16.5457
	18-1-40	构造柱复合木模板钢支撑	10m²	1.6548
8	011702006001	矩形梁 1. 支撑高度：3.6m 以内 2. 模板的材质：胶合板 3. 支撑：钢管支撑	m²	170.2387
	18-1-56	矩形梁复合木模板对拉螺栓钢支撑	10m²	17.0489
9	011702009001	过梁 1. 支撑高度：3.6m 以内 2. 模板的材质：胶合板 3. 支撑：钢管支撑	m²	7.872
	18-1-65	过梁复合木模板木支撑	10m²	0.7872
10	011702014001	有梁板 1. 支撑高度：3.6m 以内 2. 模板的材质：胶合板 3. 支撑：钢管支撑	m²	16.796
	18-1-92	有梁板复合木模板钢支撑	10m²	1.6796
11	011702016001	平板 1. 支撑高度：3.6m 以内 2. 模板的材质：胶合板 3. 支撑：钢管支撑	m²	243.2797
	18-1-100	平板复合木模板钢支撑	10m²	25.18845
12	011702023001	雨篷、悬挑板、阳台板 1. 支撑高度：3.6m 以内 2.模板的材质：胶合板 3.支撑：钢管支撑	m²	11.25
	18-1-108	雨篷、悬挑板、阳台板直形木模板木支撑	10m²	1.125
13	011702024001	楼梯 双跑平行楼梯（无斜梁）	m²	15.1762
	18-1-110	楼梯直形木模板木支撑	10m²	1.51762

学习目标

子项一　将二层构件图元复制到三层

理论链接：

三层是土木实训楼的顶层，对比阅读附录中二层与三层的施工图，不难发现，许多梁、板的名称和截面尺寸都发生了变化，另外门窗的尺寸也发生了较大的变化，局部墙体也有所改动，但是梁板和窗的平面位置并没有太多变动。因此，为了提高绘图速度，仍然需要把二层的大部分构件复制到三层，然后再作相应的修改。

将二层构件复制到三层

任务一　将二层构件复制到三层

在第2层，单击【建模】选项板→单击"导航树"里"墙"前面的 ➕ 使其展开→单击【砌体墙（Q）】→单击"选择"面板里的【批量选择】，弹出"批量选择"对话框，勾选第2层部分构件，对话框下部只勾选"当前楼层"和"显示构件"，不要勾选"当前构件类型"，具体构件选择如图4-1所示。勾选结束后，单击【确定】按钮。

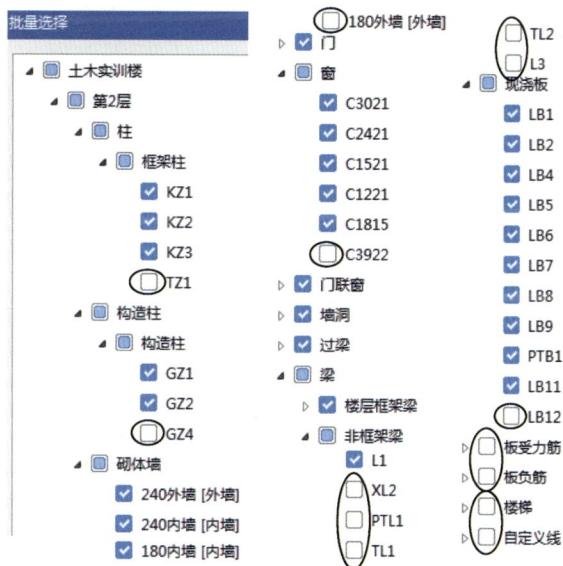

图　4-1

单击"通用操作"面板里的【复制到其它层】，弹出"复制图元到其它楼层"对话框，只勾选"第 3 层"，单击【确定】按钮，弹出"层间复制图元"对话框，提示"图元复制成功"，单击【确定】按钮。

单击"导航树"上方"第 2 层"后面的下拉箭头，切换到"第 3 层"。本项目所有的操作均在三层，因此修改三层构件或建立新构件时，随时注意"导航树"上方楼层状态显示当前为"第 3 层"；如果不是"第 3 层"，可单击楼层后面的 ✓，调整为"第 3 层"。

任务二　修改柱

1. 修改框架柱

仔细阅读附录 A-2 结施 05，可以看到三层有 8 根框架柱的柱顶高度为 10.80m，它们超出了三层的层顶标高（10.50m），这时应修改这部分柱的顶标高。

单击"导航树"内"柱"前面的 ✚ 使其展开→单击【柱（Z）】→单击【选择】→依次单击选中土木实训楼四个角上的框架柱→单击选中②轴与Ⓑ、Ⓒ轴交点处的 KZ2 →单击选中④轴与Ⓑ轴交点处的 KZ3 →单击选中④轴与Ⓒ轴交点处的 KZ2，在属性列表内修改其顶标高（m），如图 4-2 所示。

2. 修改构造柱

单击"导航树"内"柱"前面的 ✚ 使其展开→单击【构造柱（Z）】→单击【批量选择】，弹出"批量选择"对话框，依次勾选"GZ1"和"GZ2"→单击【确定】按钮→在"属性列表"中将第 21 行的"顶标高（m）"改为"层顶标高 −0.55（9.95）"→在黑色绘图区单击鼠标右键→单击【取消选择（A）】→在不选择任何图元的情况下，在"属性列表"里将"GZ1"和"GZ2"第 21 行"顶标高（m）"改为"层顶标高 −0.55（9.95）"，如图 4-3 所示。

	属性名称	属性值	附加
	属性列表　图层管理		
1	名称	?	
2	结构类别	框架柱	☐
3	定额类别	普通柱	☐
4	截面宽度(B边)(...	450	☐
5	截面高度(H边)(...	450	☐
6	全部纵筋		☐
7	角筋	?	☐
8	B边一侧中部筋	?	☐
9	H边一侧中部筋	?	☐
10	箍筋	?	☐
11	节点区箍筋		☐
12	箍筋胶数	?	
13	柱类型	(中柱)	
14	材质	混凝土	
15	混凝土类型	(现浇混凝土碎石<31.5)	
16	混凝土强度等级	(C30)	
17	混凝土外加剂	(无)	
18	泵送类型	(混凝土泵)	
19	泵送高度(m)		
20	截面面积(m²)	0.203	☐
21	截面周长(m)	1.8	☐
22	顶标高(m)	10.8	☐
23	底标高(m)	层底标高	☐
24	备注		☐

图　4-2

	属性名称	属性值
	属性列表　图层管理	
1	名称	?
2	类别	构造柱
3	截面宽度(B边)(...	240
4	截面高度(H边)(...	240
5	马牙槎设置	带马牙槎
6	马牙槎宽度(mm)	60
7	全部纵筋	?
8	角筋	
9	B边一侧中部筋	
10	H边一侧中部筋	
11	箍筋	Φ6@200(2*2)
12	箍筋胶数	2*2
13	材质	混凝土
14	混凝土类型	(现浇混凝土碎石<31.5)
15	混凝土强度等级	(C20)
16	混凝土外加剂	(无)
17	泵送类型	(混凝土泵)
18	泵送高度(m)	(9.95)
19	截面周长(m)	0.96
20	截面面积(m²)	0.058
21	顶标高(m)	层顶标高 −0.55(9.95)
22	底标高(m)	层底标高(7.15)
23	备注	

图　4-3

子项二 修改三层墙体

理论链接：

对比阅读附录 A-1 建施 05、06 可知，建筑节能实验室与数字建筑实验室的隔墙为 100mm 厚硅镁多孔墙板，这堵墙是隔墙。Ⓐ轴活动室的南墙属性应改成外墙；厕所、洗漱间墙的高度需要更改；露台处的混凝土栏板需要补画。

任务一 修改墙体

1. 修改Ⓐ轴线活动室的墙体

单击"导航树"中"墙"前面的 使其展开→单击【砌体墙（Q）】→单击选中绘图区Ⓐ轴线活动室的南墙，在"属性列表"内将名称改为"240 露台外墙"，将第 9 行"内/外墙标志"改为"外墙"。在不选择的状态下，将"240 露台外墙"的属性改为"外墙"。

单击【定义】按钮，打开"定义"对话框，添加"240 露台外墙"的清单、定额子目，如图 4-4 所示。

	编码	类别	名称	项目特征	单位	工程量表达式	表达式说明
1	⊟ 010401004	项	多孔砖墙	1. 砖品种：煤矸石多孔砖 2. 砌体厚度：240mm 3. 砂浆强度等级：M5.0混浆	m³	TJ	TJ<体积>
2	4-1-13	定	M5.0混合砂浆多孔砖墙 厚240mm		m³	TJ	TJ<体积>
3	⊟ 011701002	项	外脚手架	1. 脚手架搭设的方式：双排 2. 高度：6m以内 3. 材质：钢管脚手架	m²	WQWJSJMJ	WQWJSJMJ<外墙外脚手架面积>
4	17-1-7	定	双排外钢管脚手架≤6m		m²	WQWJSJMJ	WQWJSJMJ<外墙外脚手架面积>

图 4-4

2. 修改厕所、洗漱间墙

单击"选择"面板里的【选择】按钮→单击选中绘图区厕所、洗漱间墙，在"属性列表"里将第 11 行"起点顶标高（m）"改为"层顶标高"；将第 12 行"终点顶标高（m）"改为"层顶标高"。

单击黑色绘图区右边的 （动态观察）按钮，仔细察看修改属性前后此墙顶标高的变化。

3. 补画②轴线的隔墙

（1）新建内墙 单击【新建】→单击【新建内墙】，建立"240 露台外墙 –1"，在"属性列表"里将"240 露台外墙 –1"重命名为"100 内墙"，其属性值如图 4-5 所示。

（2）填写清单、定额子目 双击"构件列表"下的【100 内墙】，打开"定义"对话框，"100 内墙"的清单、定额子目如图 4-6 所示。填写完毕后双击"100 内墙［轻质墙板］"，返回绘图界面。

（3）绘制 100 内墙 单击【直线】→单击②、Ⓐ轴线交点→单击②、Ⓑ轴线交点→单击鼠标右键结束操作。单击【延伸】→单击Ⓐ轴线墙体→单击隔墙→单击【延伸】→单击Ⓑ轴线墙体→单击隔墙。

	属性名称	属性值	附加
	属性列表 图层管理		
1	名称	100内墙	☐
2	厚度(mm)	100	☐
3	轴线距左墙皮...	(50)	☐
4	砌体通长筋		☐
5	横向短筋		☐
6	材质	GRC板	☐
7	砂浆类型	(混合砂浆)	☐
8	砂浆标号	(M5.0)	☐
9	内/外墙标志	(内墙)	☑
10	类别	砌体墙	☐
11	起点顶标高(m)	层顶标高	☐
12	终点顶标高(m)	层顶标高	☐
13	起点底标高(m)	层底标高	☐
14	终点底标高(m)	层底标高	☐
15	备注		☐

图 4-5

	编码	类别	名称	项目特征	单位	工程量表达式	表达式说明
1	⊟ 011210006	项	其他隔断	1. 材料：硅镁多孔板 2. 厚度：100mm	m²	MJ	MJ<面积>
2	4-4-11	定	硅镁多孔板墙板厚100mm		m²	MJ	MJ<面积>

图 4-6

任务二　补画露台栏板

1. 建立露台栏板

单击"导航树"内"其它"前面的 🧰 使其展开→单击【栏板（K）】→单击"构件列表"下的【新建】→单击【新建矩形栏板】，建立"LB-1"，将"LB-1"改名为"露台混凝土栏板"，其属性值如图 4-7 所示。

双击"构件列表"下的【露台混凝土栏板】，打开"清单添加"对话框，露台混凝土栏板的清单编码及项目特征如图 4-8 所示。填写完毕，双击"构件列表"下的"露台混凝土栏板"，返回绘图界面。

	属性名称	属性值	附加
1	名称	露台混凝土栏板	☐
2	截面宽度(mm)	100	☐
3	截面高度(mm)	600	☐
4	轴线距左边线...	(50)	☐
5	水平钢筋	(2)Φ8@200	☐
6	垂直钢筋	(2)Φ10@200	☐
7	拉筋	Φ6@300*300	☐
8	材质	混凝土	☐
9	混凝土类型	(现浇混凝土碎石<20)	☐
10	混凝土强度等级	C25	☐
11	截面面积(m²)	0.06	☐
12	起点底标高(m)	层底标高-0.05	☐
13	终点底标高(m)	层底标高-0.05	☐
14	备注		☐

图 4-7

2. 作辅助轴线

单击"通用操作"面板内"两点辅助"后面的下拉箭头→单击【平行辅轴】→单击选中Ⓐ轴线，弹出"请输入"对话框，输入"偏移距离（mm）"为"-105"，输入"轴号"为"1/0A"，单击"确定"按钮。

	编码	类别	名称	项目特征	单位	工程量表达式	表达式说明	措施项目
1	⊟ 010505006	项	栏板	1. 混凝土种类：泵送商品混凝土 2. 混凝土强度等级：C30	m³	TJ	TJ<体积>	☐
2	5-1-48	定	C30栏板		m³	TJ	TJ<体积>	☐
3	5-3-4	定	场外集中搅拌混凝土 25m³/h		m³	TJ*1.01	TJ<体积>*1.01	☐
4	5-3-14	定	泵送混凝土 其他构件 泵车		m³	TJ*1.01	TJ<体积>*1.01	☐
5	⊟ 011702021	项	栏板	1. 支撑高度：3.6m以内 2. 模板的材质：胶合板 3. 支撑：钢管支撑	m²	MBMJ	MBMJ<模板面积>	☑
6	18-1-10	定	栏板木模板木支撑		m²	MBMJ	MBMJ<模板面积>	☑
7	⊟ 011701002	项	外脚手架	1. 脚手架搭设的方式：双排 2. 高度：15m以内 3. 材质：钢管脚手架	m²	TJ/0.1	TJ<体积>/0.1	☑
8	17-1-9	定	双排外钢管脚手架≤15m		m²	TJ/0.1	TJ<体积>/0.1	☑

图 4-8

采用同样方法作辅助轴线：辅轴 ②/0A，位于Ⓐ轴线下方 1975mm；辅轴 ①/④，位于④轴线右侧 25mm；辅轴 ①/⑥，位于⑥轴线右侧 175mm。说明：1975mm=（1800+225-100/2）mm；

25mm=225mm−（250−100）mm−100mm/2；175mm=225mm−100mm/2。

延伸轴线：在第3层，单击"导航树"内"轴线"前面的 ⊞ 使其展开→单击【辅助轴线（O）】→单击【延伸】→单击 ②A 辅轴（变粗）→单击 ¼ 辅轴→单击 ⅙ 辅轴→单击鼠标右键→单击 ⅙ 辅轴（变粗）→单击 ⑩A 辅轴→单击 ②A 辅轴→单击鼠标右键，这样辅助轴线就都相交了。

3. 画露台栏板

单击【栏板（K）】→单击"构件列表"下的【露台混凝土栏板】→单击"绘图"面板的【直线】→单击 ⑩A 辅轴与 ¼ 辅轴的交点→单击 ②A 辅轴与 ¼ 辅轴的交点→单击 ②A 辅轴与 ⅙ 辅轴的交点→单击 ⑩A 辅轴与 ⅙ 辅轴的交点→单击鼠标右键结束操作。

4. 计算工程量

单击【工程量】选项板→单击【汇总选中图元】→在黑色绘图区依次单击刚刚绘制好的三段栏杆→单击鼠标右键，此时软件开始计算，计算成功后单击【确定】按钮→单击【查看工程量】，混凝土栏板做法工程量如图4-9所示。

编码	项目名称	单位	工程量	单价	合价
1 010505006	栏板	m³	0.579		
2 5-1-48	C30栏板	10m³	0.0579	6686.05	387.1223
3 5-3-4	场外集中搅拌混凝土 25m³/h	10m³	0.05849	318.63	18.6367
4 5-3-14	泵送混凝土 其他构件 泵车	10m³	0.05849	149.04	8.7173
5 011702021	栏板	m²	11.58		
6 18-1-106	栏板木模板木支撑	10m²	1.158	859	994.722
7 011701002	外脚手架	m²	5.79		
8 17-1-9	双排外钢管脚手架≤15m	10m²	0.579	176.62	102.263

图 4-9

任务三　画露台栏杆与扶手

1. 定义露台栏杆与扶手

单击"导航树"中"自定义"前面的 ⊞ 使其展开→单击【自定义线（X）】→单击"构件列表"下的【新建】→单击【新建矩形自定义线】，建立"ZDYX-1"，在"属性列表"里将"ZDYX-1"改名为"露台栏杆、扶手"，其属性值如图4-10所示。

画露台栏杆与扶手

2. 删除楼梯扶手内的默认钢筋

单击"通用操作"面板里的【定义】，打开"定义"对话框，单击【截面编辑】→单击【清空钢筋】，弹出"确认"对话框，如图4-11所示，单击【是】按钮，这时楼梯扶手内的默认钢筋就被删除了。

3. 填写清单、定额子目

单击【构件做法】，填写露台栏杆、扶手的清单、定额子目，如图4-12所示。

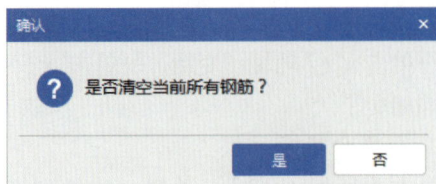

图 4-10　　　　　　　　　　　　　图 4-11

	编码	类别	名称	项目特征	单位	工程量表达式	表达式说明
1	□ 011503001	项	金属扶手、栏杆、栏板	1. 材料：不锈钢扶手栏杆 2. 形式：格构式	m	CD	CD〈长度〉
2	15-3-4	定	直形不锈钢管栏杆（带扶手）成品安装		m	CD	CD〈长度〉

图　4-12

4. 画露台不锈钢扶手

单击选中"构件列表"里的【露台栏杆、扶手】→单击【直线】→按 <Shift> 键的同时单击 ⑩A 辅轴与 ④ 辅轴的交点→输入偏移值"X=0""Y=−120"→单击 ②A 辅轴与 ④ 辅轴的交点→单击 ②A 辅轴与 ⑥ 辅轴的交点→按 <Shift> 键的同时单击 ⑩A 辅轴与 ⑥ 辅轴的交点→输入偏移值"X=0""Y=−120"→单击鼠标右键结束操作。

切换到"辅助轴线"层，删除所有辅助轴线，返回"自定义线"层。

5. 查看工程量

单击【汇总计算】按钮，单击【查看工程量】按钮，露台不锈钢扶手工程量如图 4-13 所示。

	编码	项目名称	单位	工程量	单价	合价
1	011503001	金属扶手、栏杆、栏板	m	9.65		
2	15-3-4	直形不锈钢管栏杆（带扶手）成品安装	10m	0.965	3614.04	3487.5486

图　4-13

子项三　修改三层梁和板

理论链接：

通过对比阅读附录 A-2 结施 08~11 可以发现，虽然三层的屋面梁和二层的框架梁相比几何尺寸发生了很大变化，但是三层的大部分屋面梁和二层的框架梁位置是一致的，部分梁配筋发生了局部变化，这时应对三层的屋面梁重新定义其属性做法，而不必重画。

任务一　修改三层屋面梁

1. 修改屋面框架梁的名称和属性

单击"导航树"里面的【梁（L）】按钮，单击【属性】按钮，打开"属性列表"对话框，单击【构件列表】按钮，打开"构件列表"对话框。在"属性列表"里将"KL1"重命名为"WKL1"，将"KL2"重命名为"WKL2"，将"KL4"重命名为"WKL4"，将"KL5"重命名为"WKL5"，将"KL7"重命名为"WKL6"，将"KL9"重命名为"WKL9"，将"KL10"重命名为"WKL10"，将"KL11"重命名为"WKL11"，将"KL12"重命名为"WKL12"。单击【批量选择】按钮，选择"屋面框架梁"（图 4-14），单击【确定】按钮。在属性编辑器里将"截面高度（mm）"改为"550"，如图 4-15 所示。在绘图区单击鼠标右键→单击【取消选择（A）】按钮。

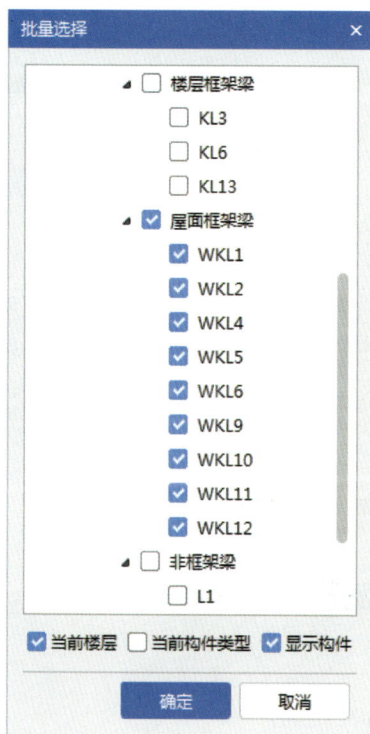

图 4-14

图 4-15

2. 调整梁的位置

（1）调整 KL3 高度　单击【选择】→用鼠标左键框选Ⓓ轴上的 KL3 →在"属性列表"里将"起点顶标高（m）"后的"层顶标高"改为"层底标高 +1.0"→将"终点顶标高（m）"后的"层顶标高"改为"层底标高 +1.0"（说明：1.0m=7.8m−7.15m+0.35m）。单击"导航树"中"门窗洞"前面的 　使其展开，→单击【过梁（G）】→单击【选择】→单击选择楼梯间 C1815 上部的 GL2 →单击【删除】→单击【梁（L）】，然后返回"梁（L）"层。

（2）删除部分框架梁　单击【批量选择】按钮，选择"KL6"和"KL13"，然后删除选中的框架梁。

（3）延伸部分屋面框架梁　单击"修改"面板里的【延伸】→单击⑥轴线的 WKL9 →单

击Ⓒ轴线的 WKL5；单击【延伸】→单击Ⓓ轴线的 WKL2 →单击②轴线的 WKL11 →单击④轴线的 WKL11；单击【延伸】→单击④轴线的 WKL11 →单击Ⓓ轴线的 WKL4。

（4）修改 WL1　单击选中绘图区的 L1，在"属性列表"里将"L1"改为"WL1"，将"起点顶标高（m）"改为"层顶标高"，将"终点顶标高（m）"改为"层顶标高"。

（5）单击黑色绘图区右边的 （动态观察）按钮，仔细观察各种梁修改后的变化。观察结束后，单击【俯视】。

3. 修改屋面梁的配筋

（1）修改 WKL6　单击选择Ⓑ轴线上的 WKL6，单击"梁板二次编辑"里面的【原位标注】按钮，在下面的梁平法表格内将第 4 跨的"截面（B*H）"由"250*750"改为"250*550"。

（2）修改 WKL5　单击选择Ⓑ轴线上的 WKL5 →单击【原位标注】→单击 WKL5 第 1
跨左支座筋→删除数字框内的"4C20"→单击第 1 跨右支座筋→删除数字框内的"4C20"，单击 WKL5 第 2 跨右支座筋→删除数字框内的"4C20"→单击鼠标右键→单击选中 KL5 →单击鼠标右键→单击【重新提取梁跨（F）】，弹出"提示"对话框，如图 4-16 所示，单击【确定】按钮→单击鼠标右键。采用同样方法，选中 WKL4 和②（④）轴线的 WKL11 重新提取梁跨。

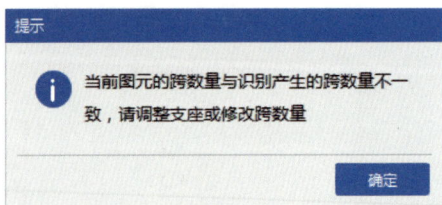

图　4-16

（3）修改⑥轴的 WKL9 和⑤轴的 WKL12　单击【原位标注】→单击选中"WKL9"，重新进行原位标注。在黑色绘图区下面的"梁平法表格"里填上第 3 跨的吊筋信息，同时删除"次梁加筋"的属性值"6Φ8"，如图 4-17 所示。采用同样方法，填写 WKL12 的吊筋。

	跨号	拉筋	箍筋	肢数	次梁宽度	次梁加筋	吊筋	吊筋锚固	箍筋加密长度
1	1	(Φ6)	Φ8@100/150(2)	2					max(1.5*h, 50)
2	2	(Φ6)	Φ8@100/150(2)	2					max(1.5*h, 50)
3	3	(Φ6)	Φ8@100/150(2)	2	250	0	2Φ20	20*d	max(1.5*h, 50)

图　4-17

（4）核对钢筋　仔细核对所有梁的原位标注和集中标注钢筋。

任务二　修改三层屋面板

1. 对比分析

阅读附录 A-2 结施 14、15 可以看出，三层的现浇板与二层的现浇板发生了很大变化，这时应全部删除从二层复制过来的现浇板，重新布置三层的现浇板。

修改三层屋面板

2. 删除现浇板

单击"导航树"下"板"前面的 使其展开→单击【现浇板（B）】→单击【建模】选项板→单击"选择"面板里的【选择】→用鼠标左键框选三层所有的现浇板→单击"修改"面板里的【删除】→按 <Shift> 键→在"构件列表"里选中所有构件→单击【删除】，这样，三层所有的板就被删除了。

3. 新建现浇板

单击"构件列表"下的【新建】→单击【新建现浇板】，新建"B-1"，单击"构件列表"里的【B-1】→单击"属性列表"里第12行"钢筋业务属性"前面的 ⊞ →单击第16行"马凳筋参数图"后面的单元格，软件出现 ⋯ →单击 ⋯ ，弹出"马凳筋设置"对话框，单击【Ⅰ型】→单击右侧大图中的【L1】，输入"100"→单击【L2】，输入"100"→单击【L3】，输入"100"→单击"马凳筋信息"后边的空格，输入"A6@1000*1000"→单击【确定】按钮。B-1属性值如图4-18所示。

4. 画现浇板

单击"构件列表"里的【B-1】→单击"绘图"面板里的 ▭（矩形）→单击Ⓐ轴与①轴交点处 KZ1 的左下角点→单击Ⓓ轴与⑥轴交点处 KZ1 的上下角点。

5. 分割现浇板

单击"选择"面板里的【选择】→单击选中刚绘制的B-1→单击"修改"面板里的【分割】→按<Shift>键的同时单击Ⓓ轴与⑤轴的交点→输入偏移值"X=−100""Y=225"→单击【确定】按钮→按<Shift>键的同时单击Ⓒ轴与⑤轴的交点→输入偏移值"X=−100""Y=−100"→单击【确定】按钮→按<Shift>键的同时单击Ⓒ轴与⑥轴的交点→输入偏移值"X=225""Y=−100"→单击【确定】按钮→单击鼠标右键→单击鼠标右键，软件提示分割完成。单击选中绘图区男厕所和洗漱间的板，在"属性列表"里将名称改为"B-2"。

6. 添加清单、定额子目

单击"通用操作"面板里的【定义】按钮，打开"定义"对话框，填写B-1清单、定额子目，如图4-19所示；填写B-2清单、定额子目，如图4-20所示。填完后单击【定义】按钮，返回绘图界面。

属性列表

	属性名称	属性值	附加
1	名称	B-1	
2	厚度(mm)	150	☐
3	类别	平板	☐
4	是否是楼板	是	☐
5	混凝土类型	(现浇混凝土碎石<20)	
6	混凝土强度等级	(C30)	
7	混凝土外加剂	(无)	
8	泵送类型	(混凝土泵)	
9	泵送高度(m)		
10	顶标高(m)	层顶标高	☐
11	备注		☐
12	⊟ 钢筋业务属性		
13	其它钢筋		
14	保护层厚...	(15)	☐
15	汇总信息	(现浇板)	☐
16	马凳筋参...	Ⅰ型	
17	马凳筋信息	Ф6@1000*1000	☐
18	线形马凳...	平行横向受力筋	
19	拉筋		
20	马凳筋数量	向上取整+1	☐
21	拉筋数量	向上取整+1	☐
22	归类名称	(B-1)	☐

图　4-18

	编码	类别	名称	项目特征	单位	工程量表达式	表达式说明	单价	综合	措施项目
1	⊟ 010505003	项	平板	1. 混凝土种类: 泵送商品混凝土 2. 混凝土强度等级: C30	m³	TJ	TJ<体积>			☐
2	5-1-33	定	C30平板		m³	TJ	TJ<体积>	4841.71		☐
3	5-3-4	定	场外集中搅拌混凝土 25m³/h		m³	TJ*1.01	TJ<体积>*1.01	318.63		☐
4	5-3-12	定	泵送混凝土 柱、墙、梁、板 泵车		m³	TJ*1.01	TJ<体积>*1.01	96.23		☐
5	⊟ 011702016	项	平板	1. 支撑高度: 3.6m以内 2. 模板的材质: 胶合板 3. 支撑: 钢管支撑	m²	MBMJ	MBMJ<底面模板面积>			☑
6	18-1-100	定	平板复合木模板 钢支撑		m²	MBMJ	MBMJ<底面模板面积>	465.13		☑

图　4-19

	编码	类别	名称	项目特征	单位	工程量表达式	表达式说明	单价	综合单价	措施项目
1	⊟ 010505001	项	有梁板	1. 混凝土种类：泵送商品混凝土 2. 混凝土强度等级：C30	m³	TJ	TJ〈体积〉			☐
2	5-1-31	定	C30有梁板		m³	TJ	TJ〈体积〉	4587		☐
3	5-3-4	定	场外集中搅拌混凝土 25m³/h		m³	TJ*1.010	TJ〈体积〉*1.01	318.63		☐
4	5-3-12	定	泵送混凝土柱、墙、梁、板泵车		m³	TJ*1.010	TJ〈体积〉*1.01	96.23		☐
5	⊟ 011702014	项	有梁板	1. 支撑高度：3.6m以内 2. 模板的材质：胶合板 3. 支撑：钢管支撑	m²	MBMJ	MBMJ〈模板面积〉			☑
6	18-1-92	定	有梁板复合木模板钢支撑		m²	MBMJ	MBMJ〈模板面积〉	454.73		☑

图　4-20

7. 画屋面板及其受力筋

单击【板受力筋（S）】→单击"构件列表"下的【新建】→单击【新建板受力筋】，建立"SLJ-1"，在"属性列表"的第 3 行"钢筋信息"中输入"C8-120"，单击黑色绘图区上面的【XY 方向】，弹出"智能布置"对话框，如图 4-21 所示→单击【多板】→依次单击黑色绘图区的 B-1 和 B-2 →单击鼠标右键结束操作，这样屋面板配筋就绘制完成了。

图　4-21

子项四　修改三层门窗

理论链接：

对比阅读附录 A-1 建施 05、06 可知，需要补建筑节能实验室和数字建筑实验室隔墙上的 M1021，并且露台的门联窗由二层的 MC1829 变成了 MC1827。

任务一　修改三层门

1. 补画隔墙上的 M1021

单击"导航树"中"门窗洞"前面的 📁 使其展开→单击【门（M）】→单击"构件列表"中的【M1024】→单击"构件列表"表头处的【复制】，得到"M1025"，在属性列表里将其改名为"M1021"，"洞口高度（mm）"改为"2100"。

单击"构件列表"中的【M1021】→单击"门二次编辑"里的【精确布置】→单击②轴与Ⓑ轴的交点，光标沿着隔墙向下移动→在数字框内输入"225"→按 <Enter> 键，这时 M1021 就画到了图样所示的位置。

2. 补画 MC1827

（1）建立 MC1827　单击"导航树"中的【门联窗（A）】→单击【新建】→单击【新建门联窗】，新建"MC1830"，在属性列表里将"MC1830"重命名为"MC1827"，其属性值如图 4-22 所示，其清单、定额子目如图 4-23 所示。

	属性名称	属性值	附加
1	名称	MC1827	☐
2	洞口宽度(mm)	1800	☐
3	洞口高度(mm)	2750	☐
4	窗宽度(mm)	900	☐
5	门离地高度(mm)	50	☐
6	窗距门相对高...	950	☐
7	窗位置	靠左	☐
8	框厚(mm)	60	☐
9	立樘距离(mm)	0	☐

图　4-22

	编码	类别	名称	项目特征	单位	工程量表达式	表达式说明
1	⊟ 010802001	项	金属(塑钢)门	1. 门类型: 铝合金单扇平开门联窗 2. 玻璃: 钢化玻璃6mm	m²	0.9*2.75	2.475
2	8-2-2	定	铝合金平开门		m²	0.9*2.75	2.475
3	8-7-5	定	铝合金纱窗扇		m²扇面积	0.86*2.1	1.806
4	⊟ 010807001	项	金属(塑钢、断桥)窗	1. 门类型: 铝合金单扇平开门联窗 2. 玻璃: 钢化玻璃6mm	m²	0.9*1.8	1.62
5	8-7-1	定	铝合金推拉窗		m²	0.9*1.8	1.62
6	8-7-5	定	铝合金纱窗扇		m²扇面积	0.43*1.45	0.6235

图　4-23

（2）画 MC1827　单击【选择】→单击选中绘图区的 MC1829→单击"属性列表"里"名称"后面的"MC1829"→单击后面的 🔽 →单击【MC1827】，弹出"提示"对话框，提示："构件［MC1827］已经存在，是否修改当前图元的构件名称为［MC1827］?"→单击【是】按钮→单击"构件列表"里的【MC1829】→单击"构件列表"下的【删除】，这时绘图区的 MC1829 图元及其定义的构件等都被删除了。

任务二　修改三层窗

1. 观察分析

（1）观察　单击绘图区右边的 🔵（动态观察）按钮，在显示框架梁（显示开关：按 <L> 键）的状态下，会发现三层的外墙窗除楼梯间的 C1815 和 MC1827 外，全部伸进了框架梁里面。观察完毕，单击【俯视】。

（2）分析　查阅附录 A-1 建施 05、06、09、10 等，将三层的外墙窗和对应的二层窗进行比较后可以发现，除宽度不变外，窗户高度由二层的 2100mm 变成了三层的 1800mm，窗台高

度由二层的 850mm 变成了三层的 950mm。

2. 逐一修改

（1）修改名称　单击"导航树"中的【窗（C）】→单击"构件列表"中的【C1521】→单击鼠标右键→选择"重命名"，将"C1521"重命名为"C1518"。采用同样方法，将"C3021"重命名为"C3018"，将"C2421"重命名为"C2418"，将"C1221"重命名为"C1218"。

（2）修改参数　单击【批量选择】按钮，软件弹出"批量选择构件图元"对话框，勾选"C1518""C3018""C2418"和"C1218"，单击【确定】按钮。在"属性列表"里将"洞口高度（mm）"由原来的"2100"改为"1800"，将"离地高度（mm）"由原来的"900"改为"1000"。在"构件列表"内单击【C3018】→按 <Ctrl> 键，依次单击"C1518""C2418"和"C1218"。单击【三维】按钮，仔细观察修改前后外墙窗户的变化。

（3）删除辅助轴线　单击"导航树"内"轴线"前面的 ➕ 使其展开→单击【辅助轴线（O）】→单击选中绘图区所有辅助轴线→单击"修改"面板里的【删除】，这样辅助轴线就都删除了，然后返回"窗"层。

3. 关闭或显示跨层构件

单击【工具】选项板→单击"选项"面板里的【选择】→单击【绘图设置】→取消或勾选"显示跨层图元"→取消或勾选"编辑跨层图元"→单击【确定】按钮，这样就可实现关闭或显示跨层构件。

子项五　计算三层主体工程量

理论链接：

当三层的主体构件画完以后就可以汇总计算三层的主体工程量了。

计算三层主体
工程量

任务一　汇总计算

至此，土木实训楼三层主体工程已经修改完成，这时应进行汇总计算，具体操作步骤是：单击【工程量】选项板→单击【汇总计算】，弹出"汇总计算"对话框→勾选全楼及下面的选择项→单击【确定】按钮，软件开始计算，计算成功后，单击【确定】按钮。在计算过程中软件弹出"错误"提示对话框，这是由于部分混凝土柱在高度上不连续而造成的，但这部分柱子符合图纸设计的要求，因此直接单击【是】继续计算即可。

任务二　导出工程量表

1. 三层实体项目清单工程量

单击【查看报表】按钮，弹出"报表"对话框→单击【土建报表量】→单击"做法汇总分析"下的【清单汇总表】→单击选择【全部项目】→单击【实体项目】→单击【设置报表范围】，弹出"设置报表范围"对话框，"绘图输入"勾选"第 3 层"→"表格输入"不勾选→勾选下部"钢筋类型"所有选项→单击【确定】按钮→光标移到"工程量"表格上→单击鼠标右键→单击【导出到 Excel 文件（X）】→选择文件路径（可到桌面）→"文件名（N）"输入"三层实体项目清单工程量表"→单击【保存】，弹出"导出成功"对话框，单击【确定】按钮。三层实体项目清单工程量表见表 4-1。

表 4-1 三层实体项目清单工程量表

工程名称：土木实训楼 编制日期：2024-03-18

序号	编码	项目名称	单位	工程量
1	010401004001	多孔砖墙 1. 砖品种：煤矸石多孔砖 2. 砌体厚度：240mm 3. 砂浆强度等级：M5.0 混浆	m^3	41.4248
2	010401005001	空心砖墙 1. 砖品种：煤矸石空心砖 2. 砌体厚度：180mm 3. 砂浆强度等级：M5.0 混浆	m^3	21.2708
3	010502001001	矩形柱 1. 混凝土种类：泵送商品混凝土 2. 混凝土强度等级：C30	m^3	16.0754
4	010502002001	构造柱 1. 混凝土种类：泵送商品混凝土 2. 混凝土强度等级：C25	m^3	1.198
5	010503002001	矩形梁 1. 混凝土种类：泵送商品混凝土 2. 混凝土强度等级：C30	m^3	16.1119
6	010503005001	过梁 1. 混凝土种类：泵送商品混凝土 2. 混凝土强度等级：C25	m^3	0.4639
7	010505001001	有梁板 1. 混凝土种类：泵送商品混凝土 2. 混凝土强度等级：C30	m^3	3.0325
8	010505003001	平板 1. 混凝土种类：泵送商品混凝土 2. 混凝土强度等级：C30	m^3	44.5117
9	010505006001	栏板 1. 混凝土种类：泵送商品混凝土 2. 混凝土强度等级：C30	m^3	0.579
10	010801001001	木质门 1. 门类型：无纱玻璃镶木板门 2. 玻璃：钢化玻璃6mm	m^2	16.34
11	010801005001	木门框 1. 门类型：无纱玻璃镶木板门 2. 油漆种类、遍数：橘黄色调和漆三遍	m	51.3
12	010801006001	门锁安装 类型：普通执手锁	个	8
13	010802001001	金属（塑钢）门 1. 门类型：铝合金单扇平开门联窗 2. 玻璃：钢化玻璃6mm	m^2	2.475
14	010806001001	木质窗 1. 类型：普通木窗 2. 玻璃：厚度3mm	m^2	1.75

（续）

序号	编码	项目名称	单位	工程量
15	010807001001	金属（塑钢、断桥）窗 1. 门类型：铝合金单扇平开门联窗 2. 玻璃：钢化玻璃 6mm	m²	1.62
16	010807001002	金属（塑钢、断桥）窗 1. 材料：铝合金型材 90 系列 2. 玻璃：平板玻璃厚 5mm	m²	36.18
17	011210006001	其他隔断 1. 材料：硅镁多孔板 2. 厚度：100mm	m²	13.44
18	011401001001	木门油漆 油漆种类、遍数：橘黄色调和漆三遍	m²	18.27
19	011402001001	木窗油漆 油漆种类、遍数：橘黄色调和漆三遍	m²	2.34
20	011503001001	金属扶手、栏杆、栏板 1. 材料：不锈钢扶手栏杆 2. 形式：格构式	m	9.65

2. 三层措施项目清单工程量

单击【实体项目】→单击【措施项目】→光标指到"工程量"表格上→单击鼠标右键→单击【导出到 Excel 文件（X）】→选择文件路径（可到桌面）→"文件名（N）"输入"三层措施项目清单工程量表"→单击【保存】，弹出"导出成功"对话框，单击【确定】按钮。三层措施项目清单工程量表见表 4-2。

表 4-2　三层措施项目清单工程量表

工程名称：土木实训楼　　　　　　　　　　　　　　　　　　　　　　　编制日期：2024-03-18

序号	编码	项目名称	单位	工程量
1	011701002001	外脚手架 1. 脚手架搭设的方式：双排 2. 高度：15m 以内 3. 材质：钢管脚手架	m²	226.5885
2	011701002002	外脚手架 1. 脚手架搭设的方式：双排 2. 高度：6m 以内 3. 材质：钢管脚手架	m²	285.284
3	011701002003	外脚手架 1. 脚手架搭设的方式：单排 2. 高度：3.6m 以内 3. 材质：钢管脚手架	m²	413.74
4	011701003001	里脚手架 1. 脚手架搭设的方式：双排 2. 高度：3.6m 以内 3. 材质：钢管脚手架	m²	204.416

（续）

序号	编码	项目名称	单位	工程量
5	011702002001	矩形柱 1. 模板的材质：胶合板 2. 支撑：钢管支撑	m²	127.6415
6	011702003001	构造柱 1. 支撑高度：3.6m 以内 2. 模板的材质：胶合板 3. 支撑：钢管支撑	m²	12.288
7	011702006001	矩形梁 1. 支撑高度：3.6m 以内 2. 模板的材质：胶合板 3. 支撑：钢管支撑	m²	158.9265
8	011702009001	过梁 1. 支撑高度：3.6m 以内 2. 模板的材质：胶合板 3. 支撑：钢管支撑	m²	6.52
9	011702014001	有梁板 1. 支撑高度：3.6m 以内 2. 模板的材质：胶合板 3. 支撑：钢管支撑	m²	16.64
10	011702016001	平板 1. 支撑高度：3.6m 以内 2. 模板的材质：胶合板 3. 支撑：钢管支撑	m²	257.16
11	011702021001	栏板 1. 支撑高度：3.6m 以内 2. 模板的材质：胶合板 3. 支撑：钢管支撑	m²	11.58

　　从实体项目和措施项目清单工程量表可以看出，项目名称分得很细，如果绘图时出现计算的量和本书对不上的情况，可以根据项目名称找到出错的地方。

3. 三层钢筋工程量

　　单击【钢筋报表量】按钮，从左边的导航树来看，软件提供了三大类表格，即"定额指标""明细表"和"汇总表"，用来满足钢筋算量的需要，如图 4-24 所示。

　　单击"定额指标"里面的【钢筋定额表】→光标指到"工程量"表格上→单击鼠标右键→单击【导出到 Excel 文件（X）】→选择文件路径（可到桌面）→"文件名（N）"输入"三层钢筋定额表"→单击【保存】，弹出"导出成功"对话框，单击【确定】按钮。经观察发现，表格里

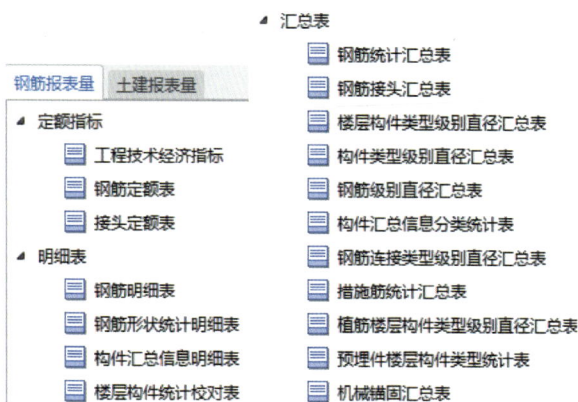

图　4-24

面有很多钢筋的工程量为空白，说明本工程无此种钢筋，故这一行应删除。整理后的三层钢筋定额表见表 4-3。

表 4-3　三层钢筋定额表

工程名称：土木实训楼　　　　　　　　　　　　　　　　　　　　　　　　编制日期：2024-03-18

定额号	定额项目	单位	钢筋量
5-4-1	现浇构件钢筋 HPB300 直径（mm）≤ 10	t	0.001
5-4-2	现浇构件钢筋 HPB300 直径（mm）≤ 18	t	0.024
5-4-5	现浇构件钢筋 HRB400（RRB400）直径（mm）≤ 10	t	3.462
5-4-6	现浇构件钢筋 HRB335 直径（mm）≤ 18	t	0.078
	现浇构件钢筋 HRB400（RRB400）直径（mm）≤ 18	t	0.517
5-4-7	现浇构件钢筋 HRB335 直径（mm）≤ 25	t	0.029
	现浇构件钢筋 HRB400（RRB400）直径（mm）≤ 25	t	5.348
5-4-30	现浇构件箍筋 HPB300 直径（mm）≤ 10	t	0.717
	现浇构件箍筋 HRB400（RRB400）直径（mm）≤ 10	t	0.786
5-4-75	马凳钢筋　直径（mm）6	t	0.031

学习目标

对比阅读附录 A-1 建施 06~08 和附录 A-2 结施 05、10~12、15、16 可知，除了跨层构件 8 根伸到闷顶层的框架柱以外，三层的所有构件在闷顶层都没有，所以闷顶层的梁、墙、构造柱、圈梁、板等需要重新画。

子项一　画闷顶层梁、墙和构造柱

画闷顶层的梁

任务一　画闷顶层的梁

1. 定义构件属性

单击"导航树"上方"第 3 层"后面的下拉箭头→单击【闷顶层】→单击"导航树"中"梁"前面的 使其展开→单击【梁（L）】，打开"构件列表"和"属性列表"，单击【新建】→单击【新建矩形梁】，新建"KL-1"。重复上述操作建立"KL-2"，将"KL-1"的名称改为"YL"，将"KL-2"的名称改为"WL2"，其属性值如图 5-1 所示。

2. 添加清单、定额子目

单击"通用操作"面板里的【定义】按钮，打开"定义"对话框，填写 YL 和 WL2 的清单、定额子目，如图 5-2 所示。填完后单击【定义】按钮，返回绘图界面。

3. 画 YL 和 WL2

（1）显示跨层构件　单击【工具（T）】选项板→单击"选项"面板里的【选项】→单击【绘图设置】→勾选"显示跨层图元"→勾选"编辑跨层图元"→单击【确定】按钮，这时软件就能显示跨层构件了。

（2）画 YL　单击"构件列表"内的【YL】→单击"绘图"面板里的【直线】→依次单击 4 个角柱处的轴网交点→单击鼠标右键结束命令。单击"修改"面板里的【对齐】→单击Ⓐ、①轴处 KZ1 的下边线（边线变粗）→单击Ⓐ轴线 YL 的下边线，这时 YL 就已在图样所示位置。采用同样方法，参照图样，依次调整其他 3 根 YL。单击"修改"面板里的【延伸】→单击Ⓐ轴线的 YL（中心线变粗）→单击①轴线的 YL，这时①轴线的 YL 就延伸到了Ⓐ轴线 YL 的中心线处。采用同样方法，依次调整其他部位的 YL。

（3）画 4 根斜脊处的 WL2　单击"构件列表"内的【WL2】→单击"绘图"面板里的【直线】→单击Ⓐ、①轴线交点→单击Ⓑ、②轴线交点→单击鼠标右键→单击Ⓓ、①轴线交点→单击Ⓒ、②轴线交点→单击鼠标右键→单击Ⓐ、⑥轴线交点→单击Ⓑ、④轴线交点→单击鼠标右键→单击Ⓓ、⑥轴线交点→单击Ⓒ、④轴线交点→单击鼠标右键。

	属性名称	属性值
1	名称	YL
2	结构类别	非框架梁
3	跨数量	
4	截面宽度(mm)	200
5	截面高度(mm)	300
6	轴线距梁左边...	(100)
7	箍筋	Φ8@150(2)
8	肢数	2
9	上部通长筋	3Φ12
10	下部通长筋	3Φ14
11	侧面构造或受...	
12	拉筋	
13	定额类别	连续梁
14	材质	混凝土
15	混凝土类型	(现浇混凝土碎石...
16	混凝土强度等级	(C30)
17	混凝土外加剂	(无)
18	泵送类型	(混凝土泵)
19	泵送高度(m)	
20	截面周长(m)	1
21	截面面积(m²)	0.06
22	起点顶标高(m)	10.8
23	终点顶标高(m)	10.8
24	备注	

	属性名称	属性值
1	名称	WL2
2	结构类别	非框架梁
3	跨数量	
4	截面宽度(mm)	180
5	截面高度(mm)	450
6	轴线距梁左边...	(90)
7	箍筋	Φ8@150(2)
8	肢数	2
9	上部通长筋	3Φ14
10	下部通长筋	3Φ22
11	侧面构造或受...	
12	拉筋	
13	定额类别	连续梁
14	材质	混凝土
15	混凝土类型	(现浇混凝土碎石...
16	混凝土强度等级	(C30)
17	混凝土外加剂	(无)
18	泵送类型	(混凝土泵)
19	泵送高度(m)	
20	截面周长(m)	1.26
21	截面面积(m²)	0.081
22	起点顶标高(m)	10.8
23	终点顶标高(m)	10.8
24	备注	

跨层图元的
设置与编辑

图 5-1

	编码	类别	名称	项目特征	单位	工程量表达式	表达式说明	单价	综合单价	措施项目
1	⊟ 010503002	项	矩形梁	1.混凝土种类:泵送商品混凝土 2.混凝土强度等级: C30	m³	TJ	TJ〈体积〉			☐
2	5-1-19	定	C30框架梁、连续梁		m³	TJ	TJ〈体积〉	4669.22		☐
3	5-3-4	定	场外集中搅拌混凝土 25m³/h		m³	TJ*1.01	TJ〈体积〉*1.01	318.63		☐
4	5-3-12	定	泵送混凝土 柱、墙、梁、板 泵车		m³	TJ*1.01	TJ〈体积〉*1.01	96.23		☐
5	⊟ 011702006	项	矩形梁	1.支撑高度: 3.6m以内 2.模板的材质: 胶合板 3.支撑: 钢管支撑	m²	MBMJ	MBMJ〈模板面积〉			☑
6	18-1-56	定	矩形梁复合木模板对拉螺栓钢支撑		m²	MBMJ	MBMJ〈模板面积〉	512.08		☑

图 5-2

（4）作辅助轴线　单击"通用操作"里面的【平行辅轴】→单击①轴线→填写"请输入"对话框（图5-3）→单击【确定】按钮。采用同样方法，作 ②/① 辅轴，在①轴线右侧5700mm；作 ①/② 辅轴，在 ②/① 辅轴右侧4500mm；作 ①/④ 辅轴，在 ①/② 辅轴右侧4500mm；作 ②/④

辅轴,在⑥轴线左侧 4900mm;作 1/A 辅轴,在Ⓐ轴线上方 4500mm;作 2/A 辅轴,在Ⓐ轴线上方 4900mm;作 1/B 辅轴,在Ⓑ轴线上方 225mm;作 2/B 辅轴,在 2/A 辅轴上方 2450mm;作 01/C 辅轴,在 2/A 辅轴上方 4900mm。

4. 画闷顶内部的 WL2

仔细阅读附录 A-2 结施 12,找出闷顶结构平面图中 WL2 的起点和终点具体位置,参照所作的辅助轴线,画 WL2。

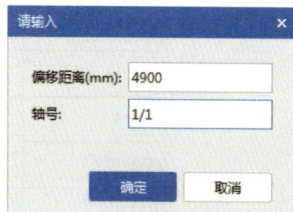

图 5-3

(1)画Ⓑ~Ⓒ轴处 WL2 单击"构件列表"内的【WL2】→单击 1/1 轴和 2/A 轴交点→单击 1/1 轴和 01/C 轴交点→单击鼠标右键→单击 2/4 轴和 2/A 轴交点→单击 2/4 轴和 01/C 轴交点→单击鼠标右键→单击 1/1 轴和 2/B 轴交点→单击 2/4 轴和 2/B 轴交点→单击鼠标右键。

(2)画②~④轴处 WL2 单击 2/1 轴和Ⓐ轴交点→单击 1/2 轴和 1/A 轴交点→单击 1/4 轴和Ⓐ轴交点→单击鼠标右键→单击 1/2 轴和Ⓐ轴交点→单击 1/2 轴和 1/B 轴交点→单击鼠标右键→单击"修改"面板里的【延伸】→单击Ⓐ轴处 YL 的中心线→单击①轴处倾斜的 WL2→单击 2/1 轴处的 WL2→单击 1/2 轴处的 WL2→单击 1/4 轴处的 WL2→单击⑥轴处倾斜的 WL2→单击【延伸】→单击Ⓓ轴处 YL 的中心线→单击①轴处倾斜的 WL2→单击⑥轴处倾斜的 WL2→单击【延伸】→单击 1/B 轴→单击 1/2 轴处两根倾斜的 WL2→单击鼠标右键,这时在 1/A 轴和 1/2 轴相交处的 3 根 WL2 都延伸到了 1/B 轴处。

5. 原位标注

仔细阅读附录 A-2 结施 12,发现所有的 YL 和 WL2 都没有原位标注钢筋的钢筋信息。单击"梁二次编辑"里面的【原位标注】按钮,依次单击所有的 YL 和 WL2。如果出现"确认"对话框,如图 5-4 所示,不用修改,单击【是】按钮即可。

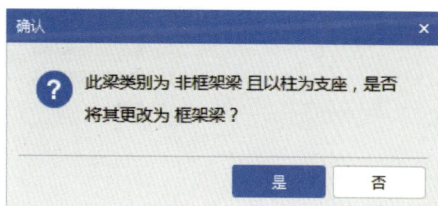

图 5-4

6. 汇总计算并查看工程量

单击【批量选择】按钮,选中绘图区所有的 YL 和 WL2,单击【汇总选中图元】按钮,然后单击【查看工程量】按钮,其工程量如图 5-5 所示。查看结束后,单击【退出】按钮。

任务二 画闷顶层的墙

1. 定义构件属性

单击"导航树"中"墙"前面的 ➕ 使其展开→双击【砌体墙(Q)】按钮→单击"构件列表"下的【新建】→单击【新建内墙】,建立"QTQ-1",单击【新建】→单击【新建外墙】,建立"QTQ-2",在"属性列表"里将

画闷顶层的墙

“QTQ-1”重命名为“闷顶内墙”，将“QTQ-2”重命名为“闷顶外墙”，其属性值如图 5-6 所示。

查看构件图元工程量

构件工程量 | 做法工程量

	编码	项目名称	单位	工程量	单价	合价
1	010503002	矩形梁	m^3	8.1586		
2	5-1-19	C30框架梁、连续梁	$10m^3$	0.81586	4669.22	3809.4298
3	5-3-4	场外集中搅拌混凝土 25m³/h	$10m^3$	0.82401	318.63	262.5543
4	5-3-12	泵送混凝土 柱、墙、梁、板 泵车	$10m^3$	0.82401	96.23	79.2945
5	011702006	矩形梁	m^2	85.6705		
6	18-1-56	矩形梁复合木模板对拉螺栓钢支撑	$10m^2$	8.77928	512.08	4495.6937

显示构件明细(D) 导出到Excel 退出

图 5-5

属性列表 图层管理

	属性名称	属性值
1	名称	闷顶内墙
2	厚度(mm)	180
3	轴线距左墙皮...	(90)
4	砌体通长筋	
5	横向短筋	
6	材质	砌块
7	砂浆类型	(混合砂浆)
8	砂浆标号	(M5.0)
9	内/外墙标志	(内墙)
10	类别	砌体墙
11	起点顶标高(m)	层顶标高
12	终点顶标高(m)	层顶标高
13	起点底标高(m)	层底标高
14	终点底标高(m)	层底标高
15	备注	

属性列表 图层管理

	属性名称	属性值
1	名称	闷顶外墙
2	厚度(mm)	180
3	轴线距左墙皮...	(90)
4	砌体通长筋	
5	横向短筋	
6	材质	砌块
7	砂浆类型	(混合砂浆)
8	砂浆标号	(M5.0)
9	内/外墙标志	(外墙)
10	类别	砌体墙
11	起点顶标高(m)	层顶标高
12	终点顶标高(m)	层顶标高
13	起点底标高(m)	层底标高
14	终点底标高(m)	层底标高
15	备注	

图 5-6

2. 添加清单、定额子目

单击【定义】按钮，填写闷顶层墙的清单、定额子目。闷顶内墙清单、定额子目如图 5-7 所示，闷顶外墙清单、定额子目如图 5-8 所示。填完后，单击【定义】按钮，返回绘图界面。

3. 画闷顶墙

仔细阅读附录 A-1 建施 07，找出闷顶墙的位置。

（1）画闷顶外墙　单击“构件列表”里的【闷顶外墙】→单击“砌体墙二次编辑”的【智能布置】→单击【梁中心线】→依次单击闷顶四周的 YL →单击鼠标右键结束操作。单击“修改”面板里的【对齐】→单击Ⓐ轴 YL 的下边线（变粗）→单击Ⓐ轴外墙的下边线→单击①轴 YL 的左边线（变粗）→单击①轴外墙的左边线。采用同样方法，分别将⑥、Ⓓ轴外墙外边线与各自的 YL 的外边线对齐。单击“修改”面板里的【延伸】→单击①轴外墙中心线（变粗）→单击Ⓐ轴外墙→单击【延伸】→单击Ⓐ轴外墙中心线（变粗）→单击①轴外墙。采用同样方法，分别延长⑥、Ⓓ轴外墙，使 4 堵外墙的中心线相交。

	编码	类别	名称	项目特征	单位	工程量表达式	表达式说明	措施项目
1	⊟ 010402001	项	砌块墙	1. 砌块品种：加气混凝土砌块 2. 砌体厚度：180mm 3. 砂浆强度等级：M5.0混浆	m³	TJ	TJ〈体积〉	☐
2	4-2-1	定	M5.0混合砂浆加气混凝土砌块墙		m³	TJ	TJ〈体积〉	☐
3	011701003	项	里脚手架		m²			☑
4	⊟ 011701003	项	里脚手架	1. 脚手架搭设的方式：双排 2. 高度：3.6m以内 3. 材质：钢管脚手架	m²	NQJSJMJ	NQJSJMJ〈内墙脚手架面积〉	☑
5	17-2-2	定	双排里脚手架≤3.6m		m²	NQJSJMJ	NQJSJMJ〈内墙脚手架面积〉	☑

图　5-7

	编码	类别	名称	项目特征	单位	工程量表达式	表达式说明	措施项目
1	⊟ 010402001	项	砌块墙	1. 砌块品种：加气混凝土砌块 2. 砌体厚度：180mm 3. 砂浆强度等级：M5.0混浆	m³	TJ	TJ〈体积〉	☐
2	4-2-1	定	M5.0混合砂浆加气混凝土砌块墙		m³	TJ	TJ〈体积〉	☐
3	⊟ 011701002	项	外脚手架	1. 脚手架搭设的方式：双排 2. 高度：15m以内 3. 材质：钢管脚手架	m²	WQWJSJMJ	WQWJSJMJ〈外墙外脚手架面积〉	☑
4	17-1-9	定	双排外钢管脚手架≤15m		m²	WQWJSJMJ	WQWJSJMJ〈外墙外脚手架面积〉	☑

图　5-8

（2）画闷顶内墙　单击"构件列表"里的【闷顶内墙】→单击"砌体墙二次编辑"的【智能布置】→单击【梁中心线】→依次单击闷顶内的 WL2 →单击鼠标右键结束操作。单击"修改"面板里的【修剪】→单击 ①/Ⓐ 辅轴（变粗）→单击鼠标右键→依次单击 ①/Ⓐ 辅轴与 ①/② 辅轴处上方 3 段墙体→单击鼠标右键结束操作。单击"修改"面板里的【修剪】→单击 ①/① 辅轴（变粗）→单击 ②/④ 辅轴（变粗）→单击鼠标右键→单击 ①/① 辅轴右边 2 段斜墙→单击 ②/④ 辅轴左边 2 段斜墙。对照附录 A-1 建施 07，检查闷顶内墙体位置和相交处是否正确；若不对，采用"对齐""延伸""修剪"等命令调整到位。

4. 汇总计算并查看工程量

单击【工程量】选项板→单击【汇总计算】→"全楼"只勾选"闷顶层"→单击【确定】按钮，软件开始计算，提示"计算成功"后单击【确定】按钮→用鼠标左键框选所有墙体→单击【查看工程量】，墙体做法工程量如图 5-9 所示。

图　5-9

任务三　画构造柱

1. 定义 GZ5 属性

阅读附录 A-2 结施 12，找出闷顶墙中 GZ5 和 GZ6 的平面位置和高度要求。

单击"导航树"中"柱"前面的 使其展开→单击【构造柱（Z）】→单击"构件列表"下的【新建】→单击【新建异形构造柱】，弹出"异形截面编辑器"对话框→单击对话框左上角【设置网格】，弹出"定义网格"对话框，"水平方向间距（mm）"输入"90*2，106，21，106，44"；"垂直方向间距（mm）"输入"90*2，106，21，106，44"→单击【确定】按钮，返回"异形截面编辑器"对话框，如图 5-10 所示，单击【直线】→依次单击图 5-10 中"1~9"点→单击图 5-10 中"1"点→单击鼠标右键→单击【设置插入点】→单击图 5-10 中"10"点→单击【确定】按钮。

在属性编辑器中将"GZ-1"重命名为"GZ5"，仔细阅读附录 A-2 结施 12 中 GZ5 的纵筋及箍筋的位置，单击"通用操作"面板里的【定义】，弹出"定义"对话框→单击右边的【截面编辑】→单击【纵筋】→在"钢筋信息"数字框里输入"7C12"→单击【布角筋】→单击鼠标右键，这时发现"GZ5"里面多了很多纵筋，单击【选择】→依次单击或框选多余的钢筋→按 < Delete > 键→单击【箍筋】→在"钢筋信息"数字框里输入"A6-150"→单击【矩形】→在绘图区依次单击图 5-11 所示"1""2"点→在绘图区依次单击图 5-11 所示"3""4"点→单击"矩形"后面的下拉箭头→单击【直线】→依次单击倾斜钢筋的 4 个角点（如图 5-11 所示，顺序是 5 → 6 → 7 → 8 点）→单击图 5-11 所示"5"点→单击鼠标右键结束箍筋绘制→单击【纵筋】→在"钢筋信息"数字框里输入"1C12"→单击 →在绘图区参照图纸绘制剩余的纵筋，GZ5 钢筋如图 5-11 所示。布置完钢筋，关闭"定义"对话框。

编辑 GZ5 外形和钢筋以后再修改其属性值，如图 5-12 所示。

认真阅读，接要求操作，养成良好习惯

画闷顶层的构造柱

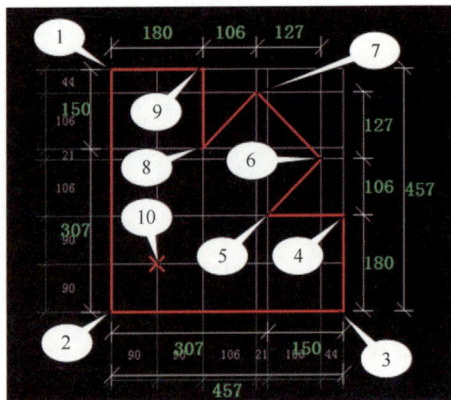

图　5-10

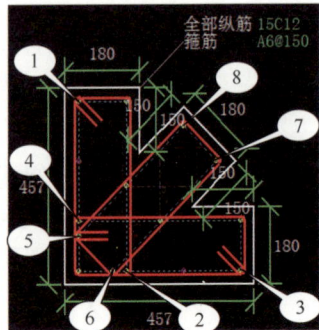

图　5-11

2. 定义 GZ6 属性

单击"构件列表"下的【新建】→单击【新建参数化构造柱】，弹出"选择参数化图形"对话框→单击【L-a1 形】，根据附录 A-2 结施 12 中的 GZ6 配筋图，在右边图形中填写 GZ6 的几何尺寸，如图 5-13 所示。填写完毕后，单击【确定】按钮。

	属性名称	属性值
1	名称	GZ5
2	截面形状	异形
3	类别	构造柱
4	截面宽度(B边)(…	457
5	截面高度(H边)(…	457
6	马牙槎设置	带马牙槎
7	马牙槎宽度(mm)	60
8	全部纵筋	15Φ12
9	材质	混凝土
10	混凝土类型	(现浇混凝土碎石<31.5)
11	混凝土强度等级	(C25)
12	混凝土外加剂	(无)
13	泵送类型	(混凝土泵)
14	泵送高度(m)	
15	截面周长(m)	2.053
16	截面面积(m²)	0.167
17	顶标高(m)	层顶标高
18	底标高(m)	层底标高+0.3
19	备注	

图 5-12

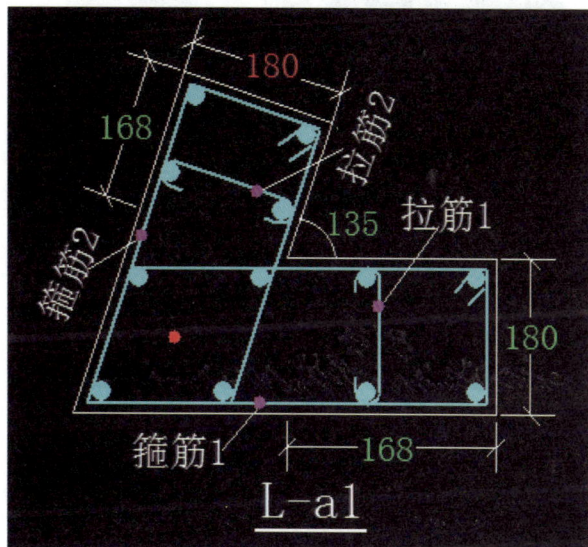

图 5-13

仔细阅读附录 A-2 结施 12 中 GZ6 的纵筋及箍筋的位置，单击"构件列表"中的【GZ6】→单击"通用操作"面板里面的【定义】，弹出"定义"对话框→单击右边的【截面编辑】→单击【纵筋】→在"钢筋信息"数字框里输入"1C12"，单击 点 →在绘图区依次单击图 5-14 所示"1~6"点→单击【箍筋】→在"钢筋信息"数字框里输入"A6-200"→单击"矩形"后面的下拉箭头→单击【直线】→在绘图区依次单击图 5-14 所示"1~6"点→单击图 5-14 所示"1"点→单击鼠标右键结束箍筋绘制。布置完钢筋，关闭"定义"对话框。GZ6 配筋如图 5-14 所示。

编辑 GZ6 外形和钢筋以后再修改其属性值，如图 5-15 所示。

3. 画 GZ5、GZ6

单击"构件列表"里的【GZ5】→单击"绘图"面板里的 ⊕（点）→在下方勾选"旋转点角度"，后面数字框输入"-135"→单击 (A/1) 辅轴与 (1/2) 辅轴的交点→单击"构件列表"里的【GZ6】→在下方勾选"旋转点角度"，后面数字框输入"-45"→单击 (2/4) 辅轴与 (2/A) 辅轴的交点→在下方勾选"旋转点角度"，后面数字框输入"-90"→单击 (2/4) 辅轴与 (01/C) 辅轴的交点→在下方勾选"旋转点角度"，后面数字框输入"90"→单击 (1/1) 辅轴与 (2/A) 辅轴的交点→在下方勾选"旋转点角度"，后面数字框输入"135"→单击 (1/1) 辅轴与 (01/C) 辅轴的交点。

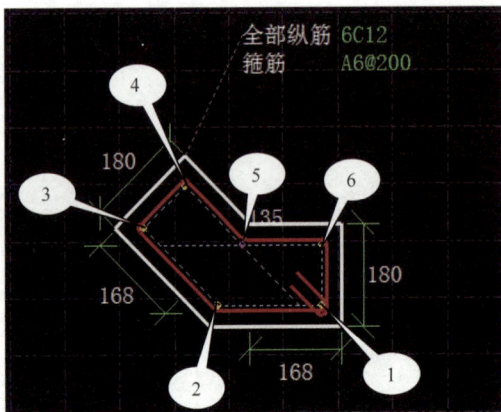

图 5-14

	属性名称	属性值
1	名称	GZ6
2	截面形状	L-a1形
3	类别	构造柱
4	截面宽度(B边)(...	414
5	截面高度(H边)(...	299
6	马牙槎设置	带马牙槎
7	马牙槎宽度(mm)	60
8	全部纵筋	6Φ12
9	材质	混凝土
10	混凝土类型	(现浇混凝土碎石<31.5)
11	混凝土强度等级	(C25)
12	混凝土外加剂	(无)
13	泵送类型	(混凝土泵)
14	泵送高度(m)	
15	截面周长(m)	1.181
16	截面面积(m²)	0.074
17	顶标高(m)	层顶标高
18	底标高(m)	层底标高+0.3
19	备注	

图 5-15

4. 添加清单、定额子目

双击构件列表内的【GZ5】，打开"定义"话框，填写 GZ5、GZ6 的清单、定额子目，如图 5-16 所示。填完后双击【GZ6】，返回绘图界面。

	编码	类别	名称	项目特征	单位	工程量表达式	表达式说明	单价	综合	措施项目
1	⊟ 010502002	项	构造柱	1. 混凝土种类：泵送商品混凝土 2. 混凝土强度等级：C25	m³	TJ	TJ<体积>			☐
2	5-1-17	定	C20现浇混凝土 构造柱		m³	TJ	TJ<体积>	6183.4		☐
3	5-3-4	定	场外集中搅拌混凝土 25m³/h		m³	TJ*0.98691	TJ<体积>*0.9869	318.63		☐
4	5-3-12	定	泵送混凝土 柱、墙、梁、板 泵车		m³	TJ*0.98691	TJ<体积>*0.9869	96.23		☐
5	⊟ 011702003	项	构造柱	1. 支撑高度：3.6m以内 2. 模板的材质：胶合板 3. 支撑：钢管支撑	m²	MBMJ	MBMJ<模板面积>			☑
6	18-1-40	定	构造柱复合木模板钢支撑		m²	MBMJ	MBMJ<模板面积>	653.43		☑

图 5-16

5. 汇总计算并查看工程量

单击【工程量】选项板→单击【汇总选中图元】→在黑色绘图区依次单击刚刚画好的 3 段栏杆→单击鼠标右键，软件开始计算，计算成功后单击【确定】按钮，单击【查看工程量】，混凝土栏板做法工程量如图 5-17 所示。

	编码	项目名称	单位	工程量
1	010502002	构造柱	m³	2.7252
2	5-1-17	C20现浇混凝土 构造柱	10m³	0.27252
3	5-3-4	场外集中搅拌混凝土 25m³/h	10m³	0.26895
4	5-3-12	泵送混凝土 柱、墙、梁、板 泵车	10m³	0.26895
5	011702003	构造柱	m²	30.8972
6	18-1-40	构造柱复合木模板钢支撑	10m²	3.18828

图 5-17

子项二　画闷顶层门洞、窗和圈梁

理论链接：

阅读附录 A-1 建施 07，找出闷顶平面图中墙洞的位置；查阅其他图纸，找出各种墙洞、窗户的位置。

任务一　画门洞

画闷顶层的
门洞

1. 定义门洞属性

单击"导航树"中"门窗洞"前面的 使其展开→单击【墙洞（D）】→单击"构件列表"下的【新建】→单击【新建矩形墙洞】，新建"D-1"，单击【新建矩形墙洞】，新建"D-2"，在"属性列表"里将"D-1"重命名为"QD1215"，将"D-2"重命名为"QD1227"，其属性值如图 5-18 所示。

	属性名称	属性值		属性名称	属性值
1	名称	QD1215	1	名称	QD1227
2	洞口宽度(mm)	1200	2	洞口宽度(mm)	1200
3	洞口高度(mm)	1500	3	洞口高度(mm)	2700
4	离地高度(mm)	300	4	离地高度(mm)	300
5	洞口每侧加强筋		5	洞口每侧加强筋	
6	斜加筋		6	斜加筋	
7	加强暗梁高度(...		7	加强暗梁高度(...	
8	加强暗梁纵筋		8	加强暗梁纵筋	
9	加强暗梁箍筋		9	加强暗梁箍筋	
10	洞口面积(m²)	1.8	10	洞口面积(m²)	3.24
11	是否随墙变斜	是	11	是否随墙变斜	是
12	备注		12	备注	

图　5-18

2. 布置门洞

单击"构件列表"里的【QD1215】→单击【精确布置】→单击闷顶左下方斜墙 ①/① 轴线与 ②/Ⓐ 轴线的交点，光标沿斜墙向下移动→在数字框内输入"1000"，如图 5-19 所示→按 \<Enter\> 键→单击闷顶左上方斜墙 ①/① 轴线与 01/Ⓒ 轴线的交点，光标沿斜墙向上移动→在数字框内输入"1000"→按 \<Enter\> 键。

单击"修改"面板里的【镜像】→依次单击刚画好的 2 个

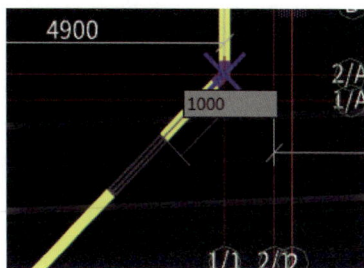

图　5-19

QD1215→单击鼠标右键→单击 ①/② 轴线与Ⓒ轴线的交点→单击 ①/② 轴线与Ⓑ轴线的交点，弹出"提示"对话框，提示"是否要删除原来的图元"，单击【否】按钮，这时闷顶左边斜墙上的 2 个 QD1215 就镜像到了右边的斜墙上。

单击"绘图"面板里的 ➕（点）→单击"构件列表"里的【QD1227】，光标移到 ②/Ⓑ 轴线墙上，在数字框内输入"1500"→按 <Enter> 键。参照以上画法，使用"精确布置"和"点"命令画其他位置的门洞。

3. 布置过梁

单击"通用操作"面板的【定义】→打开"定义"对话框→单击【层间复制】，弹出"层间复制"对话框，上部点选"从其它楼层复制构件"→"源楼层"选择"第 3 层"→"要复制的构件"选择"GL2"（位于门窗洞里面的过梁中）→下部只勾选"同时复制构件做法"→单击【确定】按钮。

单击【过梁（G）】→单击"构件列表"下的【GL2】→单击"梁二次编辑"里面的【智能布置】→单击【按门洞洞口宽度】，弹出"按门窗洞口宽度布置过梁"对话框，如图 5-20 所示，单击【确定】按钮，这时 QD1215 和 QD1227 上部的 GL2 就布置完成了。

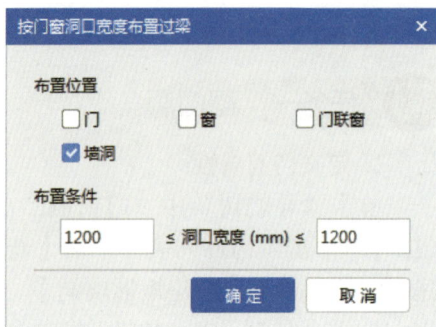

图 5-20

4. 汇总计算并查看工程量

单击【汇总计算】按钮，选中所有 GL2，然后单击【查看工程量】按钮，其工程量如图 5-21 所示。

	编码	项目名称	单位	工程量	单价	合价
1	010503005	过梁	m³	0.5508		
2	5-1-22	C20过梁	10m³	0.05508	7088.91	390.4572
3	5-3-4	场外集中搅拌混凝土 25m³/h	10m³	0.05562	318.63	17.7222
4	5-3-12	泵送混凝土 柱、墙、梁、板 泵车	10m³	0.05562	96.23	5.3523
5	011702009	过梁	m²	8.064		
6	18-1-65	过梁复合木模板木支撑	10m²	0.8064	723.28	583.253

图 5-21

任务二　画窗

1. 画 C1618 及过梁 GL4

（1）定义属性　单击"导航树"中的【窗（C）】→单击"构件列表"下的【新建】→单击【新建异形窗】，弹出"异形截面编辑器"对话框，单击【设置网格】，软件弹出"定义网格"对话框，"水平方向间距（mm）"输入"800*2"；"垂直方向间距（mm）"输入"1000，800"，单击【确定】按钮返回"异形截面编辑器"（图 5-22）→单击【直线】→依次单击图 5-22 所示"1""2""3""4"点→单击 (画弧) 后面的下拉箭头 →单击【逆小弧】→输入"半径（mm）"为"800"→单击图 5-22 所示"1"点→单击鼠标右键结束画图→单击对话框右下角的【确定】按钮。在"属性编辑器"中将"C-1"改为"C1618"，其属性值如图 5-23 所示。

（2）画 C1618　单击"构件列表"里的【C1618】→单击"绘图"面板中的 (点) →单击 ①/② 辅轴墙体与 Ⓐ 轴墙体的交点→单击"修改"面板里的【移动】→单击黑色绘图区的 C1618→单击鼠标右键→单击 C1618 的中点→单击 ①/② 辅轴墙体与 Ⓐ 轴墙体的交点，这样

C1618 就绘制到了图样所示的位置。

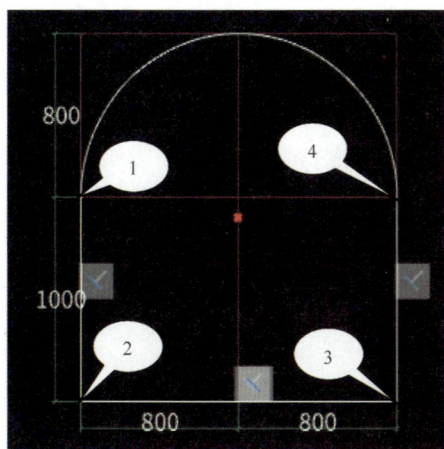

图 5-22

图 5-23

（3）添加清单、定额子目 单击"通用操作"面板内的【定义】按钮，打开"定义"对话框，添加 C1618 的清单、定额子目，如图 5-24 所示。

	编码	类别	名称	项目特征	单位	工程量表达式	表达式说明
1	⊟ 010807001	项	金属（塑钢、断桥）窗	1. 材料：塑钢 2. 玻璃：平板玻璃厚5mm	m²	DKMJ	DKMJ<洞口面积>
2	8-7-6	定	塑钢推拉窗		m²	DKMJ	DKMJ<洞口面积>

图 5-24

（4）画 C1618 的过梁 GL4 单击"导航树"中的【过梁（G）】→单击"构件列表"下的【新建】→单击【新建矩形过梁】，建立"GL3"，在"属性列表"里将"GL3"改为"GL4"，其属性值如图 5-25 所示。

单击"构件列表"里的【GL4】→单击 ⊹（点）→单击 ①/② 辅轴与Ⓐ轴交接处的 C1618 →单击"过梁二次编辑"里"设置拱梁"后面的下拉箭头→单击【设置异形拱梁】→单击绘图区的 GL4，弹出"设置异形拱梁"对话框，填写相关信息，如图 5-26 所示。单击【确定】按钮，这样 GL4 就布置好了。

2. 画 YCR500 及过梁 GL3

（1）定义属性 单击"导航树"中的【窗（C）】→单击"构件列表"下的【新建】→单击【新建参数化窗】，弹出"选择参数化图形"对话框，单击【圆形门窗】图框，"属性值 R（mm）"输入"500"，单击【确定】按钮。在属性编辑器中将"C1619"改为"YCR500"，其属性值如图 5-27 所示。

	属性名称	属性值
1	名称	GL4
2	截面宽度(mm)	
3	截面高度(mm)	200
4	中心线距左墙...	(0)
5	全部纵筋	
6	上部纵筋	3Φ12
7	下部纵筋	3Φ12
8	箍筋	Φ6@200
9	胶数	2
10	材质	混凝土
11	混凝土类型	现浇混凝土碎石<20
12	混凝土强度等级	(C25)
13	混凝土外加剂	(无)
14	泵送类型	(混凝土泵)
15	泵送高度(m)	
16	位置	洞口上方
17	顶标高(m)	层底标高+1.8
18	起点伸入墙内...	400
19	终点伸入墙内...	400
20	长度(mm)	(800)

图 5-25

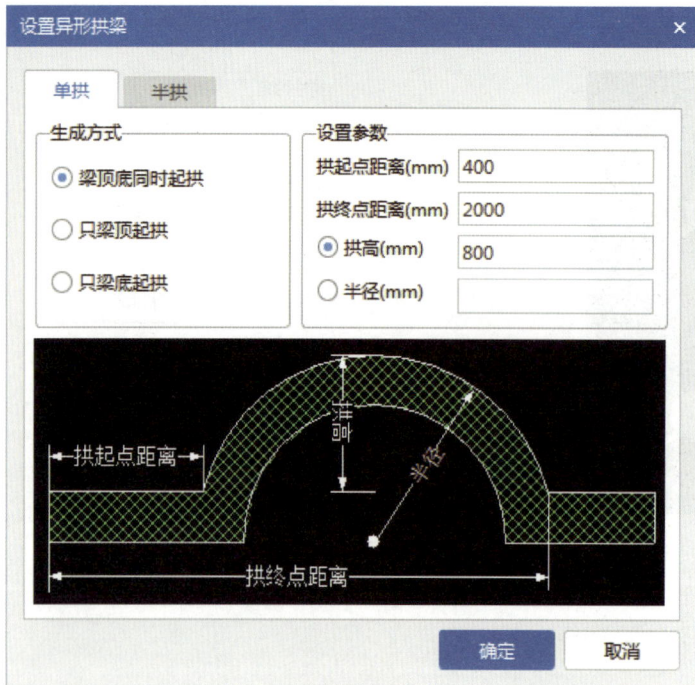

图 5-26

图 5-27

（2）画 YCR500　单击"构件列表"里的【YCR500】→单击 ⊹（点）→光标移到 ①/① 辅轴墙体上→在数字框内输入"1950"→按 <Enter> 键，光标移到 ②/④ 辅轴墙体上→在数字框内输入"1950"→按 <Enter> 键。

（3）添加 YCR500 清单、定额子目　打开"定义"对话框，添加 YCR500 的清单、定额子目，如图 5-28 所示。

	编码	类别	名称	项目特征	单位	工程量表达式	表达式说明
1	⊟ 010807001	项	金属（塑钢、断桥）窗	1. 材料：塑钢 2. 玻璃：平板玻璃厚5mm	m²	DKMJ	DKMJ〈洞口面积〉
2	8-7-9	定	塑钢百叶窗		m²	DKMJ	DKMJ〈洞口面积〉

图 5-28

（4）画窗 YCR500 的过梁 GL3　单击"导航树"中的【过梁（G）】→单击"构件列表"下的【新建】→单击【新建矩形过梁】，建立"GL5"，在"属性列表"里将"GL5"改为"GL3"，其属性值如图 5-29 所示。

单击"构件列表"里的【GL3】→单击 ⊹（点）→依次单击 ①/① 辅轴与 ②/④ 辅轴上的 YCR500→单击"过梁二次编辑"里"设置拱梁"后面的下拉箭头→单击【设置异形拱梁】→单击绘图区 ①/① 辅轴处的 GL3，弹出"设置异形拱梁"对话框，填写相关信息（图 5-30），单击【确定】按钮。采用同样方法，将 ②/④ 辅轴上的 GL3 修改成拱形过梁，这样 GL3 就布置好了。

	属性名称	属性值
1	名称	GL3
2	截面宽度(mm)	
3	截面高度(mm)	200
4	中心线距左墙...	(0)
5	全部纵筋	
6	上部纵筋	2⊈12
7	下部纵筋	2⊈12
8	箍筋	Φ6@200
9	胶数	2
10	材质	混凝土
11	混凝土类型	(现浇混凝土碎石<20)
12	混凝土强度等级	(C25)
13	混凝土外加剂	(无)
14	泵送类型	(混凝土泵)
15	泵送高度(m)	
16	位置	洞口上方
17	顶标高(m)	层底标高+4.5
18	起点伸入墙内...	(300)
19	终点伸入墙内...	300
20	长度(mm)	(600)

图　5-29

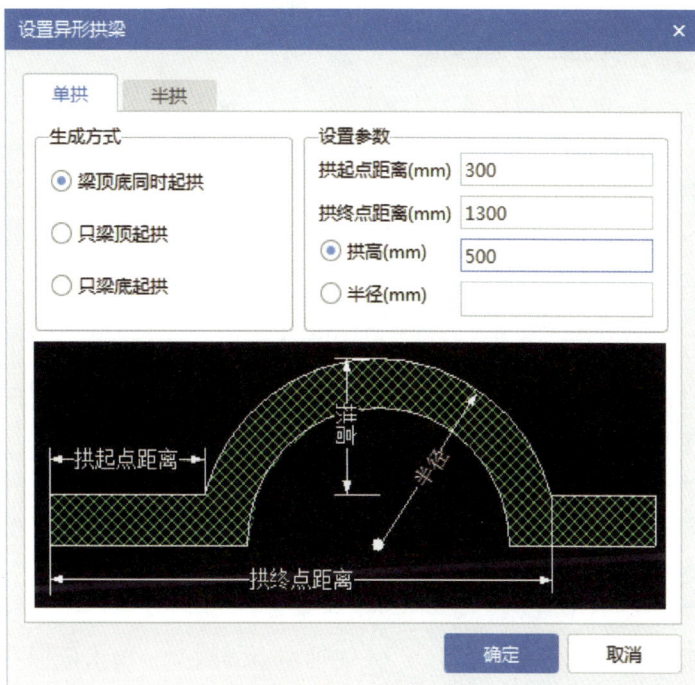

图　5-30

（5）添加清单、定额子目　双击"构件列表"内的【GL3】，打开"添加清单"对话框，填写 GL3、GL4 的清单、定额子目，如图 5-31 所示。注意第 5 行"模板子目"后面的"措施项目"要勾选。填完后双击【GL4】，返回绘图界面。

	编码	类别	名称	项目特征	单位	工程量表达式	表达式说明
1	⊟ 010503005	项	过梁	1. 混凝土种类：泵送商品混凝土 2. 混凝土强度等级：C25	m³	TJ	TJ〈体积〉
2	5-1-22	定	C20过梁		m³	TJ	TJ〈体积〉
3	5-3-4	定	场外集中搅拌混凝土 25m³/h		m³	TJ*1.01	TJ〈体积〉*1.01
4	5-3-12	定	泵送混凝土 柱、墙、梁、板 泵车		m³	TJ*1.01	TJ〈体积〉*1.01
5	⊟ 011702009	项	过梁	1. 支撑高度：3.6m以内 2. 模板的材质：胶合板 3. 支撑：钢管支撑	m²	MBMJ	MBMJ〈模板面积〉
6	18-1-65	定	过梁复合木模板木支撑		m²	MBMJ	MBMJ〈模板面积〉

图　5-31

（6）汇总计算并查看工程量　单击【汇总计算】按钮，选中所有 GL3 和 GL4，然后单击【查看工程量】按钮，如图 5-32 所示。

	编码	项目名称	单位	工程量	单价	合价
1	010503005	过梁	m³	0.2683		
2	5-1-22	C20过梁	10m³	0.02683	7088.91	190.1955
3	5-3-4	场外集中搅拌混凝土 25m³/h	10m³	0.02711	318.63	8.6381
4	5-3-12	泵送混凝土 柱、墙、梁、板 泵车	10m³	0.02711	96.23	2.6088
5	011702009	过梁	m²	3.8893		
6	18-1-65	过梁复合木模板木支撑	10m²	0.38893	723.28	281.3053

图　5-32

📊 任务三　画圈梁

1. 定义圈梁属性

阅读附录 A-2 结施 16，找出圈梁的位置及相关信息。单击"导航树"中"梁"前面的 🔧 使其展开→单击【圈梁（E）】→单击"构件列表"下的【新建】→单击【新建矩形圈梁】，新建"QL-1"，将"QL-1"改为"WQL"。定义其属性值，如图 5-33 所示。

2. 画 WQL

单击"圈梁二次编辑"面板里的【智能布置】→单击【墙中心线】→拉框选中所有内墙→单击鼠标右键，这时所有内墙上部都画上了圈梁。

单击【智能布置】→单击【墙中心线】→单击Ⓐ轴线外墙→单击鼠标右键→单击"修改"面板里的【修剪】→单击②/①辅轴与①/②辅轴之间斜圈梁的中心线（变粗）→单击鼠标右键→单击Ⓐ轴线上②/①辅轴左边的圈梁→单击鼠标右键→单击【修剪】→单击①/④辅轴与①/②辅轴之间斜圈梁的中心线（变粗）→单击鼠标右键→单击Ⓐ轴线上①/④辅轴右边的圈梁→单击鼠标右键。

3. 添加清单、定额子目

单击"通用操作"面板里的【定义】按钮，打开"定义"对话框，填写圈梁清单、定额子目，如图 5-34 所示。图中第 5、6 行要勾选"措施项目"列。填完后单击【定义】按钮，返回绘图界面。

	属性名称	属性值
1	名称	WQL
2	截面宽度(mm)	180
3	截面高度(mm)	300
4	轴线距梁左边...	(90)
5	上部钢筋	2Φ12
6	下部钢筋	2Φ12
7	箍筋	Φ6@150
8	肢数	2
9	材质	混凝土
10	混凝土类型	(现浇混凝土碎石<20)
11	混凝土强度等级	(C25)
12	混凝土外加剂	(无)
13	泵送类型	(混凝土泵)
14	泵送高度(m)	
15	截面周长(m)	0.96
16	截面面积(m²)	0.054
17	起点顶标高(m)	层顶标高
18	终点顶标高(m)	层顶标高

图 5-33

	编码	类别	名称	项目特征	单位	工程量表达式	表达式说明
1	⊟ 010503004	项	圈梁	1. 混凝土种类: 泵送商品混凝土 2. 混凝土强度等级: C25	m³	TJ	TJ〈体积〉
2	5-1-21	定	C20圈梁及压顶		m³	TJ	TJ〈体积〉
3	5-3-4	定	场外集中搅拌混凝土 25m³/h		m³	TJ*1.01	TJ〈体积〉*1.01
4	5-3-12	定	泵送混凝土 柱、墙、梁、板 泵车		m³	TJ*1.01	TJ〈体积〉*1.01
5	⊟ 011702008	项	圈梁	1. 支撑高度: 3.6m以内 2. 模板的材质: 胶合板 3. 支撑: 钢管支撑	m²	MBMJ	MBMJ〈模板面积〉
6	18-1-61	定	圈梁直形复合木模板木支撑		m²	MBMJ	MBMJ〈模板面积〉

图 5-34

4. 汇总计算并查看工程量

单击【汇总计算】按钮，选中所有圈梁，然后单击【查看工程量】按钮，圈梁工程量如图 5-35 所示。

图 5-35

	编码	项目名称	单位	工程量
1	010503002	矩形梁	m³	3.9297
2	5-1-19	C30框架梁、连续梁	10m³	0.39297
3	5-3-4	场外集中搅拌混凝土 25m³/h	10m³	0.39688
4	5-3-12	泵送混凝土 柱、墙、梁、板 泵车	10m³	0.39688
5	011702006	矩形梁	m²	43.6102
6	18-1-56	矩形梁复合木模板对拉螺栓钢支撑	10m²	4.36102

子项三 画屋面板以及计算排水管

任务一 画屋面板

1. 定义屋面板属性

单击"导航树"中"板"前面的 ➕ 使其展开→
单击【现浇板】→单击"构件列表"下的【新建】→单击
【新建现浇板】，建立"XB-1"，在"属性列表"中将名称
"XB-1"改为"WMB"。单击"构件列表"里的【WMB】→
单击"属性列表"里第 12 行"钢筋业务属性"前面的 ➕ →
单击第 16 行"马凳筋参数图"后面的单元格，软件出现 ▦ →
单击 ▦ ，弹出"马凳筋设置"对话框→单击【Ⅰ型】→单
击右侧大图中的 L1，输入"90"→单击 L2，输入"90"→
单击 L3，输入"85"→单击"马凳筋信息"后的空格，输
入"A6@1000*1000"→单击【确定】按钮，WMB 属性值如
图 5-36 所示。

2. 添加清单、定额子目

填写 WMB 的清单、定额子目，如图 5-37 所示，注意
第 5~7 行的"措施项目"要勾选。

3. 布置屋面板

（1）布置 WMB 综合阅读附录 A-1 建施 07~11 和附录
A-2 结施 16 发现，闷顶的屋面板由很多斜板组成，可以将
它们分成 6 块，如图 5-38 所示。

（2）布置 B1 和 B3 单击"现浇板二次编辑"面板里的【智能布置】→单击【外墙梁外
边线、内墙梁轴线】→单击①轴线外墙→依次单击①轴与 ⓛ⁄₁ 辅轴之间的两段斜墙→单击 ⓛ⁄₁
辅轴墙→单击鼠标右键。采用同样方法画右边的 B3。

（3）布置 B2 单击【智能布置】→单击【外墙梁外边线、内墙梁轴线】→单击Ⓓ轴线外
墙→依次单击Ⓓ轴与 ⁰¹⁄c 辅轴之间的两段斜墙→单击 ⓛ⁄₁ 辅轴墙→单击 ²⁄B 辅轴墙→单击
²⁄₄ 辅轴墙→单击鼠标右键。

	属性名称	属性值
1	名称	WMB
2	厚度(mm)	(120)
3	类别	有梁板
4	是否是楼板	是
5	混凝土类型	(现浇混凝土碎石<20)
6	混凝土强度等级	(C30)
7	混凝土外加剂	(无)
8	泵送类型	(混凝土泵)
9	泵送高度(m)	
10	顶标高(m)	层顶标高
11	备注	
12	⊟ 钢筋业务属性	
13	其它钢筋	
14	保护层厚...	(15)
15	汇总信息	(现浇板)
16	马凳筋参...	Ⅰ型
17	马凳筋信息	Φ6@1000*1000
18	线形马凳...	平行横向受力筋
19	拉筋	

图 5-36

	编码	类别	名称	项目特征	单位	工程量表达式	表达式说明
1	⊟ 010505010	项	其它板	1. 混凝土种类：泵送商品混凝土 2. 混凝土强度等级：C30	m³	TJ	TJ〈体积〉
2	5-1-35	定	C30斜板、折板（坡屋面）		m³	TJ	TJ〈体积〉
3	5-3-4	定	场外集中搅拌混凝土 25m³/h		m³	TJ*1.02	TJ〈体积〉*1.02
4	5-3-12	定	泵送混凝土 柱、墙、梁、板 泵车		m³	TJ*1.02	TJ〈体积〉*1.02
5	⊟ 011702020	项	其它板	1. 支撑高度：3.6m以内 2. 模板的材质：胶合板 3. 支撑：钢管支撑	m²	MBMJ	MBMJ〈底面模板面积〉
6	18-1-100	定	平板复合木模板钢支撑		m²	MBMJ+CMBMJ	MBMJ〈底面模板面积〉+CMBMJ〈侧面模板面积〉

图 5-37

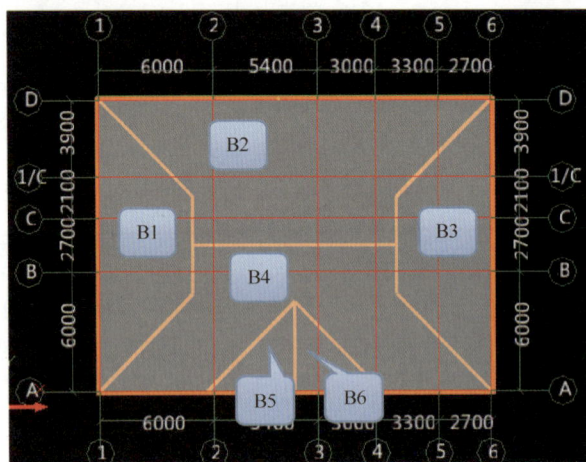

图 5-38

（4）布置 B4、B5 和 B6 单击"现浇板二次编辑"面板里的【智能布置】→单击【墙梁轴线】→单击Ⓐ轴线外墙→单击Ⓐ、①轴交点至 ①/1 、②/A 辅轴交点之间的斜墙→单击 ①/1 辅轴墙→单击 ②/B 辅轴墙→单击 ②/4 辅轴墙→单击 ②/4 、②/A 辅轴交点至Ⓐ、⑥轴交点之间的斜墙→单击鼠标右键。单击"修改"面板里的【分割】→单击黑色绘图区刚画好的 WMB →单击鼠标右键→单击 ②/1 辅轴右边斜墙中心线与Ⓐ轴墙中心线的交点→单击 ①/A 辅轴与 ①/2 辅轴交点→单击 ①/2 辅轴墙中心线与Ⓐ轴墙中心线的交点→单击 2 次鼠标右键→软件提示"分割完成"。单击【分割】→单击 ①/2 辅轴右边的 WMB →单击鼠标右键→单击 ①/2 辅轴墙中心线与Ⓐ轴墙中心线的交点→单击 ①/A 辅助与 ①/2 辅轴交点→单击 ①/4 辅轴左边斜墙中心线与Ⓐ轴墙中心线的交点→单击 2 次鼠标右键，软件提示"分割完成"。单击【选择】→单击绘图区的 B4 →单击Ⓐ轴线上 ②/1 辅轴左边 B4 中间的控制点，光标向下移动，在数字框内输入"90"（图 5-39）→按 <Enter> 键→单击Ⓐ轴线上 ①/④ 辅轴右边 B4 中间的控制点，光标向下移动，在数字框内输入"90"→按 <Enter> 键。采用同样方法，将 B5、B6 的下边线向下偏移 90mm，并检查 B1、B2 和 B3 的外边线是否画到了外墙的外边线；若没有，则应进行偏移。

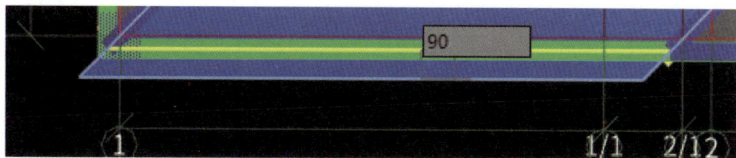

图　5-39

（5）定义斜板　单击"现浇板二次编辑"面板里的【三点变斜】→单击绘图区现浇板 B1（边线变粗）→单击 B1 的左下角点，弹出数字框，输入"10.80"（图 5-40）→按 <Enter> 键，弹出 B1 的右下角数字框，输入"14.217"→按 <Enter> 键，弹出 B1 的右上角数字框，输入"14.217"→按 <Enter> 键结束操作，现浇板 B1 上出现标示板斜向的箭头，如图 5-41 所示。采用同样方法，参照附录 B 结施 16，调整图 5-38 中其他屋面板的顶标高。

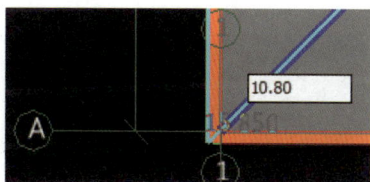

图　5-40

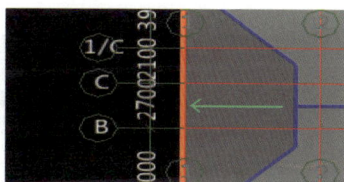

图　5-41

（6）拉伸斜板　仔细阅读附录 A-2 结施 16，在屋面板的屋脊、阳台处板伸出圈梁 100mm，如图 5-42 所示（"1~6"处）。单击【选择】→单击选中绘图区的 B4 →单击鼠标右键→单击 ①/① 辅轴 B4 中间的控制点（图 5-42 中"1"所指的位置），光标向左移动，在数字框内输入"190"→按 <Enter> 键→单击 ②/④ 辅轴 B4 中间的控制点（图 5-42 中"4"所指的位置），光标向右移动，在数字框内输入"190"→按 <Enter> 键。采用同样方法，将 B2（图 5-42 中"2""3"所指位置）的板边向外偏移 190mm；将 B5、B6（图 5-42 中"5""6"所指位置）的板边向外偏移 100mm。

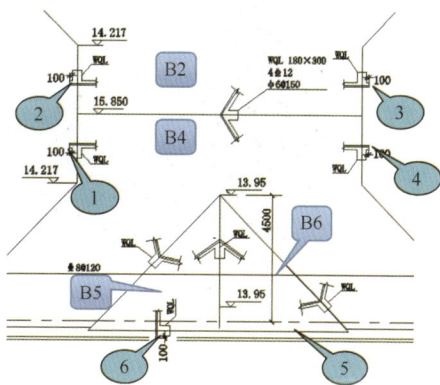

图　5-42

（7）布置屋面板受力筋　单击【板受力筋（S）】→单击"构件列表"下的【新建】→单击【新建板受力筋】，建立"SLJ-1"，在"属性列表"的第 3 行"钢筋信息"中输入"C8-120"，单击黑色绘图区上边的【XY 方向】，弹出"智能布置"对话框，如图 5-43 所示→单击【单板】→依次单击黑色绘图区的所有屋面板→单击鼠标右键结束操作，这样屋面板配筋就画完了。

（8）平齐板顶　单击"导航树"中"墙"前面的 📭 使其展开→单击【砌体墙（Q）】→单击"通用操作"面板里的【自动平齐板】→用鼠标左键框选绘图区所有墙体，提示"平齐完成"。

单击"导航树"中"梁"前面的 📭 使其展开→单击【圈梁（E）】→单击"通用操作"面板里的【自动平齐板】→用鼠标左键框选绘图区所有圈梁，提示"平齐完成"。

单击"导航树"中"柱"前面的 📭 使其展开→单击【构造柱（Z）】→单击"通用操作"面板里的【自动平齐板】→用鼠标左键框选绘图区所有构造柱，提示"平齐完成"。

（9）查看屋面板三维视图　单击"导航树"中"板"前面的 📭 使其展开→单击【现浇板（B）】→单击 ⚙ （动态观察），按住鼠标左键，调整视图角度，仔细观察屋面板坡度设置是否正确，如图 5-44 所示。

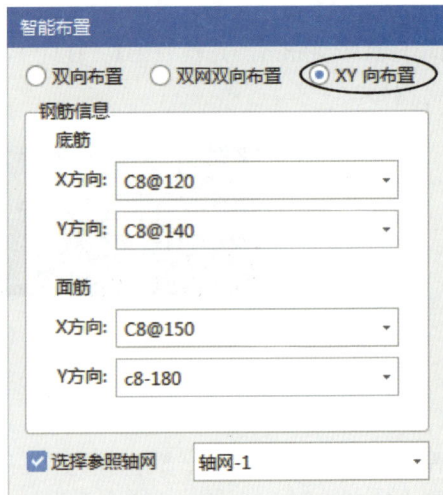

图　5-43

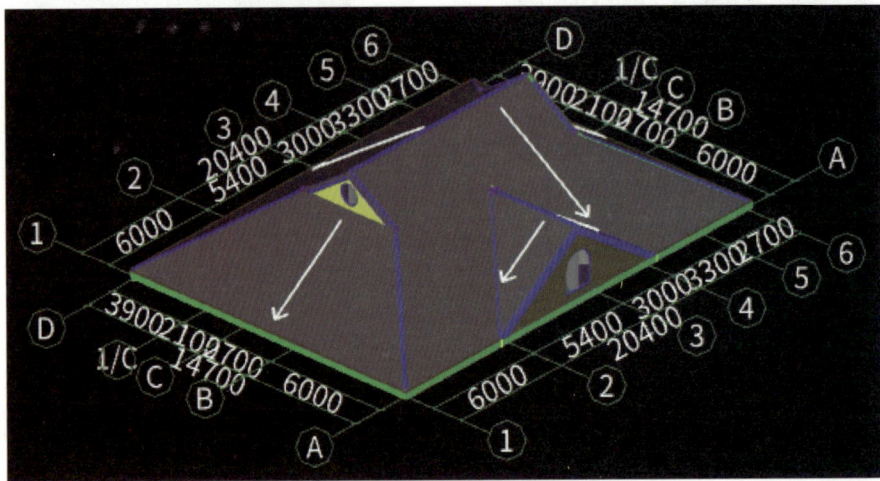

图　5-44

（10）删除辅助轴线　单击"导航树"中"轴线"前面的 📭 使其展开→单击【辅助轴线（O）】→单击【选择】→单击选中所有辅助轴线→按 <Delete> 键。这样图中所有辅助轴线就被删除了，然后返回"现浇板（B）"层。

4. 汇总计算并查看工程量

单击【工程量】选项板→单击【汇总计算】→全楼只勾选"闷顶层"→单击【确定】按钮，软件开始计算，提示"计算成功"后单击【确定】按钮→用鼠标左键框选所有屋面板→单击【查看工程量】，屋面板做法工程量如图 5-45 所示。查看结束后，单击【退出】按钮。

图 5-45

任务二　计算排水管

在附录 A-1 建施 01、04~11 中，可查看排水管的位置和形状，广联达 BIM 土建计量平台软件在"导航树"模式下没有合适的构件类型，对于这一类工程量不大又比较特殊的构件，可以利用软件提供的"表格输入"模式进行灵活处理。

1. 建立构件

单击【工程量】选项板→单击【表格输入】→单击【土建】→单击【构件】，建立"构件 1"，在"属性"对话框里改名为"排水管"，如图 5-46 所示。

2. 填写清单、定额子目

单击【添加清单】→在下边出现一行空白的清单行→单击下边的【查询清单库】→向下拖动滚动条→单击"屋面及防水工程"前面的箭头→单击【屋面防水及其它】→双击右边的【010902004 屋面排水管】行，这时"010902004"清单就填到了上边空白的清单行中，双击清单行"项目清单行"下边的空格→单击[...]，弹出"编辑项目特征"对话框，在对话框里填写"1.品种：白色 PVC 管　2.直径：DN100mm"→单击【确定】按钮→双击清单行"工程量表达式"下边的空格→单击[...]，弹出"工程量表达式"对话框，在对话框里填写"10.5+0.40−0.20"→单击【确定】按钮。

单击清单行上边的【添加定额】→在清单行下边出现一行空白的定额行→单击下边的【查询定额库】→向下拖动滚动条→单击"屋面及防水工程"前面的箭头→单击【屋面排水】→双击右边的【9-3-10　塑料管排水　水落管 φ≤110mm】行，这时"9-3-10"子目就填到了上边空白的定额行中，这时定额行"工程量表达式"出现"QDL{清单量}"，如果不出现，填写"10.5+0.40−0.20"→双击下面定额库里面的"9-3-14"和"9-3-15"子目→在"工程量表达式"里面填写"1"。排水管清单、定额子目如图 5-47 所示，最后关闭"表格输入"对话框。

属性名称	属性值
1 构件名称	排水管
2 构件类型	其它
3 构件数量	4
4 备注	

图 5-46

图 5-47

子项四 画屋面挑檐和砌体加筋

挑檐混凝土
工程量

任务一 计算挑檐混凝土工程量

1. 定义挑檐属性

单击"导航树"中"其它"前面的 ⊞ 使其展开→单击【挑檐（T）】→
单击【建模】选项板→单击"构件列表"下的【新建】→单击【新建线式异形挑檐】，弹出"异
形截面编辑器"对话框→单击对话框左上角的【设置网格】，弹出"定义网格"对话框，"水平
方向间距（mm）"输入"350，100"；"垂直方向间距（mm）"输入"100，350"→单击【确定】
按钮，软件返回"异形截面编辑器"对话框→单击【直线】→依次单击图 5-48 中的"1~6"点→
单击图 5-48 所示"1"点→单击鼠标右键→单击【设置插入点】→单击图 5-48 所示"3"点→单
击【确定】按钮。在属性编辑器中将名称"TY-1"改为"挑檐"，其属性值如图 5-49 所示。

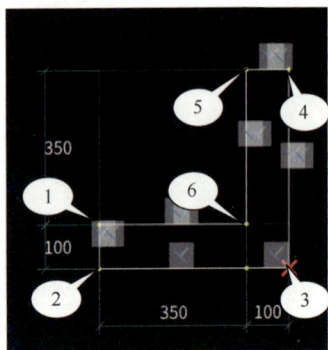

图 5-48

	属性名称	属性值
1	名称	挑檐
2	形状	异形
3	截面形状	异形
4	截面宽度(mm)	450
5	截面高度(mm)	450
6	轴线距左边线...	(225)
7	材质	混凝土
8	混凝土类型	(现浇混凝土...
9	混凝土强度等级	(C30)
10	截面面积(m²)	0.08
11	起点顶标高(m)	10.85
12	终点顶标高(m)	10.85
13	备注	

图 5-49

2. 画挑檐

（1）作辅轴 单击"通用操作"面板里的【平行辅轴】→单击Ⓐ轴线，弹出"请输入"
对话框，输入"偏移距离（mm）"为"-450"，"轴号"为"1/0A"→单击【确定】按钮。采用
同样方法，作辅轴 ①/01，在①轴线左侧 450mm 处；作辅轴 ①/D，在Ⓓ轴线上方 450mm 处；
作辅轴 ①/6，在⑥轴线右侧 450mm 处。

（2）延伸辅轴 单击"导航树"中"轴线"前面的 ⊞ 使其展开→单击【辅助轴线（O）】→
单击【延伸】→单击 ①/01 辅轴（轴线变粗）→单击 ①/0A 辅轴→单击 ①/D 辅轴→单击鼠标右键→
单击 ①/0A 辅轴（轴线变粗）→单击 ①/01 辅轴→单击 ①/6 辅轴→单击鼠标右键。采用同样方
法，延长其他辅轴，使 4 条辅轴两端相交，然后返回"挑檐"层。

（3）布置挑檐 单击"构件列表"中的【挑檐】→单击"绘图"面板里的【直线】→单击
①/0A 辅轴与 ①/01 辅轴的交点→单击 ①/0A 辅轴与 ①/6 辅轴的交点→单击 ①/D 辅轴与 ①/6 辅

轴的交点→单击 $\frac{1}{D}$ 辅轴与 $\frac{1}{01}$ 辅轴的交点→单击 $\frac{1}{0A}$ 辅轴与 $\frac{1}{01}$ 辅轴的交点下边挑檐的垂点→单击鼠标右键。

3. 添加清单、定额子目

填写挑檐的清单、定额子目，如图 5-50 所示，注意第 5、6 行要勾选"措施项目"。

	编码	类别	名称	项目特征	单位	工程量表达式	表达式说明
1	⊟ 010505007	项	天沟(檐沟)、挑檐板	1. 混凝土种类：泵送商品混凝土 2. 混凝土强度等级：C25	m³	TJ	TJ〈体积〉
2	5-1-49	定	C30挑檐、天沟		m³	TJ	TJ〈体积〉
3	5-3-4	定	场外集中搅拌混凝土 25m³/h		m³	TJ*1.01	TJ〈体积〉*1.01
4	5-3-14	定	泵送混凝土 其他构件 泵车		m³	TJ*1.01	TJ〈体积〉*1.01
5	⊟ 011702022	项	天沟、檐沟	1. 类型：带上翻檐板式挑檐	m²	MBMJ	MBMJ〈模板面积〉
6	18-1-107	定	天沟、挑檐木模板木支撑		m²	MBMJ	MBMJ〈模板面积〉

图 5-50

4. 删除辅轴

单击"导航树"内"轴线"前面的 🔲 使其展开→单击【辅助轴线（O）】→单击选中绘图区所有辅轴→单击"修改"面板里的【删除】，这样辅轴就被删除了。

5. 汇总计算并查看工程量

单击【汇总计算】按钮，选中台阶，然后单击【查看工程量】按钮，挑檐混凝土工程量如图 5-51 所示。

构件工程量	做法工程量

	编码	项目名称	单位	工程量
1	010505007	天沟(檐沟)、挑檐板	m³	5.904
2	5-1-49	C30挑檐、天沟	10m³	0.5904
3	5-3-4	场外集中搅拌混凝土 25m³/h	10m³	0.5963
4	5-3-14	泵送混凝土 其他构件 泵车	10m³	0.5963
5	011702022	天沟、檐沟	m²	93.41
6	18-1-107	天沟、挑檐木模板木支撑	10m²	9.341

图 5-51

📺 任务二 计算挑檐钢筋工程量

单击【工程量】选项板→单击【表格输入】→单击"钢筋"对话框里的【表格输入】→单击【构件】，建立"构件1"，在下面的属性表中将"构件名称"改为"挑檐"，"构件数量"输入"2"→单击绘图区右边的【参数输入】→单击【零星构件】→单击【小檐】，仔细阅读附录 A-1 建施 07 和附录 A-2 结施 01，单击图样中的绿色尺寸数字或钢筋标注逐一进行修改，如图 5-52 所示。说明：37800mm=〔（20850+15150）mm×2+450mm×8〕/2，小檐长度软件中只能输入 50000mm 以内的数值。

挑檐钢筋工程量

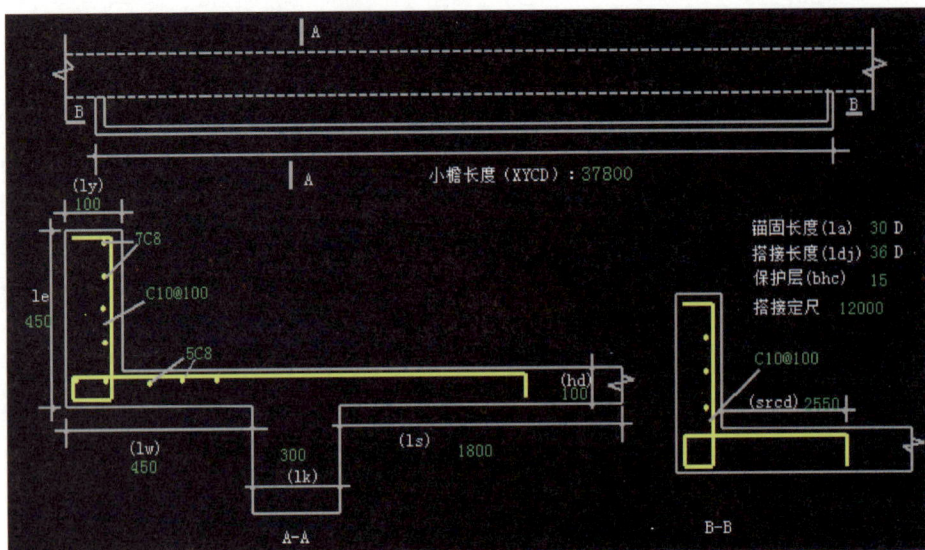

图　5-52

数据填完经检查无误后，单击【计算保存】按钮，这样就可得到挑檐的钢筋工程量，如图 5-53 所示。经检查挑檐钢筋工程量无误后，关闭"表格输入"对话框。

筋号	直径	级别	图号	图形	计算公式	公式	长度	根数
1 A-A主筋	10	Φ	362	420 ⌐2535⌐ 70 70	70+420+70+25 35+70+70		3235	377
2 竖向分布筋	8	Φ	80	605 37630 605	37630+605+60 5		38840	7
3 A-A水平分布筋	8	Φ	3	37770	37770		37770	5
4 B-B主筋	10	Φ	362	420 ⌐2635⌐ 70 70	70+420+70+26 35+70+70		3335	8

图　5-53

任务三　画砌体加筋

1. 全楼自动生成砌体加筋

仔细阅读附录 A-2 结施 01，设置砌体加筋参数。

单击【建模】选项板→单击"导航树"中"墙"前面的 使其展开→单击【砌体加筋】→单击"砌体加筋二次编辑"面板里的【生成砌体加筋】，弹出"生成砌体加筋"对话框→单击"设置条件"下面的【L 型遇框架柱、混凝土墙】→单击选择右边"加筋形式"的【L-5 形】→单击【L 型遇构造柱】→单击【L-1 形】，其他设置条件对应的类型如图 5-54 所示。"生成砌体加筋"对话框下边的生成方式点选"选择楼层"，在对话框右上角"选择楼层"处勾选除"基础层"之外的全部楼层，最后单击对话框右下角的【确定】按钮，关闭对话框。

砌体加筋设置

软件开始设置砌体加筋，最后软件弹出"生成砌体加筋"对话框，提示"生成完成，共生成93个砌体加筋!"，单击【关闭】按钮。单击"导航树"上方的【闷顶层】按钮，依次单击各楼层查看各楼层自动生成的砌体加筋是否准确，不合适的地方应加以修改。

2. 补画砌体加筋

经观察发现：1）闷顶层中部4道斜墙与中部的垂直墙相交处应设置砌体加筋，但软件没有自动生成，这时应手动加设砌体加筋；2）虽然斜墙与外墙相交处软件没有自动生成砌体加筋，但经分析发现此处墙太矮，且设有闷顶的檐梁（YL和WL2），所以不必设置砌体加筋。

加筋设置：

设置条件	加筋形式
L型遇框架柱、混凝土墙	L-5形
L型遇构造柱	L-1形
T型遇框架柱、混凝土墙	T-4形
T型遇构造柱	T-1形
十字型遇框架柱、混凝土墙	十字-4形
十字型遇构造柱	十字-1形
一字型遇框架柱、混凝土墙	一字-5形
一字型遇构造柱	一字-1形
孤墙端部遇柱、混凝土墙	一字-6形

图　5-54

单击"构件列表"下的【新建】→单击【新建砌体加筋】，弹出"选择参数化图形"对话框→单击"参数化截面类型：L形"后面的下拉箭头→单击【一字形】→单击选择【一字-4形】→单击右边图样里面的数字"240"→输入"180"→按<Enter>键→单击【确定】按钮，建立"LJ-2"，其属性值如图5-55所示。

单击"构件列表"下的【LJ-2】→单击"绘图"面板里的━━（点）→单击勾选【旋转点角度】→输入"45"→单击②、Ⓑ轴相交处左下方GZ6的中心点（图5-56）→在"旋转点角度"后面输入"270"→单击②、Ⓑ轴相交处左下方GZ6的中心点（图5-56）→在"旋转点角度"后面输入"–45"→单击②、Ⓒ轴相交处左上方GZ6的中心点→在"旋转点角度"后面输入"90"→单击②、Ⓒ轴相交处左上方GZ6的中心点→单击③、Ⓑ轴相交处左下方GZ5的中心点。

	属性名称	属性值
1	名称	LJ-2
2	砌体加筋形式	一字-4形
3	1#加筋	Φ6@500
4	其它加筋	
5	备注	
6	☐ 钢筋业务属性	
7	其它钢筋	
8	计算设置	按默认计算设置计算
9	汇总信息	(砌体拉结筋)
10	⊞ 显示样式	

图　5-55

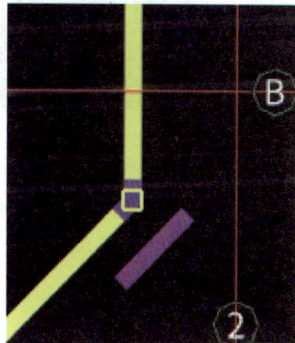

图　5-56

单击"修改"面板里的【镜像】→用鼠标左键框选②轴线左边GZ6处的4个砌体加筋→单击鼠标右键→单击GZ5的上顶点→单击Ⓑ、Ⓒ轴之间水平墙的中点，弹出"提示"对话框，提示"是否要删除原来的图元"，单击【否】按钮，这时④轴线右边GZ6的砌体加筋就画上了。

3. 关闭跨层构件

单击【工具（T）】选项板→单击"选项"面板里的【选项】→单击【绘图设置】→单击【显示跨层图元】→单击【编辑跨层图元】→关闭"显示跨层构件"和"编辑跨层图元"→单击【确定】按钮。

子项五　计算闷顶层工程量

任务一　查看闷顶层立体图

1. 检查闷顶层的构件

单击"导航树"下的【现浇板（B）】→单击【视图】选项板→单击"通用操作"面板里【俯视】下面的下拉箭头→单击【东南等轴测】，绘图区出现闷顶层立体图→单击"操作"面板的【显示设置】，弹出"显示设置"对话框，通过勾选可以显示所有构件，也可以显示部分构件→单击 （动态观察），调整观察角度，仔细观察闷顶层所有构件→取消显示"现浇板"，这时发现闷顶层的 WL2 和 YL 在屋面板的顶部，如图 5-57 所示，而它们的正确位置应在闷顶墙的底部。

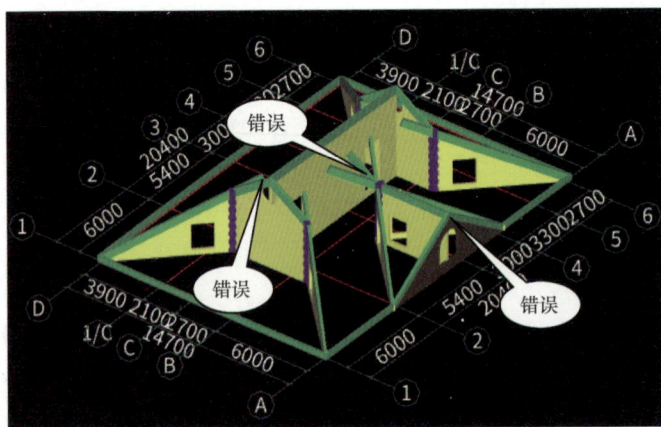

图　5-57

2. 调整 YL 和 WL2 的高度

第一种方法：单击"导航树"下的【梁（L）】→单击"选择"面板里的【批量选择】→勾选【非框架梁】（含 WL2 和 YL）→单击【确定】按钮→在"属性列表"里将第 22 行"起点顶标高（m）"改为"10.8"→将第 23 行"终点顶标高（m）"改为"10.8"→单击鼠标右键→单击【取消选择】→单击黑色绘图区右边的 （动态观察）→观察 YL 和 WL2 的高度变化。

第二种方法：如果还有部分梁的标高没有降到墙底（10.8），这时单击"梁二次编辑"里面的【原位标注】→选中未降低的梁→在黑色绘图区下边的"梁平法表格"里面将每一跨的"起点顶标高（m）"和"终点顶标高（m）"都改为"10.8"→单击黑色绘图区右边的 （动态观察）→观察 YL 和 WL2 的高度变化。

第三种方法：此时，如果还有部分梁的标高没有降到墙底（10.8），这时只能再把这部分梁删除，在图纸所示位置重新画一遍，再进行原位标注。

任务二　汇总计算闷顶层工程量

至此，土木实训楼闷顶层主体工程已经完成了，如果要查看所有构件的工程量，需要从"报表预览"里查看，具体操作步骤是：单击【工程量】选项板→单击【汇总计算】，弹出

"汇总计算"对话框（图 5-58），单击【确定】按钮，软件开始计算，计算成功后，单击【确定】按钮。

图　5-58

任务三　导出闷顶层工程量表

1. 闷顶层实体项目清单、定额工程量

如果要查看闷顶层所有构件的工程量，需要单击【查看报表】，弹出"报表"对话框→单击【土建报表量】→单击"做法汇总分析"下的【清单汇总表】→单击【全部项目】→单击【实体项目】→单击【设置报表范围】，弹出"设置报表范围"对话框→【绘图输入】只勾选"闷顶层"→"表格输入"只勾选"闷顶层"→下部"钢筋类型"所有选项全部勾选→单击【确定】按钮，光标移到"工程量"表格上→单击鼠标右键→单击【导出到 Excel 文件（X）】→选择文件路径（可到桌面）→"文件名（N）"输入"闷顶层实体项目清单、定额工程量表"→单击【保存】，弹出"导出成功"对话框→单击【确定】按钮。闷顶层实体项目清单、定额工程量表见表 5-1。

表 5-1　闷顶层实体项目清单、定额工程量表

工程名称：土木实训楼　　　　　　　　　　　　　　　　　　　　　　编制日期：2024-03-18

序号	编码	项目名称	单位	工程量
1	010402001001	砌块墙 1. 砌块品种：加气混凝土砌块 2. 砌体厚度：180mm 3. 砂浆强度等级：M5.0 混浆	m³	24.1398
	4-2-1	M5.0 混合砂浆加气混凝土砌块墙	10m³	2.45286

（续）

序号	编码	项目名称	单位	工程量
2	010502002001	构造柱 1. 混凝土种类：泵送商品混凝土 2. 混凝土强度等级：C25	m³	1.8026
	5-1-17	C20 现浇混凝土　构造柱	10m³	0.18026
	5-3-4	场外集中搅拌混凝土 25m³/h	10m³	0.17791
	5-3-12	泵送混凝土　柱、墙、梁、板　泵车	10m³	0.17791
3	010503002001	矩形梁 1. 混凝土种类：泵送商品混凝土 2. 混凝土强度等级：C30	m³	7.5494
	5-1-19	C30 框架梁、连续梁	10m³	0.7461
	5-3-4	场外集中搅拌混凝土 25m³/h	10m³	0.75354
	5-3-12	泵送混凝土　柱、墙、梁、板　泵车	10m³	0.75354
4	010503004001	圈梁 1. 混凝土种类：泵送商品混凝土 2. 混凝土强度等级：C25	m³	2.3643
	5-1-21	C20 圈梁及压顶	10m³	0.23643
	5-3-4	场外集中搅拌混凝土 25m³/h	10m³	0.23878
	5-3-12	泵送混凝土　柱、墙、梁、板　泵车	10m³	0.23878
5	010503005001	过梁 1. 混凝土种类：泵送商品混凝土 2. 混凝土强度等级：C25	m³	0.8191
	5-1-22	C20 过梁	10m³	0.08191
	5-3-4	场外集中搅拌混凝土 25m³/h	10m³	0.08273
	5-3-12	泵送混凝土　柱、墙、梁、板　泵车	10m³	0.08273
6	010505007001	天沟（檐沟）、挑檐板 1. 混凝土种类：泵送商品混凝土 2. 混凝土强度等级：C25	m³	5.904
	5-1-49	C30 挑檐、天沟	10m³	0.5904
	5-3-4	场外集中搅拌混凝土 25m³/h	10m³	0.5963
	5-3-14	泵送混凝土　其他构件　泵车	10m³	0.5963
7	010505010001	其他板 1. 混凝土种类：泵送商品混凝土 2. 混凝土强度等级：C30	m³	45.801
	5-1-35	C30 斜板、折板（坡屋面）	10m³	4.5801
	5-3-4	场外集中搅拌混凝土 25m³/h	10m³	4.6717
	5-3-12	泵送混凝土　柱、墙、梁、板　泵车	10m³	4.6717
8	010807001003	金属（塑钢、断桥）窗 1. 材料：塑钢 2. 玻璃：平板玻璃厚 5mm	m²	2.6053
	8-7-6	塑钢推拉窗	10m²	0.26053

（续）

序号	编码	项目名称	单位	工程量
9	010807001004	金属（塑钢、断桥）窗 1. 材料：塑钢 2. 玻璃：平板玻璃厚 5mm	m²	1.5708
	8-7-9	塑钢百叶窗	10m²	0.15708
10	010902004001	屋面排水管 1. 品种：白色 PVC 管 2. 直径：DN100mm	m	42.8
	9-3-10	塑料管排水　水落管 $\phi \leqslant 110mm$	10m	4.28
	9-3-14	塑料管排水　弯头落水口	10 个	0.4
	9-3-15	塑料管排水　落水口	10 个	0.4

2. 闷顶层措施项目清单、定额工程量

单击【实体项目】→单击【措施项目】，光标指到"工程量"表格上→单击鼠标右键→单击【导出到 Excel 文件（X）】→选择文件路径（可到桌面）→"文件名（N）"输入"闷顶层措施项目清单、定额工程量表"→单击【保存】，弹出"导出成功"对话框，单击【确定】按钮。闷顶层措施项目清单、定额工程量表见表 5-2。

表 5-2　闷顶层措施项目清单、定额工程量表

工程名称：土木实训楼　　　　　　　　　　　　　　　　　　　　编制日期：2024-03-18

序号	编码	项目名称	单位	工程量
1	011701002003	外脚手架 1. 脚手架搭设的方式：双排 2. 高度：15m 以内 3. 材质：钢管脚手架	m²	39.9164
	17-1-9	双排外钢管脚手架 ≤ 15m	10m²	3.99164
2	011701003001	里脚手架 1. 脚手架搭设的方式：双排 2. 高度：3.6m 以内 3. 材质：钢管脚手架	m²	207.5572
	17-2-2	双排里脚手架 ≤ 3.6m	10m²	20.75572
3	011702003001	构造柱 1. 支撑高度：3.6m 以内 2. 模板的材质：胶合板 3. 支撑：钢管支撑	m²	18.9632
	18-1-40	构造柱复合木模板钢支撑	10m²	2.06487
4	011702006001	矩形梁 1. 支撑高度：3.6m 以内 2. 模板的材质：胶合板 3. 支撑：钢管支撑	m²	80.3902
	18-1-56	矩形梁复合木模板对拉螺栓钢支撑	10m²	8.34552

（续）

序号	编码	项目名称	单位	工程量
5	011702008001	圈梁 1. 支撑高度：3.6m 以内 2. 模板的材质：胶合板 3. 支撑：钢管支撑	m²	25.1121
	18-1-61	圈梁直形复合木模板木支撑	10m²	2.51121
6	011702009001	过梁 1. 支撑高度：3.6m 以内 2. 模板的材质：胶合板 3. 支撑：钢管支撑	m²	11.9533
	18-1-65	过梁复合木模板木支撑	10m²	1.19533
7	011702020001	其他板 1. 支撑高度：3.6m 以内 2. 模板的材质：胶合板 3. 支撑：钢管支撑	m²	350.6898
	18-1-100	平板复合木模板钢支撑	10m²	35.94423
8	011702022001	天沟、檐沟 类型：带上翻檐板式挑檐	m²	93.41
	18-1-107	天沟、挑檐木模板木支撑	10m²	9.341

学习目标

复制首层部分构件到基础层

通过阅读附录 A-2 中的基础图和一层相应的图样（结施 01~04）可以看出，基础由柱、独立基础、条形基础、筏板基础、地梁（DL）等构件组成，其中只有框架柱（KZ1、KZ2、KZ3）的平面位置和数量与首层的完全一致，所以只能从一层中复制各类框架柱，基础层里的各类基础必须单独绘制。

子项一　将首层构件图元复制到基础层

任务一　复制首层构件到基础层

单击"导航树"中"闷顶层"后面的 ☑ 使其展开→单击【基础层】→单击【建模】选项板→单击"通用操作"里"复制到其它层"后面的下拉箭头→单击【从其它层复制】→"目标楼层"选择"基础层"（默认）→"源楼层"选择"首层"（默认），图元选择如图 6-1 所示，勾选完以后单击【确定】按钮。

任务二　画楼梯基础梁

1. 建立楼梯基础梁并定义其属性

阅读附录 A-1 建施 12 和附录 A-2 结施 15、17，建立楼梯基础梁。软件在梁类别里没有专门的楼梯基础梁，根据其受力特点，定义为非框架梁较合适。单击"导航树"下的【梁（L）】→单击"构件列表"下的【新建】→单击【新建矩形梁】，建立"KL-1"，在"属性列表"里改为"TJL"，其属性值如图 6-2 所示。

双击"构件列表下"的【TJL】，打开"定义"对话框，填写清单、定额子目，如图 6-3 所示。填完后，双击【TJL】返回绘图界面。

2. 布置楼梯基础梁

（1）作辅轴　单击"通用操作"面板里的【平行辅轴】→单击ⓒ轴，弹出"请输入"对话框→输入"偏移距离（mm）"为"750"，"轴号"为"01/C"→单击【确定】按钮→单击④轴，弹出"请输入"对话框→输入"偏移距离"为"−75"，"轴号"为"1/3"→单击【确定】按钮→单击⑤轴，弹出"请输入"对话框→输入"偏移距离"为"75"，"轴号"为"1/5"→单击【确定】按钮→单击鼠标右键结束操作。说明：750mm=900mm−300mm/2；75mm=300mm−225mm。

图 6-1

	属性名称	属性值
	属性列表　　图层管理	
1	名称	TJL
2	结构类别	非框架梁
3	跨数量	
4	截面宽度(mm)	300
5	截面高度(mm)	350
6	轴线距梁左边…	(150)
7	箍筋	Φ6@200(2)
8	胶数	2
9	上部通长筋	3Φ12
10	下部通长筋	3Φ18
11	侧面构造或受…	
12	拉筋	
13	定额类别	连续梁
14	材质	现浇混凝土
15	混凝土类型	(3现浇砼 碎石 <31.5mm)
16	混凝土强度等级	(C30)
17	混凝土外加剂	(无)
18	泵送类型	(混凝土泵)
19	泵送高度(m)	
20	截面周长(m)	1.3
21	截面面积(m²)	0.105
22	起点顶标高(m)	层顶标高
23	终点顶标高(m)	层顶标高
24	备注	

图 6-2

	编码	类别	名称	项目特征	单位	工程量表达式	表达式说明	单价	合价	措施项目
1	010503001	项	基础梁	1. 混凝土种类：泵送商品混凝土 2. 混凝土强度等级：C30	m³	TJ	TJ〈体积〉			☐
2	5-1-18	定	C30基础梁		m³	TJ	TJ〈体积〉	4626.51		☐
3	5-3-4	定	场外集中搅拌混凝土 25m³/h		m³	TJ*1.01	TJ〈体积〉* 1.01	318.63		☐
4	5-3-10	定	泵送混凝土 基础 泵车		m³	TJ*1.01	TJ〈体积〉* 1.01	74.17		☐
5	011702005	项	基础梁	1. 梁截面形状：矩形 2. 模板的材质：胶合板 3. 支撑：钢管支撑	m²	MBMJ	MBMJ〈模板面积〉			☑
6	18-1-52	定	基础梁复合木模板钢支撑		m²	MBMJ	MBMJ〈模板面积〉	467.08		☑

图 6-3

（2）布置 TJL　单击"绘图"面板里的【直线】→单击 ①/3 辅轴与 ①/C 辅轴的交点→单击 ①/5 辅轴与 ①/C 辅轴的交点→单击鼠标右键结束操作。

（3）原位标注　单击"梁二次编辑"里面的【原位标注】→单击黑色绘图区的 TJL →单击鼠标右键，这时 TJL 由粉红色变为了绿色。

（4）删除辅轴　单击"导航树"中"轴线"前面的 ✛ 使其展开→单击【辅助轴线（O）】→单击【选择】→单击选中所有辅助轴线→单击"修改"面板里的【删除】，这样图中所有辅助轴线就都被删除了。最后，返回"梁（L）"层。

3. 汇总计算并查看工程量

单击【汇总计算】按钮，选中绘图区的 TJL，然后单击【查看工程量】按钮，TJL 清单、定额工程量如图 6-4 所示。"单价"和"合价"现在不能调整，将来到广联达计价软件里面再统一调整。

	编码	项目名称	单位	工程量	单价	合价
1	010503001	基础梁	m³	0.3623		
2	5-1-18	C30基础梁	10m³	0.03623	4626.51	167.6185
3	5-3-4	场外集中搅拌混凝土 25m³/h	10m³	0.03659	318.63	11.6587
4	5-3-10	泵送混凝土 基础 泵车	10m³	0.03659	74.17	2.7139
5	011702005	基础梁	m²	3.45		
6	18-1-52	基础梁复合木模板钢支撑	10m²	0.345	467.08	161.1426

图　6-4

子项二　画独立基础、筏板基础

任务一　画独立基础

识读附录 A-2 结施 01~03 可知，独立基础共有两种：独立基础 DJ_P-1，共 4 个；独立基础 DJ_J-2，共 1 个。

1. 建立独立基础 DJ_P-1

单击"导航树"下【基础】前面的 ➕ 使其展开→单击【独立基础（D）】→单击"构件列表"下的【新建】→单击【新建独立基础】，建立"DJ-1"，在"属性列表"里将"DJ-1"改为"DJP-1"，其他属性值不变。

单击"构件列表"下的【新建】→单击【新建参数化独基单元】，弹出"选择参数化图形"对话框→单击选择【四棱锥台形独立基础】，单击右边样图中的绿色数字，填写参数值，如图 6-5 所示。填完以后单击【确定】按钮。

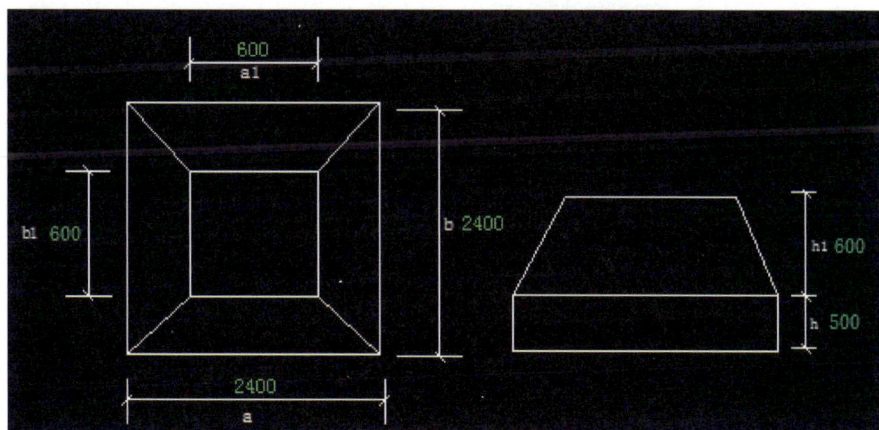

图　6-5

填写钢筋信息，"属性列表"第 6 行"横向受力筋"输入"C16@150"，第 7 行"纵向受力筋"输入"C16@150"，其他不变。

2. 建立独立基础 DJ$_J$–2

单击"构件列表"下的【新建】→单击【新建独立基础】，建立"DJP-2"，在"属性列表"里将"DJP-2"改为"DJJ-2"，其他属性值不变。

单击"构件列表"下的【新建】→单击【新建矩形独基单元】，建立"DJJ-2-1"→单击【新建】→单击【新建矩形独基单元】，建立"DJJ-2-2"，其属性值如图 6-6 所示。

	属性名称	属性值		属性名称	属性值
1	名称	DJJ-2-1	1	名称	DJJ-2-2
2	截面长度(mm)	2700	2	截面长度(mm)	1400
3	截面宽度(mm)	2700	3	截面宽度(mm)	1400
4	高度(mm)	500	4	高度(mm)	600
5	横向受力筋	Φ16@150	5	横向受力筋	
6	纵向受力筋	Φ16@150	6	纵向受力筋	
7	短向加强筋		7	短向加强筋	
8	顶部柱间配筋		8	顶部柱间配筋	
9	材质	混凝土	9	材质	混凝土
10	混凝土类型	(现浇混凝土…	10	混凝土类型	(现浇混凝…
11	混凝土强度等级	(C30)	11	混凝土强度等级	(C30)
12	混凝土外加剂	(无)	12	混凝土外加剂	(无)
13	泵送类型	(混凝土泵)	13	泵送类型	(混凝土泵)
14	相对底标高(m)	(0)	14	相对底标高(m)	(0.5)

图 6-6

3. 填写独立基础清单、定额子目

双击"构件列表"下的【（底）DJP-1-1】，打开"定义"对话框，分别填写"（底）DJP-1-1""（顶）DJJ-2-2""（底）DJJ-2-1"的清单、定额子目，如图 6-7 所示。填完后，双击【（底）DJJ-2-1】返回绘图界面。说明：DJP-1 和 DJJ-2 不能填写清单、定额子目。

	编码	类别	名称	项目特征	单位	工程量表达式	表达式说明	单价	合价	措施项目
1	⊟ 010501003	项	独立基础	1. 混凝土种类:泵送商品混凝土 2. 混凝土强度等级:C30	m³	TJ	TJ<体积>			☐
2	5-1-6	定	C30混凝土独立基础		m³	TJ	TJ<体积>	4242.61		☐
3	5-3-4	定	场外集中搅拌混凝土 25m³/h		m³	TJ*1.01	TJ<体积>*1.01	318.63		☐
4	5-3-10	定	泵送混凝土 基础 泵车		m³	TJ*1.01	TJ<体积>*1.01	74.17		☐
5	⊟ 011702001	项	基础	1. 基础类型:独立基础 2. 模板的材质:胶合板模板	m²	MBMJ	MBMJ<模板面积>			☑
6	18-1-15	定	独立基础钢筋混凝土复合木模板木支撑		m²	MBMJ	MBMJ<模板面积>	1134.06		☑

图 6-7

4. 布置独立基础

单击"构件列表"下的【DJP-1】→单击【智能布置】→单击【柱（Z）】→依次单击Ⓐ、Ⓓ轴与①、②轴相交处的 KZ1→单击鼠标右键→单击"构件列表"下的【DJJ-2】→

单击【智能布置】→单击【柱（Z）】→单击Ⓐ轴与⑥相交处的 KZ3 →单击鼠标右键。

5. 汇总计算并查看工程量

单击【汇总计算】按钮，单击选中所有独立基础，然后单击【查看工程量】按钮，独立基础工程量如图 6-8 所示。

	编码	项目名称	单位	工程量
1	010501003	独立基础	m³	22.389
2	5-1-6	C30混凝土独立基础	10m³	2.2389
3	5-3-4	场外集中搅拌混凝土 25m³/h	10m³	2.26129
4	5-3-10	泵送混凝土 基础 泵车	10m³	2.26129
5	011702001	基础	m²	27.96
6	18-1-15	独立基础钢筋混凝土复合木模板木支撑	10m²	2.796

构件工程量　做法工程量

图　6-8

任务二　画筏板基础

画筏板基础

阅读附录 A-2 结施 01~03 可以看出，在Ⓑ、Ⓒ轴线间有一块很大的（BPB）筏板基础，Ⓑ、Ⓒ轴线上所有框架柱都布置在该筏板基础上。

1. 建立筏板基础并定义其属性

单击"导航树"下"基础"前面的 ⊞ 使其展开→单击【筏板基础（M）】→单击"构件列表"下的【新建】→单击【新建筏板基础】，建立"FB-1"→在"属性列表"里将"FB-1"改为"筏板基础"→单击"属性列表"第 14 行"马凳参数图"后面的单元格→单击后面刚出现的 ⋯，弹出"马凳筋设置"对话框，如图 6-9 所示，填写结束后，单击【确定】按钮。说明：L1=1500mm，L2=700mm−40mm×2−20mm×4−22mm=518mm，L3=150mm+50mm×2=250mm。

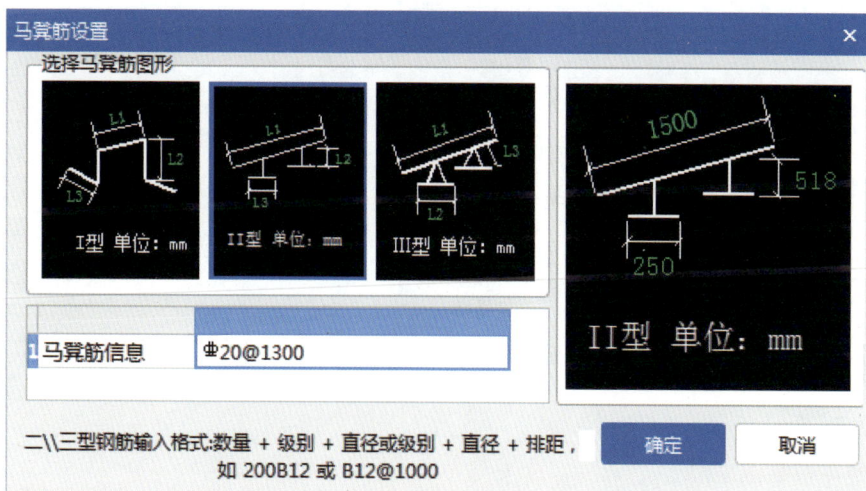

图　6-9

在"属性列表"中修改筏板基础的属性值，如图 6-10 所示。

	属性名称	属性值
1	名称	筏板基础
2	厚度(mm)	700
3	材质	现浇混凝土
4	混凝土类型	(4现浇砼 碎石 <40mm)
5	混凝土强度等级	(C30)
6	混凝土外加剂	(无)
7	泵送类型	(混凝土泵)
8	类别	有梁式
9	顶标高(m)	层底标高+0.7
10	底标高(m)	层底标高
11	备注	
12	钢筋业务属性	
13	其它钢筋	
14	马凳筋参...	Ⅱ型
15	马凳筋信息	Φ20@1300
16	线形马凳...	平行横向受力筋
17	拉筋	
18	拉筋数量	向上取整+1
19	马凳筋数...	向上取整+1
20	筏板侧面...	3Φ18
21	U形构造...	
22	U形构造...	max(15*d,200)
23	归类名称	(筏板基础)

图 6-10

2. 添加筏板基础的清单、定额子目

双击"构件列表"下的【筏板基础】，打开"定义"对话框，添加筏板基础的清单、定额子目，如图 6-11 所示。完成后双击【筏板基础】返回绘图界面。

	编码	类别	名称	项目特征	单位	工程量表达式	表达式说明	单价	综合	措施项目
1	010501004	项	满堂基础	1. 混凝土种类：泵送商品混凝土 2. 混凝土强度等级：C30	m³	TJ	TJ〈体积〉			☐
2	5-1-8	定	C30无梁式混凝土满堂基础		m³	TJ	TJ〈体积〉	4313.4		☐
3	5-3-4	定	场外集中搅拌混凝土 25m³/h		m³	TJ*1.01	TJ〈体积〉*1.01	318.63		☐
4	5-3-10	定	泵送混凝土 基础 泵车		m³	TJ*1.01	TJ〈体积〉*1.01	74.17		☐
5	011702001	项	基础	1. 基础类型：无梁式满堂基础 2. 模板材质：胶合板模板	m²	MBMJ	MBMJ〈模板面积〉			☑
6	18-1-17	定	满堂基础(无梁式)复合木模板木支撑		m²	MBMJ	MBMJ〈模板面积〉	1120.93		☑

图 6-11

3. 布置筏板基础

单击"构件列表"里的【筏板基础】→单击"绘图"面板里的 ⬜（矩形）→单击Ⓑ、①轴交点→单击Ⓒ、⑥轴交点→单击"修改"面板里的【偏移】→单击绘图区的筏板基础→单击鼠标右键，光标移到筏板基础图外侧→在数字框里输入"900"→按 <Enter> 键。这样，

筏板基础就布置到了图样所示位置。

4. 布置筏板主筋

单击"导航树"下的【筏板主筋（R）】→单击"构件列表"下的【新建】→单击【新建筏板主筋】，建立"FBZJ-1"→在"属性列表"里输入"钢筋信息"为"B22-150"→单击黑色绘图区上边的【单板】→单击【XY 方向】，弹出"智能布置"对话框（图 6-12）→单击绘图区的筏板基础→单击鼠标右键结束操作。

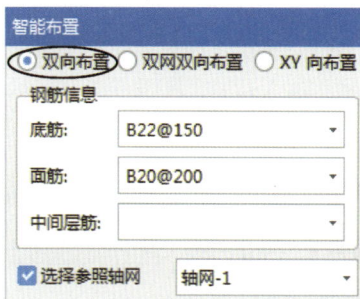

5. 修改计算规则

在黑色绘图区内选中刚画上的 4 根筏板主筋→在"属性列表"里单击【11 按默认节点设置计算】→单击后面的 ⋯，弹出"节点设置"对话框→单击第 1 行【节点 1】→单击后面的 ⋯→单击【节点 2】→单击【确定】按钮。采用同样方法，将第 2 行"节点 1"改为"节点 2"，如图 6-13 所示。

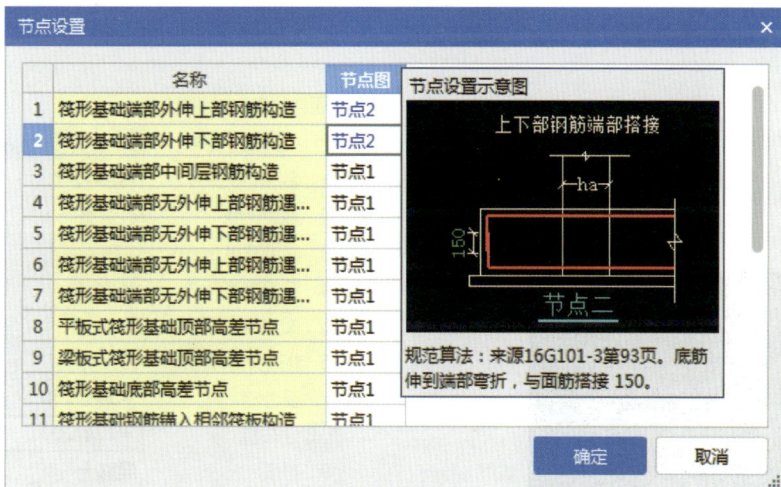

图 6-12

图 6-13

6. 汇总计算并查看工程量

单击【筏板基础（M）】按钮，单击【汇总计算】按钮，选中绘图区的筏板基础，然后单击【查看工程量】按钮，筏板基础清单、定额工程量如图 6-14 所示。查看完毕，单击【退出】按钮。

	编码	项目名称	单位	工程量
1	010501004	满堂基础	m³	69.93
2	5-1-8	C30无梁式混凝土满堂基础	10m³	6.993
3	5-3-4	场外集中搅拌混凝土 25m³/h	10m³	7.06293
4	5-3-10	泵送混凝土 基础 泵车	10m³	7.06293
5	011702001	基础	m²	37.38
6	18-1-17	满堂基础(无梁式)复合木模板木支撑	10m²	3.738

图 6-14

子项三　画条形基础、地梁（DL）和基础垫层

理论链接：

仔细阅读附录 A-2 结施 01~03 可以发现，在Ⓐ、Ⓓ轴上两处有条形基础。说明：在土建算量软件里定义条形基础时，需要定义条形基础单元，清单、定额子目要套在条形基础单元上。

任务一　画条形基础

1. 建立条形基础 $TJB_p–1$

单击"导航树"下"基础"前面的 ✚ 使其展开→单击【条形基础（T）】→单击"构件列表"下的【新建】→单击【新建条形基础】，建立"TJ-1"，在"属性列表"里将其改为"TJBP-1"。

单击"构件列表"下的【新建】→单击【新建参数化条基单元】，弹出"选择参数化图形"对话框→单击【砼条基 -b】→单击右边样图中的绿色数字，填写参数值，如图 6-15 所示。填完以后单击【确定】按钮，软件建立"TJBP-1-1"，其属性如图 6-16 所示。

图 6-15

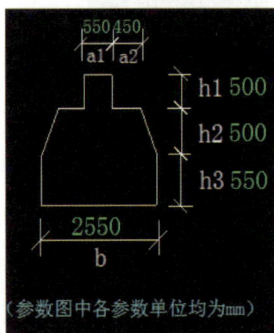

图 6-16

2. 建立条形基础 $TJB_J–2$

单击"构件列表"下的【新建】→单击【新建条形基础】，建立"TJBP-2"，在"属性列表"里将"TJBP-2"改为"TJBJ-2"，其他属性值不变。

单击"构件列表"下的【新建】→单击【新建异形条基单元】，弹出"异形截面编辑器"对话框→单击【设置网格】，填写"定义网格"对话框，"水平方向间距（mm）"输入"450，400，600，400，450"；"垂直方向间距（mm）"输入"350，300，300"，填完后单击【确定】按钮→单击【直线】，在绘图区依次单击图 6-17 所示"1~12"点→单击图 6-17 所示"1"点，画完混凝土条形基础断面后单击【确定】按钮。

此时，软件自动建立"TJBJ-2-1"，在其"属性列表"中的第 7 行"受力筋"输入"B14@180"，第 8 行"分布筋"输入"C10@200"。

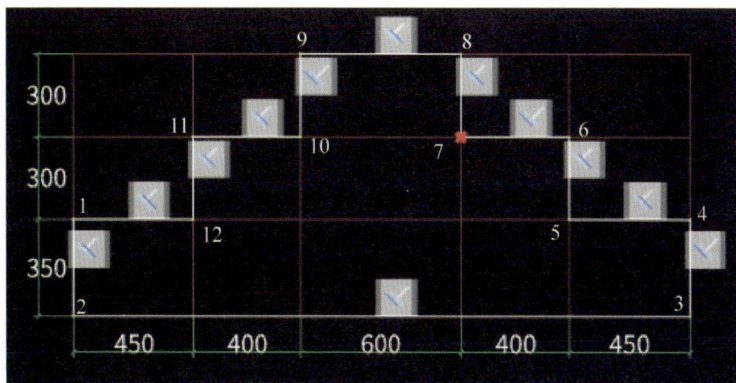

图 6-17

3. 添加条形基础清单、定额子目

双击"构件列表"下的【(底) TJBP-1-1】,打开"定义"对话框,依次添加所有条形基础单元的清单、定额子目。(底) TJBP-1-1 的清单、定额子目如图 6-18 所示,(底) TJBJ-2-1 的清单、定额子目如图 6-19 所示。完成后双击【(底) TJBJ-2-1】返回绘图界面。说明:TJBP-1 和 TJBJ-2 不能填写清单、定额子目。

	编码	类别	名称	项目特征	单位	工程量表达式	表达式说明	单价	综合	措施项目
1	010501002	项	带形基础	1. 混凝土种类:泵送商品混凝土 2. 混凝土强度等级: C30	m³	TJ	TJ<体积>			☐
2	5-1-4	定	C30混凝土带型基础		m³	TJ	TJ<体积>	4251.6		☐
3	5-3-4	定	场外集中搅拌混凝土 25m³/h		m³	TJ*1.01	TJ<体积>*1.01	318.63		☐
4	5-3-10	定	泵送混凝土 基础 泵车		m³	TJ*1.01	TJ<体积>*1.01	74.17		☐
5	011702001	项	基础	1. 基础类型:条形基础 2. 模板的材质:胶合板模板	m²	MBMJ	MBMJ<模板面积>			☑
6	18-1-11	定	带形基础(有梁式)钢筋混凝土复合木模板木支撑		m²	MBMJ	MBMJ<模板面积>	1133.4		☑

图 6-18

	编码	类别	名称	项目特征	单位	工程量表达式	表达式说明	单价	综合	措施项目
1	010501002	项	带形基础	1. 混凝土种类:泵送商品混凝土 2. 混凝土强度等级: C30	m³	TJ	TJ<体积>			☐
2	5-1-4	定	C30混凝土带型基础		m³	TJ	TJ<体积>	4251.6		☐
3	5-3-4	定	场外集中搅拌混凝土 25m³/h		m³	TJ*1.01	TJ<体积>*1.01	318.63		☐
4	5-3-10	定	泵送混凝土 基础 泵车		m³	TJ*1.01	TJ<体积>*1.01	74.17		☐
5	011702001	项	基础	1. 基础类型:条形基础 2. 模板的材质:胶合板模板	m²	MBMJ	MBMJ<模板面积>			☑
6	18-1-7	定	带形基础(无梁式)钢筋混凝土复合木模板木支撑		m²	MBMJ	MBMJ<模板面积>	1045.57		☑

图 6-19

4. 布置条形基础

（1）作辅轴 单击"通用操作"面板里的【平行辅轴】→单击⑥轴线，弹出"请输入"对话框，输入"偏移距离（mm）"为"1000"，"轴号"为"1/6"→单击【确定】按钮。采用同样方法，作辅轴 $\frac{1}{2}$，在③轴线左侧 1000mm 处；作辅轴 $\frac{1}{4}$，在④轴线右侧 1000mm 处。

（2）延伸辅轴 单击"导航树"中"轴线"前面的 ⊞ 使其展开→单击【轴网（J）】→单击【延伸】→单击 $\frac{1}{6}$ 辅轴（轴线变粗）→单击Ⓓ轴，然后返回"条形基础（T）"层。

（3）布置 TJB$_P$-1 和 TJB$_J$-2 单击"构件列表"内的【TJBP-1】→单击【直线】→单击Ⓓ轴与 $\frac{1}{2}$ 辅轴交点→单击Ⓓ轴与 $\frac{1}{6}$ 辅轴交点→单击"构件列表"内的【TJBJ-2】→单击Ⓐ轴与 $\frac{1}{2}$ 辅轴交点→单击Ⓐ轴与 $\frac{1}{4}$ 辅轴交点。

（4）计算条形基础工程量 单击【汇总计算】按钮，单击选中所有条形基础，然后单击【查看工程量】按钮，条形基础工程量如图 6-20 所示。

	编码	项目名称	单位	工程量
1	010501002	带形基础	m³	36.4775
2	5-1-4	C30混凝土带型基础	10m³	3.64775
3	5-3-4	场外集中搅拌混凝土 25m³/h	10m³	3.68423
4	5-3-10	泵送混凝土 基础 泵车	10m³	3.68423
5	011702001	基础	m²	23.1
6	18-1-11	带形基础（有梁式）钢筋混凝土复合木模板木支撑	10m²	2.31
7	011702001	基础	m²	9.5
8	18-1-7	带形基础（无梁式）钢筋混凝土复合木模板木支撑	10m²	0.95

图 6-20

5. 画基础梁 JL1

（1）建立并定义 JL1 单击"导航树"下的【基础梁（F）】→单击"构件列表"下的【新建】→单击【新建矩形基础梁】，建立"JZL-1"，在"属性列表"里将其重命名为"JL1"，其属性值如图 6-21 所示。

（2）绘制 JL1 单击"基础梁二次编辑"面板里"智能布置"后面的下拉箭头→单击【条基中心线】→单击黑色绘图区Ⓓ轴线上的 TJBP-1 →单击鼠标右键→单击"基础梁二次编辑"面板里面的【原位标注】→单击绘图区刚画的 JL1 →单击鼠标右键，这时 JL1 由粉红色变成了绿色。

🖳 任务二 画地梁（DL）

1. 建立地梁并定义其属性

单击"导航树"下"梁"前面的 ⊞ 使其展开→单击【梁（L）】→单击"构件列表"下的【新建】→单击【新建矩形梁】，建立"KL-1"，在"属性列表"里将其重命名为"DL"，其属性值如图 6-22 所示。

画地梁

	属性名称	属性值
1	名称	JL1
2	类别	基础主梁
3	截面宽度(mm)	550
4	截面高度(mm)	1500
5	轴线距梁左边...	(275)
6	跨数量	
7	箍筋	Φ10@150(2)
8	肢数	2
9	下部通长筋	4Φ25
10	上部通长筋	3Φ20
11	侧面构造或受...	G10Φ12
12	拉筋	Φ8@300
13	材质	混凝土
14	混凝土类型	(现浇混凝土碎石<3...
15	混凝土强度等级	(C30)
16	混凝土外加剂	(无)
17	泵送类型	(混凝土泵)
18	截面周长(m)	4.1
19	截面面积(m²)	0.825
20	起点顶标高(m)	层底标高加梁高
21	终点顶标高(m)	层底标高加梁高
22	备注	

图 6-21

	属性名称	属性值
1	名称	DL
2	结构类别	非框架梁
3	跨数量	
4	截面宽度(mm)	300
5	截面高度(mm)	350
6	轴线距梁左边...	(150)
7	箍筋	Φ10@200(2)
8	肢数	2
9	上部通长筋	3Φ22
10	下部通长筋	4Φ25
11	侧面构造或受...	N2Φ12
12	拉筋	(Φ6)
13	定额类别	连续梁
14	材质	混凝土
15	混凝土类型	(现浇混凝土碎...
16	混凝土强度等级	(C30)

图 6-22

2. 添加地梁（DL）的清单、定额子目

打开"定义"对话框，填写地梁的清单、定额子目，如图 6-23 所示。

	编码	类别	名称	项目特征	单位	工程量表达式	表达式说明	单价	综合	措施项目
1	⊟ 010503001	项	基础梁	1. 混凝土种类：泵送商品混凝土 2. 混凝土强度等级: C30	m³	TJ	TJ〈体积〉			☐
2	5-1-18	定	C30基础梁		m³	TJ	TJ〈体积〉	4626.51		☐
3	5-3-4	定	场外集中搅拌混凝土 25m³/h		m³	TJ*1.01	TJ〈体积〉*1.01	318.63		☐
4	5-3-10	定	泵送混凝土 基础 泵车		m³	TJ*1.01	TJ〈体积〉*1.01	74.17		☐
5	⊟ 011702005	项	基础梁	1. 梁截面形状：矩形 2. 模板的材质：胶合板 3. 支撑：钢管支撑	m²	MBMJ	MBMJ〈模板面积〉			☑
6	18-1-52	定	基础梁复合木模板钢支撑		m²	MBMJ	MBMJ〈模板面积〉	467.08		☑

图 6-23

3. 布置地梁（DL）

仔细阅读附录 A-2 结施 01 和 02，找出地梁（DL）和框架柱的相对位置，从而确定地梁（DL）的准确位置。

以Ⓐ、Ⓓ轴线地梁（DL）为例：单击"绘图"面板里的【直线】→单击Ⓐ、①轴线交点→单击Ⓐ、⑥轴线交点→单击鼠标右键结束操作→单击Ⓓ、①轴线交点→单击Ⓓ轴、辅轴交点→单击鼠标右键结束。其他部位地梁（DL）参照附录 B 结施 02 绘制，如图 6-24 所示。

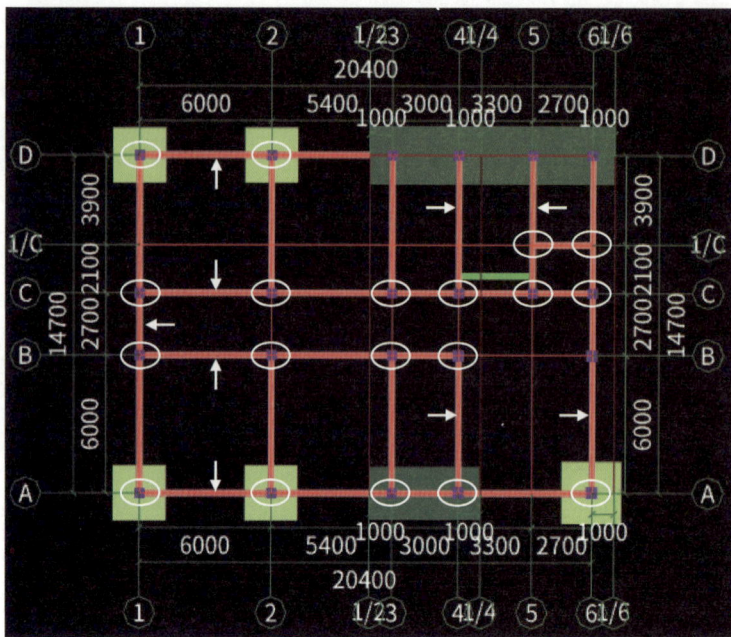

图　6-24

　　地梁（DL）虽然画上了，但并没有画到图样所示位置。这时，需要将其调整到图样所示位置。

4. 调整地梁（DL）位置

　　（1）对齐　图 6-24 中箭头指示的地梁都需要和对应的柱边对齐。以 Ⓐ / ① 轴地梁为例，单击"修改"面板里的【对齐】→单击 Ⓐ 轴 KZ1（或 KZ3）的下边线（变粗）→单击 Ⓐ 轴地梁的下边线→单击①轴 KZ1（或 KZ2）的左边线（变粗）→单击①轴地梁的左边线。采用同样方法，参照图 6-24 依次对齐其他部位的地梁，最后单击鼠标右键结束操作。

　　按 <Z> 键，关闭"柱"层，滚动鼠标滚轮，放大地梁交点，如 Ⓐ、⑥ 轴处（图 6-25），可以发现，地梁的中心线并没有相交，这时需要对地梁相交点进行延伸。

　　（2）延伸　以单击"修改"面板里的【延伸】→单击⑥轴地梁（中心线变粗）→单击 Ⓐ 轴地梁，Ⓐ 轴地梁延伸到⑥轴地梁中心线上→单击【延伸】→单击 Ⓐ 轴地梁（中心线变粗）→单击⑥轴地梁，⑥轴地梁延伸到 Ⓐ 轴地梁中心线上。这时⑥、Ⓐ 轴地梁的中心线就相交了，如图 6-26 所示。采用同样方法，参照图 6-24（椭圆处）延伸其他部位地梁相交点。按 <Z> 键，显示"柱"层。

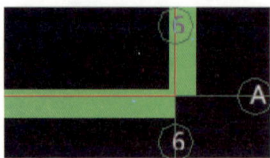

图　6-25

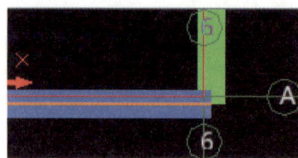

图　6-26

5. 原位标注

单击"梁二次编辑"里面的【原位标注】→单击黑色绘图区Ⓐ轴线的 DL →单击鼠标右键,如果出现"确认"对话框,提示:"此梁类别为非框架梁且以柱为支座,是否将其更改为框架梁?",则单击【否】按钮,这时 DL 由粉红色变为了绿色。依次对所有 DL 进行原位标注。

6. 汇总计算并查看工程量

单击【工程量】选项板,单击【汇总计算】按钮,批量选择绘图区所有 DL(不要选中 TJL),然后单击【查看工程量】按钮,地梁(DL)工程量如图 6-27 所示。说明:"单价"和"合价"现在不能调整,将来到广联达计价软件里面再统一调整。

	编码	项目名称	单位	工程量	单价	合价
1	010503001	基础梁	m³	13.2802		
2	5-1-18	C30基础梁	10m³	1.32802	4626.51	6144.0978
3	5-3-4	场外集中搅拌混凝土 25m³/h	10m³	1.3413	318.63	427.3784
4	5-3-10	泵送混凝土 基础 泵车	10m³	1.3413	74.17	99.4842
5	011702005	基础梁	m²	126.265		
6	18-1-52	基础梁复合木模板钢支撑	10m²	12.7625	467.08	5961.1085

图 6-27

任务三　画基础垫层

阅读附录 A-2 结施 01~03 可知,独立基础、筏板基础和混凝土条形基础的下部都有 C15 素混凝土垫层。

1. 建立基础垫层

(1)建立独立基础垫层　单击"导航树"下"基础"前面的 ▦ 使其展开→单击【垫层(X)】→单击"构件列表"下的【新建】→单击【新建点式矩形垫层】,建立"DC-1"。重复上述操作,建立"DC-2",并在"属性列表"里将"DC-1"改为"DJP-1";将"DC-2"改为"DJJ-2",其属性值如图 6-28 所示。

	属性名称	属性值		属性名称	属性值
1	名称	DJP-1	1	名称	DJJ-2
2	形状	点型	2	形状	点型
3	长度(mm)	2600	3	长度(mm)	2900
4	宽度(mm)	2600	4	宽度(mm)	2900
5	厚度(mm)	100	5	厚度(mm)	100
6	材质	混凝土	6	材质	混凝土
7	混凝土类型	(现浇混凝…	7	混凝土类型	(现浇混凝…
8	混凝土强度等级	(C15)	8	混凝土强度等级	(C15)
9	混凝土外加剂	(无)	9	混凝土外加剂	(无)
10	泵送类型	(混凝土泵)	10	泵送类型	(混凝土泵)
11	截面面积(m²)	6.76	11	截面面积(m²)	8.41
12	顶标高(m)	基础底标高	12	顶标高(m)	基础底标高

图 6-28

（2）建立条形基础垫层 单击"构件列表"下的【新建】→单击【新建线式矩形垫层】，建立"DJJ-3"。重复上述操作，建立"DJJ-4"，并在"属性列表"里将"DJJ-3"改为"TJBP-1"；将"DJJ-4"改为"TJBJ-2"，其属性值如图 6-29 所示。

（3）建立筏板基础垫层 单击"构件列表"下的【新建】→单击【新建面式垫层】，建立"TJBJ-3"，在"属性列表"里将"TJBJ-3"改为"筏基垫层"，其属性值如图 6-30 所示。

	属性名称	属性值
1	名称	TJBP-1
2	形状	线型
3	宽度(mm)	2750
4	厚度(mm)	100
5	轴线距左边线…	(1375)
6	材质	混凝土
7	混凝土类型	(现浇混凝土…
8	混凝土强度等级	(C15)
9	混凝土外加剂	(无)
10	泵送类型	(混凝土泵)
11	截面面积(m²)	0.275
12	起点顶标高(m)	基础底标高
13	终点顶标高(m)	基础底标高

	属性名称	属性值
1	名称	TJBJ-2
2	形状	线型
3	宽度(mm)	2500
4	厚度(mm)	100
5	轴线距左边线…	(1250)
6	材质	混凝土
7	混凝土类型	(现浇混凝土…
8	混凝土强度等级	(C15)
9	混凝土外加剂	(无)
10	泵送类型	(混凝土泵)
11	截面面积(m²)	0.25
12	起点顶标高(m)	基础底标高
13	终点顶标高(m)	基础底标高

图 6-29

	属性名称	属性值
1	名称	筏基垫层
2	形状	面型
3	厚度(mm)	100
4	材质	混凝土
5	混凝土类型	(现浇混凝土碎石…
6	混凝土强度等级	(C15)
7	混凝土外加剂	(无)
8	泵送类型	(混凝土泵)
9	顶标高(m)	基础底标高
10	备注	

图 6-30

2. 添加基础垫层清单、定额子目

双击"构件列表"下的【DJP-1】，打开"定义"对话框。独基垫层的清单、定额子目如图 6-31 所示，条基垫层的清单、定额子目如图 6-32 所示，筏基垫层的清单、定额子目如图 6-33 所示。完成后双击【筏基垫层】，返回绘图界面。

	编码	类别	名称	项目特征	单位	工程量表达式	表达式说明	单价	综合单价	措施项目
1	⊟ 010501001	项	独基垫层	1. 混凝土种类：泵送商品混凝土 2. 混凝土强度等级: C15	m³	TJ	TJ<体积>			☐
2	2-1-28	定	C15无筋混凝土垫层		m³	TJ	TJ<体积>	3997.65		☐
3	5-3-4	定	场外集中搅拌混凝土 25m³/h		m³	TJ*1.01	TJ<体积>*1.01	318.63		☐
4	5-3-14	定	泵送混凝土 其他构件 泵车		m³	TJ*1.01	TJ<体积>*1.01	149.04		☐
5	⊟ 011702001	项	基础	1. 类型: 基础垫层	m²	MBMJ	MBMJ<模板面积>			☑
6	18-1-1	定	混凝土基础垫层木模板		m²	MBMJ	MBMJ<模板面积>	355.01		☑

图 6-31

	编码	类别	名称	项目特征	单位	工程量表达式	表达式说明	单价	综合单价	措施项目
1	⊟ 010501001	项	条基垫层	1. 混凝土种类：泵送商品混凝土 2. 混凝土强度等级: C15	m³	TJ	TJ<体积>			☐
2	2-1-28	定	C15无筋混凝土垫层		m³	TJ	TJ<体积>	3997.65		☐
3	5-3-4	定	场外集中搅拌混凝土 25m³/h		m³	TJ*1.01	TJ<体积>*1.01	318.63		☐
4	5-3-14	定	泵送混凝土 其他构件 泵车		m³	TJ*1.01	TJ<体积>*1.01	149.04		☐
5	⊟ 011702001	项	基础	1. 类型: 基础垫层	m²	MBMJ	MBMJ<模板面积>			☑
6	18-1-1	定	混凝土基础垫层木模板		m²	MBMJ	MBMJ<模板面积>	355.01		☑

图 6-32

	编码	类别	名称	项目特征	单位	工程量表达式	表达式说明	单价	综合单价	措施项目
1	⊟ 010501001	项	筏基垫层	1. 混凝土种类：泵送商品混凝土 2. 混凝土强度等级：C15	m³	TJ	TJ〈体积〉			☐
2	2-1-28	定	C15无筋混凝土垫层		m³	TJ	TJ〈体积〉	3997.65		☐
3	5-3-4	定	场外集中搅拌混凝土 25m³/h		m³	TJ*1.01	TJ〈体积〉*1.01	318.63		☐
4	5-3-14	定	泵送混凝土 其他构件 泵车		m³	TJ*1.01	TJ〈体积〉*1.01	149.04		☐
5	⊟ 011702001	项	基础	1. 类型：基础垫层	m²	MBMJ	MBMJ〈模板面积〉			☑
6	18-1-1	定	混凝土基础垫层木模板		m²	MBMJ	MBMJ〈模板面积〉	355.01		☑

图　6-33

3. 布置基础垫层

（1）布置独立基础垫层　单击"构件列表"内的【DJP-1】→单击【智能布置】→单击【独基】→单击Ⓐ/①轴独基→单击Ⓐ/②轴独基→单击Ⓓ/①轴独基→单击Ⓓ/②轴独基→单击鼠标右键结束操作。采用同样方法，画 DJJ-2 独基垫层。

（2）布置条形基础垫层　单击"构件列表"内的【TJBP-1】→单击【智能布置】→单击【条基中心线】→单击Ⓓ轴线上的条基→单击鼠标右键，弹出"设置出边距离"对话框（图 6-34）→单击【确定】按钮。采用同样方法，画 TJBJ-2 条基垫层。

（3）布置筏板基础垫层　单击"构件列表"内的【筏基垫层】→单击【智能布置】→单击【筏板】→单击绘图区的筏基→单击鼠标右键，弹出"设置出边距离"对话框，输入"出边距离（mm）"为"100"→单击【确定】按钮，这样筏基垫层就画完了。

图　6-34

单击"导航树"内"轴线"前面的 使其展开→单击【辅助轴线（O）】→单击选中绘图区所有辅轴→单击"修改"面板里的【删除】，这样辅轴就被删除了。然后返回"垫层（X）"。

4. 观察基础层所有构件

单击【视图】选项板→单击"通用操作"面板里"俯视"下面的下拉箭头→单击【东南等轴测】，绘图区出现阆顶层立体图→单击"操作"面板的【显示设置】，弹出"显示设置"对话框→通过勾选显示所有构件→单击 （动态观察），调整观察角度，仔细观察基础层所有构件，结合图样仔细观察基础各类构件所画的位置是否准确，如图 6-35 所示。

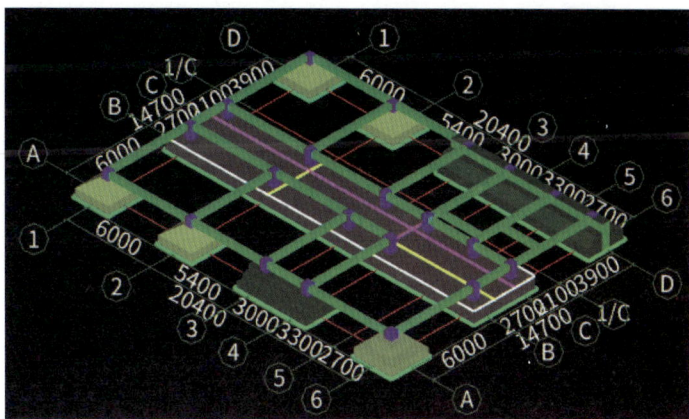

图　6-35

5. 计算基础垫层工程量

单击【汇总计算】按钮，单击选中所有基础垫层，然后单击【查看工程量】按钮，基础垫层工程量如图 6-36 所示。

	编码	项目名称	单位	工程量
	构件工程量　做法工程量			
1	010501001	独基垫层	m^3	3.545
2	2-1-28	C15无筋混凝土垫层	$10m^3$	0.3545
3	5-3-4	场外集中搅拌混凝土 25m^3/h	$10m^3$	0.35806
4	5-3-14	泵送混凝土 其他构件 泵车	$10m^3$	0.35806
5	011702001	基础	m^2	15.07
6	18-1-1	混凝土基础垫层木模板	$10m^2$	1.507
7	010501001	条基垫层	m^3	4.38
8	2-1-28	C15无筋混凝土垫层	$10m^3$	0.438
9	5-3-4	场外集中搅拌混凝土 25m^3/h	$10m^3$	0.44238
10	5-3-14	泵送混凝土 其他构件 泵车	$10m^3$	0.44238
11	010501001	筏基垫层	m^3	10.528
12	2-1-28	C15无筋混凝土垫层	$10m^3$	1.0528
13	5-3-4	场外集中搅拌混凝土 25m^3/h	$10m^3$	1.06333
14	5-3-14	泵送混凝土 其他构件 泵车	$10m^3$	1.06333

图 6-36

子项四　画基础土（石）方

理论链接：

《房屋建筑与装饰工程工程量计算规范》（GB 50854—2013）规定：基础土方按设计图示尺寸以垫层底面积乘以挖土深度计算。本书计算基础挖土所需的工作面混凝土垫层为 300mm，混凝土基础为 300mm。《山东省建筑工程消耗量定额》（SD 01-31-2016）规定：混凝土基础垫层工作面宽度为 150mm，混凝土基础工作面宽度为 400mm，竖土的放坡起点深度为 1.70m。本工程挖土深度为 1.3m，采用直立开挖。根据附录 B 结施 02 和 03 可以得知，本工程挖土工作面从垫层底向外 300mm，正好同时满足清单规范和定额规定的工作面要求。

任务一　画基坑土方

1. 建立基坑土方

单击"导航树"下"土方"前面的 🔲 使其展开→单击【基坑土方（K）】→单击"构件列表"下的【新建】→单击【新建矩形基坑土方】，建立"JK-1"。重复上述操作，建立"JK-2"，在"属性列表"里将"JK-1"改为"DJP-1"，将"JK-2"改为"DJJ-2"，其属性值如图 6-37 所示。

画基坑土方

2. 添加清单、定额子目

双击"构件列表"下的【DJP-1】，打开"定义"对话框，添加"DJP-1"和"DJJ-2"的清单、定额子目，如图 6-38 所示。完成后双击【DJJ-2】返回绘图界面。

图 6-37

图 6-38

3. 布置基坑土方

单击"构件列表"下的【DJP-1】→单击【智能布置】→单击【点式垫层】→依次单击Ⓐ、Ⓓ轴上 4 个 DJP-1 垫层→单击鼠标右键结束操作。单击"构件列表"下的【DJJ-2】→单击【智能布置】→单击【点式垫层】→单击Ⓐ轴与⑥轴交点处的 DJJ-2 垫层→单击鼠标右键结束操作。

4. 修改计算设置

单击【工程设置】选项板→单击"土建设置"面板里的【计算设置】，弹出"计算设置"对话框→单击"清单"对话框，将第 1~3 条计算设置改为"1 加工作面"，如图 6-39 所示。查看"定额"对话框，看是否修改计算规则，计算土方工程量时需要考虑加工作面。

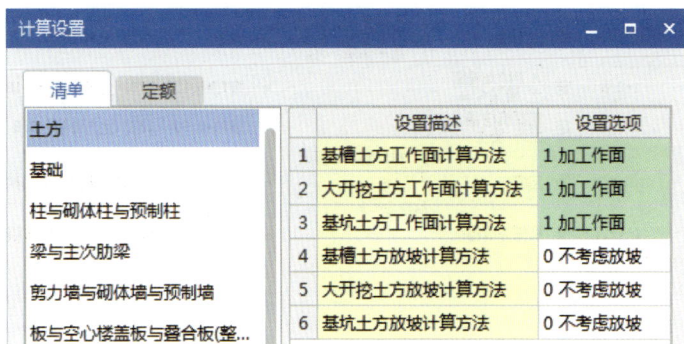

图 6-39

5. 汇总计算并查看工程量

单击【汇总计算】按钮，单击【批量选择】，选中"DJP-1""DJJ-2"，然后单击【查看工程量】按钮，基坑土方工程量如图 6-40 所示。

	编码	项目名称	单位	工程量
1	010101004	挖基坑土方	m³	69.173
2	1-2-13	人工挖地坑坚土 坑深≤2m	10m³	1.30047
3	1-2-44	挖掘机挖坑土方 坚土	10m³	5.87971
4	010103001	回填方	m³	43.1328
5	1-4-13	机械夯填槽坑	10m³	4.31328

图 6-40

任务二　画基槽土方

1. 建立基槽土方

单击"导航树"中土方前面的 使其展开→单击【基槽土方（C）】→单击"构件列表"下的【新建】→单击【新建基槽土方】，建立"JC-1"→单击【新建基槽土方】，建立"JC-2"。在"属性列表"里将"JC-1"改为"TJBP-1"；将"JC-2"改为"TJBJ-2"，其属性值如图 6-41 所示。

画基槽土方

	属性名称	属性值			属性名称	属性值
1	名称	TJBP-1		1	名称	TJBJ-2
2	土壤类别	坚土		2	土壤类别	坚土
3	槽底宽(mm)	2750		3	槽底宽(mm)	2500
4	槽深(mm)	1300		4	槽深(mm)	1300
5	左工作面宽(mm)	300		5	左工作面宽(mm)	300
6	右工作面宽(mm)	300		6	右工作面宽(mm)	300
7	左放坡系数	0		7	左放坡系数	0
8	右放坡系数	0		8	右放坡系数	0
9	轴线距槽左…	(1375)		9	轴线距槽左…	(1250)
10	挖土方式	人工		10	挖土方式	人工
11	起点底标高(m)	层底标高-0.1		11	起点底标高(m)	层底标高-0.1
12	终点底标高(m)	层底标高-0.1		12	终点底标高(m)	层底标高-0.1
13	备注			13	备注	

图 6-41

2. 添加清单、定额子目

双击"构件列表"下的【TJBP-1】，打开"定义"对话框，添加 TJBP-1 和 TJBJ-2 基槽土方的清单、定额子目，如图 6-42 所示。完成后双击【TJBJ-2】，返回绘图界面。

	编码	类别	名称	项目特征	单位	工程量表达式	表达式说明
1	010101003	项	挖沟槽土方	1. 土壤类别: 坚土 2. 挖土深度: 1.30m 3. 弃土距离: 2km	m³	TFTJ	TFTJ<土方体积>
2	1-2-8	定	人工挖沟槽坚土 槽深≤2m		m³	TFTJ*0.125	TFTJ<土方体积>*0.125
3	1-2-44	定	挖掘机挖坑土方 坚土		m³	TFTJ*0.90	TFTJ<土方体积>*0.9
4	010103001	项	回填方	1. 材料要求: 原素土回填 2. 质量要求: 压实系数≥0.9	m³	STHTTJ	STHTTJ<素土回填体积>
5	1-4-13	定	机械夯填槽坑		m³	STHTTJ	STHTTJ<素土回填体积>

图 6-42

3. 布置基槽土方

单击"构件列表"下的【TJBP-1】→单击【智能布置】→单击【线式垫层中心线】→单

击①轴线上的 TJBP-1 条基垫层→单击鼠标右键结束操作。单击"构件列表"下的【TJBJ-2】→单击【智能布置】→单击【线式垫层中心线】→单击Ⓐ轴线上的 TJBJ-2 条基垫层→单击鼠标右键结束操作。

4. 汇总计算并查看工程量

单击【汇总计算】按钮，单击【批量选择】按钮，选中基槽挖土，然后单击【查看工程量】按钮，基槽土方工程量如图 6-43 所示。说明：表中"单价"和"合价"不必核对，将来在计价软件中再调整。

	编码	项目名称	单位	工程量	单价	合价
1	010101003	挖沟槽土方	m³	69.732		
2	1-2-8	人工挖沟槽坚土 槽深≤2m	10m³	0.87165	672.6	586.2718
3	1-2-44	挖掘机挖槽坑土方 坚土	10m³	6.27588	31.49	197.6275
4	010103001	回填方	m³	30.8789		
5	1-4-13	机械夯填槽坑	10m³	3.08789	121.52	375.2404

图　6-43

任务三　画筏板基础土方

1. 建立筏板基础土方

单击"导航树"下的【大开挖土方（W）】→单击"构件列表"下的【新建】→单击【新建大开挖土方】，建立"DKW-1"，在"属性列表"里将"DKW-1"改为"筏基土方"，其属性值如图 6-44 所示。

2. 添加清单、定额子目

双击"构件列表"下的【筏基土方】，打开"定义"对话框，添加筏基土方的清单、定额子目，如图 6-45 所示。完成后双击【筏基土方】，返回绘图界面。

3. 布置筏板基础土方

单击"构件列表"下的【筏基土方】→单击【智能布置】→单击【面式垫层】→单击绘图区的筏基垫层→单击鼠标右键结束操作，这样筏基土方就画完了。

4. 汇总计算并查看工程量

单击【汇总计算】按钮，单击【批量选择】，选中筏基土方，然后单击【查看工程量】按钮，筏板基础土方工程量如图 6-46 所示。

	属性名称	属性值
1	名称	筏基土方
2	土壤类别	坚土
3	深度(mm)	1300
4	放坡系数	0
5	工作面宽(mm)	300
6	挖土方式	挖掘机
7	顶标高(m)	层底标高+1.2
8	底标高(m)	层底标高-0.1
9	备注	

图　6-44

	编码	类别	名称	项目特征	单位	工程量表达式	表达式说明
1	010101002	项	挖一般土方	1. 土壤类别：坚土 2. 挖土深度：1.30m 3. 弃土距离：2km	m³	TFTJ	TFTJ〈土方体积〉
2	1-2-3	定	人工挖一般土方 坚土 基深≤2m		m³	TFTJ*0.063	TFTJ〈土方体积〉*0.063
3	1-2-40	定	挖掘机挖一般土方 坚土		m³	TFTJ*0.95	TFTJ〈土方体积〉*0.95
4	010103001	项	回填方	1. 材料要求：原素土回填 2. 质量要求：压实系数≥0.9	m³	STHTTJ	STHTTJ〈素土回填体积〉
5	1-4-13	定	机械夯填槽坑		m³	STHTTJ	STHTTJ〈素土回填体积〉

图　6-45

编码	项目名称	单位	工程量	单价	合价
1 010101002	挖一般土方	m³	158.47		
2 1-2-3	人工挖一般土方 坚土 基深≤2m	10m³	0.99836	449.35	448.6131
3 1-2-40	挖掘机挖一般土方 坚土	10m³	15.05465	29.38	442.3056
4 010103001	回填方	m³	76.8507		
5 1-4-13	机械夯填槽坑	10m³	7.68507	121.52	933.8897

图　6-46

子项五　计算基础层工程量

理论链接：

计算基础层
工程量

至此，土木实训楼建筑工程部分的土建算量就全部输入完成了，主体部分的工程量前面已分层核对过，这里只汇总基础层的工程量。

任务一　汇总基础层工程量

单击【工程量】选项板→单击【汇总计算】按钮，弹出"汇总计算"对话框（图 6-47）→只勾选"基础层"→单击【确定】按钮，软件开始计算，计算成功后单击【确定】按钮。单击每种构件前面的箭头，能够把各种构件都显示出来。比如梁，基础层共画了两种构件，分别是 TJL 和 DL。通过"汇总计算"对话框，能够检查基础层共画了几种构件，有没有漏画的构件；如果有漏画，应立即补画。

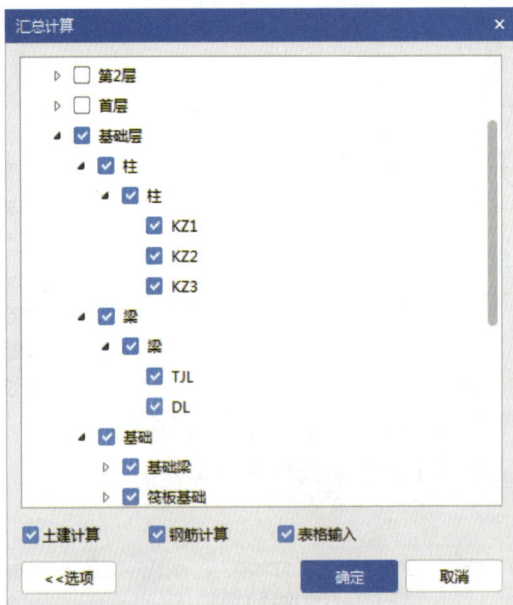

图　6-47

任务二　查看基础层工程量

1. 基础层实体项目清单、定额工程量

单击【查看报表】，弹出"报表"对话框→单击【土建报表量】→单击"做法汇总分析"下的【清单定额总表】→单击选择【全部项目】→单击【实体项目】→单击【设置报表范围】，

弹出"设置报表范围"对话框→"绘图输入"勾选"基础层"→"表格输入"不勾选→下部"钢筋类型"所有选项全部勾选→单击【确定】按钮，光标移到"工程量"表格上→单击鼠标右键→单击【导出到 Excel 文件（X）】→选择文件路径（可到桌面）→"文件名（N）"输入"基础层实体项目清单、定额工程量表"→单击【保存】，弹出"导出成功"对话框，单击【确定】按钮。基础层实体项目清单、定额工程量表见表 6-1。

表 6-1 基础层实体项目清单、定额工程量表

工程名称：土木实训楼   编制日期：2024-03-18

序号	编码	项目名称	单位	工程量
1	010101002001	挖一般土方 1. 土壤类别：坚土 2. 挖土深度：1.30m 3. 弃土距离：2km	m³	158.47
	1-2-3	人工挖一般土方 坚土 基深≤2m	10m³	0.99836
	1-2-40	挖掘机挖一般土方 坚土	10m³	15.05465
2	010101003001	挖沟槽土方 1. 土壤类别：坚土 2. 挖土深度：1.30m 3. 弃土距离：2km	m³	69.732
	1-2-8	人工挖沟槽坚土 槽深≤2m	10m³	0.87165
	1-2-44	挖掘机挖槽坑土方 坚土	10m³	6.27588
3	010101004001	挖基坑土方 1. 土壤类别：坚土 2. 挖土深度：1.30m 3. 弃土距离：2km	m³	69.173
	1-2-13	人工挖地坑坚土 坑深≤2m	10m³	1.30047
	1-2-44	挖掘机挖槽坑土方 坚土	10m³	5.87971
4	010103001001	回填方 1. 材料要求：原素土回填 2. 质量要求：压实系数≥0.9	m³	150.8624
	1-4-13	机械夯填槽坑	10m³	15.08624
5	010501001001	独基垫层 1. 混凝土种类：泵送商品混凝土 2. 混凝土强度等级：C15	m³	3.545
	2-1-28	C15 无筋混凝土垫层	10m³	0.3545
	5-3-4	场外集中搅拌混凝土 25m³/h	10m³	0.35806
	5-3-14	泵送混凝土 其他构件 泵车	10m³	0.35806
6	010501001001	条基垫层 1. 混凝土种类：泵送商品混凝土 2. 混凝土强度等级：C15	m³	4.38
	2-1-28	C15 无筋混凝土垫层	10m³	0.438
	5-3-4	场外集中搅拌混凝土 25m³/h	10m³	0.44238
	5-3-14	泵送混凝土 其他构件 泵车	10m³	0.44238

（续）

序号	编码	项目名称	单位	工程量
7	010501001001	筏基垫层 1. 混凝土种类：泵送商品混凝土 2. 混凝土强度等级：C15	m³	10.528
	2-1-28	C15 无筋混凝土垫层	10m³	1.0528
	5-3-4	场外集中搅拌混凝土　25m³/h	10m³	1.06333
	5-3-14	泵送混凝土　其他构件　泵车	10m³	1.06333
8	010501002001	带形基础 1. 混凝土种类：泵送商品混凝土 2. 混凝土强度等级：C30	m³	36.4775
	5-1-4	C30 混凝土带形基础	10m³	3.64775
	5-3-4	场外集中搅拌混凝土 25m³/h	10m³	3.68423
	5-3-10	泵送混凝土　基础　泵车	10m³	3.68423
9	010501003001	独立基础 1. 混凝土种类：泵送商品混凝土 2. 混凝土强度等级：C30	m³	22.389
	5-1-6	C30 混凝土独立基础	10m³	2.2389
	5-3-4	场外集中搅拌混凝土　25m³/h	10m³	2.26129
	5-3-10	泵送混凝土　基础　泵车	10m³	2.26129
10	010501004001	满堂基础 1. 混凝土种类：泵送商品混凝土 2. 混凝土强度等级：C30	m³	69.93
	5-1-8	C30 无梁式混凝土满堂基础	10m³	6.993
	5-3-4	场外集中搅拌混凝土　25m³/h	10m³	7.0629
	5-3-10	泵送混凝土　基础　泵车	10m³	7.0629
11	010502001001	矩形柱 1. 混凝土种类：泵送商品混凝土 2. 混凝土强度等级：C30	m³	2.7223
	5-1-14	C30 矩形柱	10m³	0.27223
	5-3-4	场外集中搅拌混凝土　25m³/h	10m³	0.26861
	5-3-12	泵送混凝土　柱、墙、梁、板　泵车	10m³	0.26861
12	010503001001	基础梁 1. 混凝土种类：泵送商品混凝土 2. 混凝土强度等级：C30	m³	13.6425
	5-1-18	C30 基础梁	10m³	1.36425
	5-3-4	场外集中搅拌混凝土　25m³/h	10m³	1.37789
	5-3-10	泵送混凝土　基础　泵车	10m³	1.37789

2. 基础层措施项目清单、定额工程量

单击【实体项目】→单击【措施项目】，光标指到"工程量"表格上→单击鼠标右键→单击【导出到 Excel 文件（X）】→选择文件路径（可到桌面）→"文件名（N）"输入"基础层措施项目清单、定额工程量表"→单击【保存】，弹出"导出成功"对话框，单击【确定】按钮。基础层措施项目清单、定额工程量表见表 6-2。

表 6-2　基础层措施项目清单、定额工程量表

工程名称：土木实训楼　　　　　　　　　　　　　　　　　　　编制日期：2024-03-18

序号	编码	项目名称	单位	工程量
1	011701002001	外脚手架 1. 脚手架搭设的方式：单排 2. 高度：3.6m 以内 3. 材质：钢管脚手架	m²	70.75
	17-1-6	单排外钢管脚手架 ≤ 6m	10m²	7.075
2	011702001001	基础 1. 基础类型：独立基础 2. 模板的材质：胶合板模板	m²	27.96
	18-1-15	独立基础钢筋混凝土复合木模板木支撑	10m²	2.796
3	011702001002	基础 1. 基础类型：无梁式满堂基础 2. 模板的材质：胶合板模板	m²	37.38
	18-1-17	满堂基础（无梁式）复合木模板木支撑	10m²	3.738
4	011702001003	基础 1. 基础类型：条形基础 2. 模板的材质：胶合板模板	m²	23.1
	18-1-11	带形基础（有梁式）钢筋混凝土复合木模板木支撑	10m²	2.31
5	011702001004	基础 1. 基础类型：条形基础 2. 模板的材质：胶合板模板	m²	9.5
	18-1-7	带形基础（无梁式）钢筋混凝土复合木模板木支撑	10m²	0.95
6	011702001005	基础 类型：基础垫层	m²	15.07
	18-1-1	混凝土基础垫层木模板	10m²	1.507
7	011702002001	矩形柱 1. 模板的材质：胶合板 2. 支撑：钢管支撑	m²	18.445
	18-1-36	矩形柱复合木模板钢支撑	10m²	2.359
	18-1-48	柱支撑高度 >3.6m　每增 1m 钢支撑	10m²	0
8	011702005001	基础梁 1. 梁截面形状：矩形 2. 模板的材质：胶合板 3. 支撑：钢管支撑	m²	129.295
	18-1-52	基础梁复合木模板钢支撑	10m²	13.1075

子项一　首层室内外装饰装修

理论链接：

在广联达 BIM 土建计量平台 GTJ2021 里，画完建筑主体构件以后，就可以绘制装饰装修工程了。在画室内装修时，最好按组建房间的方法来画图，如果按楼地面、墙面、顶棚等单构件分别来画，很容易出错，而且画起来也比较麻烦。

任务一　定义室内各部位装饰装修

1. 定义地面

（1）单击"导航树"上方的【基础层】→单击【首层】（切换到首层）→单击"导航树"下"装修"前面的 使其展开→单击【楼地面（V）】→单击【视图】选项板→单击"用户面板"里的【构件列表】，打开"构件列表"→单击【属性】，打开"属性列表"→单击"构件列表"下的【新建】→单击【新建楼地面】，建立"DM-1"，并在"属性列表"里将其重命名为"地面1"。采用同样方法，建立"地面2""地面3"和"地面4"。地面1和地面2的属性值如图7-1所示，地面3和地面4的属性值如图7-2所示。

属性列表	图层管理		属性列表	图层管理
属性名称	属性值		属性名称	属性值
1 名称	地面1		1 名称	地面2
2 块料厚度(...	100		2 块料厚度(...	95
3 是否计算...	否		3 是否计算...	否
4 顶标高(m)	层底标高+0.05		4 顶标高(m)	层底标高+0.05
5 备注			5 备注	

图 7-1

属性列表	图层管理		属性列表	图层管理
属性名称	属性值		属性名称	属性值
1 名称	地面3		1 名称	地面4
2 块料厚度(...	70		2 块料厚度(...	100
3 是否计算...	否		3 是否计算...	否
4 顶标高(m)	层底标高+0.05		4 顶标高(m)	层底标高+0.02
5 备注			5 备注	

图 7-2

（2）双击"构件列表"下的【地面 1】，打开"定义"对话框，添加地面 1~ 地面 4 的清单、定额子目。地面 1 的清单、定额子目如图 7-3 所示，地面 2 的清单、定额子目如图 7-4 所示，地面 3 的清单、定额子目如图 7-5 所示，地面 4 的清单、定额子目如图 7-6 所示。完成后双击【地面 4】，返回绘图界面。

	编码	类别	名称	项目特征	单位	工程量表达式	表达式说明
1	⊟ 011102001	项	石材楼地面	1. 面层：20mm厚大理石板 2. 结合层：30mm厚1:3干硬性水泥砂浆 3. 垫层：50mm厚C15混凝土	m²	KLDMJ	KLDMJ〈块料地面积〉
2	11-3-6	定	石材块料 楼地面 干硬性水泥砂浆 分色		m²	KLDMJ	KLDMJ〈块料地面积〉
3	11-3-73	定	干硬性水泥砂浆 每增减5mm		m²	DMJ*2	DMJ〈地面积〉*2
4	2-1-28	定	C15无筋混凝土垫层		m³	DMJ*0.05	DMJ〈地面积〉*0.05

图 7-3

	编码	类别	名称	项目特征	单位	工程量表达式	表达式说明
1	⊟ 011102003	项	块料楼地面	1. 面层：800mm×800mm全瓷地板砖 2. 结合层：30mm厚1:3干硬性水泥砂浆 3. 垫层：50mm厚C15混凝土	m²	KLDMJ	KLDMJ〈块料地面积〉
2	11-3-37	定	楼地面 干硬性水泥砂浆 周长≤3200mm		m²	KLDMJ	KLDMJ〈块料地面积〉
3	11-3-73	定	干硬性水泥砂浆 每增减5mm		m²	DMJ*2	DMJ〈地面积〉*2
4	2-1-28	定	C15无筋混凝土垫层		m³	DMJ*0.05	DMJ〈地面积〉*0.05

图 7-4

	编码	类别	名称	项目特征	单位	工程量表达式	表达式说明
1	⊟ 011101001	项	水泥砂浆楼地面	1. 面层：20mm厚水泥砂浆 2. 垫层：50mm厚C15混凝土	m²	DMJ	DMJ〈地面积〉
2	11-2-1	定	水泥砂浆 楼地面20mm		m²	DMJ	DMJ〈地面积〉
3	2-1-28	定	C15无筋混凝土垫层		m³	DMJ*0.05	DMJ〈地面积〉*0.05

图 7-5

	编码	类别	名称	项目特征	单位	工程量表达式	表达式说明
1	⊟ 011102003	项	块料楼地面	1. 面层：500mm×500mm全瓷地板砖 2. 结合层：30mm厚1:2.5水泥砂浆 3. 垫层：50mm厚C15混凝土	m²	KLDMJ	KLDMJ〈块料地面积〉
2	11-1-3	定	水泥砂浆 每增减5mm		m²	DMJ*2	DMJ〈地面积〉*2
3	11-3-29	定	楼地面 水泥砂浆 周长≤2000mm		m²	KLDMJ	KLDMJ〈块料地面积〉
4	2-1-28	定	C15无筋混凝土垫层		m³	DMJ*0.05	DMJ〈地面积〉*0.05

图 7-6

2. 定义墙面、墙裙和踢脚

（1）定义墙面 单击"导航树"下"装修"里面的【墙面（W）】→单击"构件列表"下的【新建】→单击【新建内墙面】，建立"QM-1［内墙面］"，并在"属性列表"里将其重命名为"墙面1"，其属性值如图 7-7 所示。

双击"构件列表"下的【墙面1】，打开"定义"对话框，添加"墙面1"的清单、定额子目，如图 7-8 所示。完成后双击【墙面1】，返回绘图界面。

（2）定义墙裙　单击【墙裙】→单击"构件列表"下的【新建】→单击【新建内墙裙】，建立"QQ-1［内墙裙］"，并在"属性列表"里将其重命名为"墙裙1"。采用同样方法，建立"墙裙3"。墙裙1和墙裙3的属性值如图 7-9 所示。

双击"构件列表"下的【墙裙1［内墙裙］】，打开"定义"对话框，分别添加"墙裙1"和"墙裙3"的清单、定额子目，如图 7-10 所示。完成后双击【墙裙3［内墙裙］】，返回绘图界面。

属性列表	图层管理	
	属性名称	属性值	附加
1	名称	墙面1	
2	块料厚度(...	0	☐
3	所附墙材质	(程序自动判断)	☐
4	内/外墙面...	内墙面	☑
5	起点顶标...	墙顶标高	☐
6	终点顶标...	墙顶标高	☐
7	起点底标...	层底标高+0.05	☐
8	终点底标...	层底标高+0.05	☐
9	备注		☐

图　7-7

	编码	类别	名称	项目特征	单位	工程量表达式	表达式说明
1	⊟ 011201001	项	墙面一般抹灰	1.墙体类型：填充墙 2.面层：9mm厚1:1:6水泥石灰抹灰砂浆 3.底层：6mm厚1:0.5:3水泥石灰抹灰砂浆	m²	QMMHMJ	QMMHMJ〈墙面抹灰面积〉
2	12-1-10	定	混合砂浆（厚9+6mm）混凝土墙（砌块墙）		m²	QMMHMJ	QMMHMJ〈墙面抹灰面积〉
3	⊟ 011407001	项	墙面喷刷涂料	1.基层：抹灰砂浆 2.腻子：满刮两遍 3.涂料：乳胶漆两遍	m²	QMMHMJ	QMMHMJ〈墙面抹灰面积〉
4	14-3-7	定	室内乳胶漆二遍 墙、柱面 光面		m²	QMMHMJ	QMMHMJ〈墙面抹灰面积〉
5	14-4-9	定	满刮成品腻子 内墙抹灰面 二遍		m²	QMMHMJ	QMMHMJ〈墙面抹灰面积〉

图　7-8

	属性名称	属性值			属性名称	属性值
1	名称	墙裙1		1	名称	墙裙3
2	高度(mm)	1500		2	高度(mm)	1530
3	块料厚度(mm)	0		3	块料厚度(mm)	0
4	所附墙材质	(程序自动判断)		4	所附墙材质	(程序自动判断)
5	内/外墙裙标志	内墙裙		5	内/外墙裙标志	内墙裙
6	起点底标高(m)	层底标高+0.05		6	起点底标高(m)	层底标高+0.02
7	终点底标高(m)	层底标高+0.05		7	终点底标高(m)	层底标高+0.02
8	备注			8	备注	

图　7-9

	编码	类别	名称	项目特征	单位	工程量表达式	表达式说明
1	⊟ 011204003	项	块料墙面	1.墙体类型：填充墙 2.面层材料：瓷砖 3.铺贴形式：水泥砂浆粘贴	m²	QQKLMJ	QQKLMJ〈墙裙块料面积〉
2	12-1-16	定	水泥砂浆 抹灰层每增减1mm		m²	QQMHMJ*5	QQMHMJ〈墙裙抹灰面积〉*5
3	12-2-23	定	水泥砂浆粘贴瓷砖 边长200×300mm 墙面、墙裙		m²	QQKLMJ	QQKLMJ〈墙裙块料面积〉

图　7-10

（3）定义踢脚　单击"导航树"下"装修"里面的【踢脚（S）】→单击"构件列表"下的【新建】→单击【新建踢脚】，建立"TIJ-1"，并在"属性列表"里将其重命名为"踢脚1"。采用同样方法，建立"踢脚2"，踢脚1和踢脚2的属性值如图7-11所示。

	属性名称	属性值			属性名称	属性值
1	名称	踢脚1		1	名称	踢脚2
2	高度(mm)	100		2	高度(mm)	100
3	块料厚度(mm)	0		3	块料厚度(mm)	0
4	起点底标高(m)	层底标高+0.05		4	起点底标高(m)	层底标高+0.05
5	终点底标高(m)	层底标高+0.05		5	终点底标高(m)	层底标高+0.05
6	备注			6	备注	

图　7-11

双击"构件列表"下的【踢脚1】，打开"添加清单"对话框，添加踢脚1和踢脚2的清单、定额子目。踢脚1的清单、定额子目如图7-12所示，踢脚2的清单、定额子目如图7-13所示。完成后双击【踢脚2】，返回绘图界面。

	编码	类别	名称	项目特征	单位	工程量表达式	表达式说明
1	⊟ 011105003	项	块料踢脚线	1. 面层：块料 2. 踢脚高度：100mm 3. 粘结层：5mm素水泥砂浆	m²	TJKLMJ	TJKLMJ<踢脚块料面积>
2	11-3-45	定	地板砖 踢脚板 直线形 水泥砂浆		m²	TJKLMJ	TJKLMJ<踢脚块料面积>

图　7-12

	编码	类别	名称	项目特征	单位	工程量表达式	表达式说明
1	⊟ 011105001	项	水泥砂浆踢脚线	1. 踢脚高度：100mm 2. 面层：6mm厚1:2水泥砂浆 3. 底层：6mm厚1:3水泥砂浆	m²	TJMHCD	TJMHCD<踢脚抹灰长度>
2	11-2-5	定	水泥砂浆踢脚线 12mm		m	TJMHCD	TJMHCD<踢脚抹灰长度>

图　7-13

3. 定义天棚、吊顶

（1）定义天棚　单击"导航树"下"装修"里面的【天棚（P）】→单击"构件列表"下的【新建】→单击【新建天棚】，建立"TP-1"→单击【新建天棚】，建立"TP-2"。在"属性列表"里将"TP-1"改为"天棚1"，将"TP-2"改为"天棚4"。

双击"构件列表"下的【天棚1】，打开"添加清单"对话框，添加天棚1和天棚4的清单、定额子目。天棚1的清单、定额子目如图7-14所示，天棚4的清单、定额子目如图7-15所示。完成后双击【天棚1】，返回绘图界面。

（2）定义吊顶　单击"导航树"下"装修"里面的【吊顶（K）】→单击"构件列表"下的【新建】→单击【新建吊顶】，建立"DD-1"，在"属性列表"里将"DD-1"改为"棚2（吊顶）"，离地高度为"3350mm"。棚2（吊顶）的清单、定额子目如图7-16所示。

	编码	类别	名称	项目特征	单位	工程量表达式	表达式说明
1	⊟ 011301001	项	天棚抹灰	1. 基层类型：现浇混凝土板 2. 面层：5mm厚1:3水泥砂浆 3. 底层：3mm厚1:3水泥砂浆	m²	TPMHMJ	TPMHMJ〈天棚抹灰面积〉
2	13-1-2	定	混凝土面天棚 水泥砂浆（厚度5+3mm）		m²	TPMHMJ	TPMHMJ〈天棚抹灰面积〉
3	⊟ 011407002	项	天棚喷刷涂料	1. 基层：抹灰砂浆 2. 腻子：满刮两遍 3. 涂料：乳胶漆两遍	m²	TPMHMJ	TPMHMJ〈天棚抹灰面积〉
4	14-3-9	定	室内乳胶漆二遍 天棚		m²	TPMHMJ	TPMHMJ〈天棚抹灰面积〉
5	14-4-11	定	满刮成品腻子 天棚抹灰面 二遍		m²	TPMHMJ	TPMHMJ〈天棚抹灰面积〉
6	⊟ 011502004	项	石膏装饰线	1. 线条形式：石膏线 2. 规格：100mm×100mm	m	TPZC	TPZC〈天棚周长〉
7	15-2-24	定	石膏装饰线、灯盘及角花（成品）石膏阴阳脚线 宽度≤100mm		m	TPZC	TPZC〈天棚周长〉

图 7-14

	编码	类别	名称	项目特征	单位	工程量表达式	表达式说明
1	⊟ 011301001	项	天棚抹灰	1. 基层类型：现浇混凝土板 2. 面层：5mm厚1:3水泥砂浆 3. 底层：3mm厚1:2水泥砂浆	m²	TPMHMJ	TPMHMJ〈天棚抹灰面积〉
2	13-1-2	定	混凝土面天棚 水泥砂浆（厚度5+3mm）		m²	TPMHMJ	TPMHMJ〈天棚抹灰面积〉
3	⊟ 011407002	项	天棚喷刷涂料	1. 基层：抹灰砂浆 2. 腻子：满刮两遍 3. 涂料：乳胶漆两遍	m²	TPMHMJ	TPMHMJ〈天棚抹灰面积〉
4	14-3-9	定	室内乳胶漆二遍 天棚		m²	TPMHMJ	TPMHMJ〈天棚抹灰面积〉
5	14-4-11	定	满刮成品腻子 天棚抹灰面 二遍		m²	TPMHMJ	TPMHMJ〈天棚抹灰面积〉

图 7-15

	编码	类别	名称	项目特征	单位	工程量表达式	表达式说明
1	⊟ 011302001	项	吊顶天棚	1. 吊顶形式：平面 2. 龙骨材料：T型铝合金 3. 面层材料：硅钙板	m²	DDMJ	DDMJ〈吊顶面积〉
2	13-2-23	定	装配式T型铝合金天棚龙骨（网格尺寸600X600）平面		m²	DDMJ	DDMJ〈吊顶面积〉
3	13-3-34	定	硅钙板 T形铝合金龙骨上		m²	DDMJ	DDMJ〈吊顶面积〉

图 7-16

4. 房心回填

（1）定义房心回填 单击"导航树"下"土方"前面的 ⊞ 使其展开→单击【房心回填】→单击"构件列表"下的【新建】→单击【新建房心回填】，建立"FXHT-1"。重复上述操作，建立"FXHT-2~FXHT-4"。单击"属性"按钮，打开"属性列表"，将"FXHT-1"改为"房心回填1"，将"FXHT-2"改为"房心回填2"，将"FXHT-3"改为"房心回填3"，将"FXHT-4"改为"房心回填4"，其属性值如图7-17所示。说明：300mm=400mm-（20+30+50）mm，305mm=400mm-（10+5+30+50）mm，330mm=400mm-（20+50）mm，275mm=400mm-30mm-（10+5+30+50）mm。

	属性名称	属性值
1	名称	房心回填1
2	厚度(mm)	300
3	回填方式	机械
4	顶标高(m)	层底标高-0.05
5	备注	

	属性名称	属性值
1	名称	房心回填2
2	厚度(mm)	305
3	回填方式	机械
4	顶标高(m)	层底标高-0.045
5	备注	

	属性名称	属性值
1	名称	房心回填3
2	厚度(mm)	330
3	回填方式	机械
4	顶标高(m)	层底标高-0.02
5	备注	

	属性名称	属性值
1	名称	房心回填4
2	厚度(mm)	275
3	回填方式	机械
4	顶标高(m)	层底标高-0.075
5	备注	

图　7-17

（2）添加房心回填的清单编码及项目特征　双击"构件列表"下的【房心回填1】，打开"定义"对话框，添加房心回填1～房心回填4的清单、定额子目，如图7-18所示。完成后双击【房心回填1】，返回绘图界面。

	编码	类别	名称	项目特征	单位	工程量表达式	表达式说明
1	⊟ 010103001	项	回填方	1. 材料要求：原素土回填 2. 质量要求：压实系数≥0.9	m³	FXHTTJ	FXHTTJ<房心回填体积>
2	1-4-12	定	机械夯填地坪		m³	FXHTTJ	FXHTTJ<房心回填体积>

图　7-18

任务二　组建房间、画房间装修

1. 建立房间

单击"导航树"里"装修"前面的 ⊞ 使其展开→单击【房间（F）】→单击"构件列表"下的【新建】→单击【新建房间】，建立"FJ-1"。重复上述操作，建立"FJ-2～FJ-5"。单击"属性"按钮，打开"属性列表"，在"属性列表"里将"FJ-1"改为"大厅"，"FJ-2"改为"办公室"，"FJ-3"改为"实验室"，"FJ-4"改为"走廊、楼梯间"，"FJ-5"改为"厕所、洗漱间"，其属性值如图7-19和图7-20所示。

组建首层房间、画房间装修

属性列表	图层管理
属性名称	属性值
1　名称	大厅
2　底标高(m)	层底标高+0.05
3　备注	

属性列表	图层管理
属性名称	属性值
1　名称	办公室
2　底标高(m)	层底标高+0.05
3　备注	

属性列表	图层管理
属性名称	属性值
1　名称	实验室
2　底标高(m)	层底标高+0.05
3　备注	

图　7-19

属性列表	图层管理
属性名称	属性值
1　名称	走廊、楼梯间
2　底标高(m)	层底标高+0.05
3　备注	

属性列表	图层管理
属性名称	属性值
1　名称	厕所、洗漱间
2　底标高(m)	层底标高+0.02
3　备注	

图　7-20

2. 组合房间

首层所有房间各部位的属性和做法都已经完成了，下面以大厅和实验室为例，根据附录A-1建施01中的室内装修组合表，来组建各个房间。

（1）组建大厅装修　双击"构件列表"下的【大厅】，弹出"定义"对话框，单击右边

"构件类型"下的【楼地面】→单击【添加依附构件】，软件会自动添加"地面 1"→单击"构件类型"下的【墙裙】→单击【添加依附构件】，软件自动添加"墙裙 1［内墙裙］"→单击"构件类型"下的【墙面】→单击【添加依附构件】，软件自动添加"墙面 1［内墙面］"→单击【吊顶】→单击【添加依附构件】，软件自动添加"棚 2（吊顶）"，在"依附构件离地高度"内输入"3350"→单击【房心回填】→单击【添加依附构件】，软件自动添加"房心回填 1"。这样房间"大厅"就组合完成了，如图 7-21 所示。说明：3350mm=3600mm-300mm+50mm。

（2）组建实验室装修　单击"构件列表"下的【实验室】→单击"构件类型"下的【楼地面】→单击【添加依附构件】，弹出"地面 1"→单击"构件名称"下的【地面 1】→单击"地面 1"后的 ∨ →单击【地面 3】→单击【踢脚】→单击【添加依附构件】，弹出"踢脚 1"→单击"构件名称"下的【踢脚 1】→单击"踢脚 1"后的 ∨ →单击【踢脚 2】（依附构件高度为默认值 100，正确，不必修改）→单击【墙面】→单击【添加依附构件】（软件默认为"墙面 1［内墙面］"）→单击【天棚】→单击【添加依附构件】（软件默认为"天棚 1"）→单击【房心回填】→单击【添加依附构件】，弹出"房心回填 1"→单击"房心回填 1"后的 ∨ →单击【房心回填 3】。这样房间"实验室"就组合完成了，如图 7-22 所示。采用同样方法，根据附录 A-1 建施 01 中的室内装修组合表，分别组建办公室、走廊、楼梯间和厕所、洗漱间。组建完房间后，单击【定义】按钮，返回绘图界面。

图　7-21

图　7-22

3. 画虚墙

（1）定义虚墙属性　单击"导航树"下"墙"前面的 ⊞ 使其展开→单击【砌体墙（Q）】→单击"构件列表"下的【新建】→单击【新建虚墙】，建立"Q-1"，并在"属性列表"内将其名称改为"虚墙"，其属性值如图 7-23 所示。

（2）作辅助轴线　单击"通用操作"面板里的【平行辅轴】→单击Ⓑ轴，弹出"请输入"对话框→输入"偏移距离（mm）"为"225"→输入"轴号"为"1/B"→单击【确定】按钮。单击【平行】→单击Ⓒ轴，弹出"请输入"对话框→输入"偏移距离（mm）"为"-225"→输入"轴号"为"2/B"→单击【确定】按钮。

	属性列表	图层管理	
	属性名称	属性值	附加
1	名称	虚墙	
2	厚度(mm)	1	☐
3	轴线距左	(0.5)	☐
4	内/外墙标志	(内墙)	☑
5	类别	虚墙	☐
6	起点顶标	层顶标高	☐
7	终点顶标	层顶标高	☐
8	起点底标	层底标高	☐
9	终点底标	层底标高	☐
10	备注		☐

图　7-23

（3）画虚墙　单击"构件列表"下的【虚墙】→单击"绘图"面板里的【直线】→单击
$\frac{1}{B}$辅轴与④轴交点→单击$\frac{1}{B}$辅轴与⑥轴交点→单击鼠标右键结束操作。单击$\frac{2}{B}$辅轴与
④轴交点→单击$\frac{2}{B}$辅轴和⑤轴交点→单击鼠标右键结束操作。

4. 画房间装修

以大厅和实验室为例，单击"导航树"下"装修"前面的 ⊞ 使其展开→单击【房间】→
单击"构件列表"下的【大厅】→单击"绘图"面板内的 ⊕（点）→单击绘图区大厅房间内
任意一点→单击鼠标右键结束操作；单击"构件列表"下的【实验室】→单击 ⊕（点）→单
击绘图区实验室内任意一点→单击鼠标右键结束操作，这样大厅、实验室就画完了。采用同
样方法布置其他房间的内部装修，画完后如图 7-24 所示。

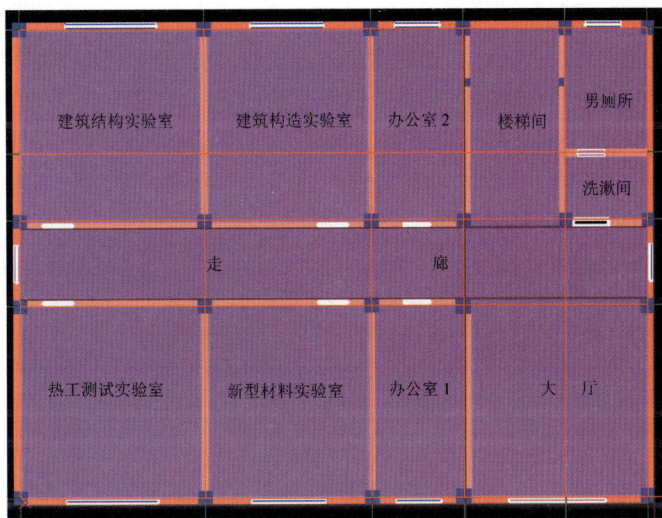

图 7-24

5. 删除辅助轴线

单击"导航树"下"轴线"前面的 ⊞ 使其展开→单击【辅助轴线】→选中所有辅助轴线→
单击鼠标右键→单击【删除】，弹出"是否删除当前选中的图元"提示→单击【是（Y）】按
钮，这样辅助轴线就删除了。切换到"房间"层。

6. 汇总计算并查看工程量

单击【汇总计算】→单击【批量选择】→勾选所有房间→单击【查看工程量】→单击"做
法工程量"左下角的【导出到 Excel 文件（E）】，软件导出首层室内装修清单、定额工程量明
细表，见表 7-1。

表 7-1　首层室内装修清单、定额工程量明细表

编码	项目名称	单位	工程量
011102001	石材楼地面	m²	36.148
11-3-6	石材块料　楼地面　干硬性水泥砂浆　分色	10m²	3.63456
11-3-73	干硬性水泥砂浆　每增减 5mm	10m²	7.15392
2-1-28	C15 无筋混凝土垫层	10m³	0.17885

（续）

编码	项目名称	单位	工程量
011102003	块料楼地面	m²	34.9676
11-3-37	楼地面 干硬性水泥砂浆 周长≤3200mm	10m²	3.53836
11-3-73	干硬性水泥砂浆 每增减 5mm	10m²	7.05512
2-1-28	C15 无筋混凝土垫层	10m³	0.17637
011101001	水泥砂浆楼地面	m²	197.5778
11-2-1	水泥砂浆 楼地面 20mm	10m²	19.75778
2-1-28	C15 无筋混凝土垫层	10m³	0.98787
011102003	块料楼地面	m²	15.2667
11-1-3	水泥砂浆 每增减 5mm	10m²	3.05982
11-3-29	楼地面 水泥砂浆 周长≤2000mm	10m²	1.54431
2-1-28	C15 无筋混凝土垫层	10m³	0.07649
011105003	块料踢脚板	m²	3.426
11-3-45	地板砖 踢脚板 直线形 水泥砂浆	10m²	0.3426
011105001	水泥砂浆踢脚板	m²	88.7
11-2-5	水泥砂浆踢脚板 12mm	10m	9.27
011204003	块料墙面	m²	120.045
12-1-16	水泥砂浆 抹灰层每增减 1mm	10m²	58.2801
12-2-23	水泥砂浆粘贴瓷砖 边长 200mm×300mm 墙面、墙裙	10m²	12.0045
011201001	墙面一般抹灰	m²	549.9514
12-1-10	混合砂浆［厚（9+6）mm］ 混凝土墙（砌块墙）	10m²	54.99514
011407001	墙面喷刷涂料	m²	549.9514
14-3-7	室内乳胶漆两遍 墙、柱面 光面	10m²	54.99514
14-4-9	满刮成品腻子 内墙抹灰面 两遍	10m²	54.99514
011301001	天棚抹灰	m²	254.7726
13-1-2	混凝土面天棚 水泥砂浆［厚度（5+3）mm］	10m²	25.47726
011407002	天棚喷刷涂料	m²	254.7726
14-3-9	室内乳胶漆两遍 天棚	10m²	25.47726
14-4-11	满刮成品腻子 天棚抹灰面 两遍	10m²	25.47726
011502004	石膏装饰线	m	126
15-2-24	石膏装饰线、灯盘及角花（成品） 石膏阴阳脚线 宽度≤100mm	10m	12.6
011302001	吊顶天棚	m²	33.63
13-2-23	装配式 T 型铝合金天棚龙骨（网格尺寸 600×600） 平面	10m²	3.363
13-3-34	硅钙板 T 型铝合金龙骨上	10m²	3.363
010103001	回填方	m³	58.033
1-4-12	机械夯填地坪	10m³	5.8033

任务三 画室外装饰装修

画首层室外装修

1. 定义外墙面

单击"导航树"下"装修"前面的 ➕ 使其展开→单击【墙面（W）】→单击【构件列表】，打开"构件列表"→单击【属性】，打开"属性列表"→单击"构件列表"下的【新建】→单击【新建外墙面】，建立"墙面2"，并在"属性列表"里将"墙面2"改为"外墙面"，其属性值如图7-25所示。

2. 添加外墙面的清单编码及项目特征

单击"通用操作"面板里的【定义】按钮，打开"定义"对话框，添加外墙面的清单、定额子目，如图7-26所示。

3. 画外墙面

单击"构件列表"内的【外墙面】→单击 ➕（点）→依次单击土木实训楼四周外墙的外边线→单击鼠标右键。这样外墙面就画好了。

	属性名称	属性值	附加
1	名称	外墙面	
2	块料厚度(mm)	0	
3	所附墙材质	(程序自动判断)	
4	内/外墙面标志	外墙面	✔
5	起点顶标高(m)	墙顶标高	
6	终点顶标高(m)	墙顶标高	
7	起点底标高(m)	层底标高-0.35	
8	终点底标高(m)	层底标高-0.35	
9	备注		

图 7-25

4. 汇总计算并查看工程量

单击【汇总计算】按钮，单击【批量选择】，勾选"外墙面"，然后单击【查看工程量】按钮，室外装饰装修工程量如图7-27所示。

	编码	类别	名称	项目特征	单位	工程量表达式	表达式说明
1	011201001	项	墙面一般抹灰	1.墙体类型：填充墙 2.面层：9mm厚1:3水泥抹灰砂浆 3.底层：6mm厚1:2水泥抹灰砂浆	m²	QMMHMJ	QMMHMJ<墙面抹灰面积>
2	12-1-10	定	混合砂浆(厚9+6mm)混凝土墙(砌块墙)		m²	QMMHMJ	QMMHMJ<墙面抹灰面积>
3	011407001	项	墙面喷刷涂料	1.基层：水泥砂浆 2.腻子：满刮两遍 3.涂料：丙烯酸外墙涂料	m²	QMMHMJ	QMMHMJ<墙面抹灰面积>
4	14-3-29	定	外墙面丙烯酸外墙涂料（一底二涂） 光面		m²	QMMHMJ	QMMHMJ<墙面抹灰面积>
5	14-4-5	定	满刮调制腻子 外墙抹灰面 二遍		m²	QMMHMJ	QMMHMJ<墙面抹灰面积>

图 7-26

	编码	项目名称	单位	工程量
1	011201001	墙面一般抹灰	m²	231.4858
2	12-1-4	水泥砂浆(厚9+6mm) 混凝土墙(砌块墙)	10m²	23.14858
3	011407001	墙面喷刷涂料	m²	231.4858
4	14-3-29	外墙面丙烯酸外墙涂料（一底二涂） 光面	10m²	23.14858
5	14-4-5	满刮调制腻子 外墙抹灰面 二遍	10m²	23.14858

图 7-27

子项二 二层室内外装饰装修

理论链接：

二层室内外装饰装修很多地方和首层一样，因此可以将两层相同或类似的部分，从首层复制到二层，从而大幅度减轻工作量。

任务一　定义室内各部位装饰装修

1. 定义楼面

单击"导航树"下"首层"后面的下拉箭头→单击【第 2 层】→单击
"导航树"下"装修"前面的 ▦ 使其展开→单击【楼地面（V）】→单击
"构件列表"下的【新建】→单击【新建楼地面】，建立"DM-1"，并在
"属性列表"里将其重命名为"楼面 2"。采用同样方法建立"楼面 3""楼面 4"和"楼面 5"。
楼面 2 和楼面 3 的属性值如图 7-28 所示，楼面 4 和楼面 5 的属性值如图 7-29 所示。

定义二层各
部位装修

	属性列表　图层管理	
	属性名称	属性值
1	名称	楼面2
2	块料厚度(mm)	50
3	是否计算防水…	否
4	顶标高(m)	层底标高+0.05
5	备注	

	属性列表　图层管理	
	属性名称	属性值
1	名称	楼面3
2	块料厚度(mm)	50
3	是否计算防水…	否
4	顶标高(m)	层底标高+0.05
5	备注	

图　7-28

2. 添加楼面的清单编码及项目特征

双击"构件列表"下的【楼面 2】，
打开"定义"对话框，添加楼面 2~楼面
5 的清单、定额子目。楼面 2 的清单、定
额子目如图 7-30 所示，楼面 3 的清单、
定额子目如图 7-31 所示，楼面 4 的清单、
定额子目如图 7-32 所示，楼面 5 的清单、
定额子目如图 7-33 所示。完成后双击
【楼面 5】，返回绘图界面。

	属性列表　图层管理	
	属性名称	属性值
1	名称	楼面4
2	块料厚度(mm)	50
3	是否计算防水…	否
4	顶标高(m)	层底标高+0.05
5	备注	

	属性列表　图层管理	
	属性名称	属性值
1	名称	楼面5
2	块料厚度(mm)	70
3	是否计算防水…	否
4	顶标高(m)	层底标高+0.02
5	备注	

图　7-29

	编码	类别	名称	项目特征	单位	工程量表达式	表达式说明
1	011104002	项	竹、木（复合）地板	1. 面层：10mm厚木地板 2. 垫层：40mm厚C20细石混凝土	m²	KLDMJ	KLDMJ<块料地面积>
2	11-4-6	定	条形复合木地板(成品）铺在水泥面上		m²	KLDMJ	KLDMJ<块料地面积>
3	11-1-4	定	细石混凝土 40mm		m²	DMJ	DMJ<地面积>

图　7-30

	编码	类别	名称	项目特征	单位	工程量表达式	表达式说明
1	011102003	项	块料楼地面	1. 面层：800mm×800mm全瓷地板砖 2. 找平层：35mm厚1:3干硬性水泥砂浆	m²	KLDMJ	KLDMJ<块料地面积>
2	11-3-37	定	楼地面 干硬性水泥砂浆 周长≤3200mm		m²	KLDMJ	KLDMJ<块料地面积>
3	11-3-73	定	干硬性水泥砂浆 每增减5mm		m²	DMJ*3	DMJ<地面积>*3

图　7-31

	编码	类别	名称	项目特征	单位	工程量表达式	表达式说明
1	⊟ 011101001	项	水泥砂浆楼地面	1. 面层：20mm厚水泥砂浆 2. 垫层：30mm厚C20细石混凝土	m²	DMJ	DMJ〈地面积〉
2	11-2-1	定	水泥砂浆 楼地面 20mm		m²	DMJ	DMJ〈地面积〉
3	11-1-4	定	细石混凝土 40mm		m²	DMJ*0.05	DMJ〈地面积〉*0.05
4	11-1-5	定	细石混凝土 每增减 5mm		m²	-DMJ*2	-DMJ〈地面积〉*2

图 7-32

	编码	类别	名称	项目特征	单位	工程量表达式	表达式说明
1	⊟ 011102003	项	块料楼地面	1. 面层：500mm×500mm全瓷地板砖 2. 结合层：20mm厚1:2.5水泥砂浆 3. 垫层：35mm厚C20细石混凝土	m²	KLDMJ	KLDMJ〈块料地面积〉
2	11-1-4	定	细石混凝土 40mm		m²	DMJ	DMJ〈地面积〉
3	11-1-5	定	细石混凝土 每增减 5mm		m²	-DMJ	-DMJ〈地面积〉
4	11-3-29	定	楼地面 水泥砂浆 周长≤2000mm		m²	KLDMJ	KLDMJ〈块料地面积〉

图 7-33

3. 从首层复制室内装饰装修

单击"定义"对话框里的【层间复制】按钮，弹出"层间复制构件"对话框，选择从首层复制构件到第2层，如图7-34所示。选择"结束"，弹出"提示"对话框，提示"层间复制构件完成！"，单击【确定】按钮。

4. 补充二层部分装修

（1）建立"墙面2"和"墙面3" 单击【墙面（W）】→单击"构件列表"下的【新建】→单击【新建内墙面】，建立"墙面2"→单击【新建外墙面】，建立"墙面3"，其属性值如图7-35所示。

双击"构件列表"下的【墙面2】，打开"定义"对话框，添加墙面2和墙面3的清单、定额子目。墙面2的清单、定额子目如图7-36所示，墙面3的清单、定额子目如图7-37所示。完成后双击【墙面3】，返回绘图界面。

（2）新建"墙裙2" 单击【墙裙（U）】→单击"构件列表"下的【新建】→单击【新建外墙裙】，建立"墙裙4［外墙裙］"，在"属性列表"里将"墙裙4［外墙裙］"改为"墙裙2"，其属性值如图7-38所示。墙裙2的清单、定额子目如图7-39所示。

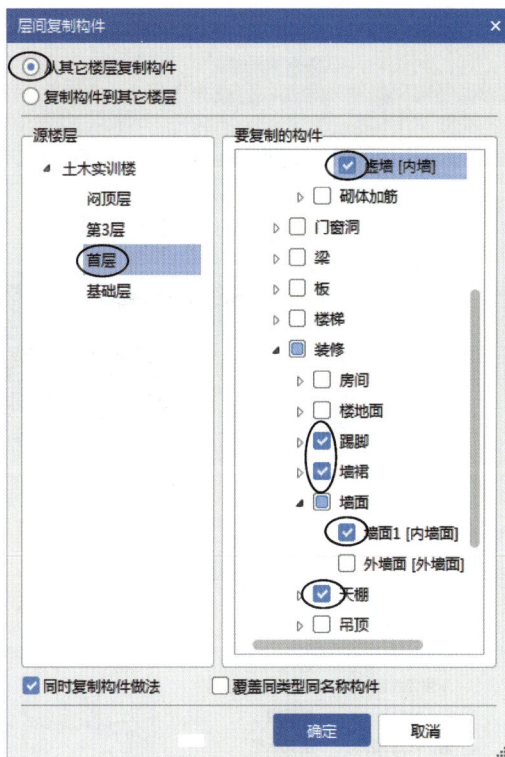

图 7-34

	属性名称	属性值			属性名称	属性值
1	名称	墙面2		1	名称	墙面3
2	块料厚度(mm)	0		2	块料厚度(mm)	0
3	所附墙材质	(程序自动判断)		3	所附墙材质	(程序自动判断)
4	内/外墙面标志	内墙面		4	内/外墙面标志	外墙面
5	起点顶标高(m)	墙顶标高		5	起点顶标高(m)	墙顶标高
6	终点顶标高(m)	墙顶标高		6	终点顶标高(m)	墙顶标高
7	起点底标高(m)	层底标高+0.05		7	起点底标高(m)	层底标高
8	终点底标高(m)	层底标高+0.05		8	终点底标高(m)	层底标高
9	备注			9	备注	

图　7-35

	编码	类别	名称	项目特征	单位	工程量表达式	表达式说明
1	⊟ 011201001	项	墙面一般抹灰	1. 墙体类型：填充墙 2. 面层：3mm厚麻刀石灰浆 4. 中层：7mm厚2:1:8水泥石灰膏砂浆 3. 底层：7mm厚1:1:6水泥石灰膏砂浆	m²	QMMHMJ	QMMHMJ〈墙面抹灰面积〉
2	12-1-1	定	麻刀灰(厚7+7+3mm)墙面		m²	QMMHMJ	QMMHMJ〈墙面抹灰面积〉
3	⊟ 011408001	项	墙纸裱糊	1. 基层：抹灰砂浆 2. 腻子：满刮两遍 3. 涂料：乳胶漆两遍	m²	QMMHMJ	QMMHMJ〈墙面抹灰面积〉
4	14-4-9	定	满刮成品腻子 内墙抹灰面 二遍		m²	QMMHMJ	QMMHMJ〈墙面抹灰面积〉
5	14-5-2	定	墙面贴对花墙纸		m²	QMMHMJ	QMMHMJ〈墙面抹灰面积〉

图　7-36

	编码	类别	名称	项目特征	单位	工程量表达式	表达式说明
1	⊟ 011201001	项	墙面一般抹灰	1. 墙体类型：填充墙 2. 面层：9mm厚1:3水泥抹灰砂浆 3. 底层：6mm厚1:2水泥抹灰砂浆	m²	QMMHMJ	QMMHMJ〈墙面抹灰面积〉
2	12-1-10	定	混合砂浆(厚9+6mm)混凝土墙(砌块墙)		m²	QMMHMJ	QMMHMJ〈墙面抹灰面积〉
3	⊟ 011407001	项	墙面喷刷涂料	1. 基层：水泥砂浆 2. 腻子：满刮两遍 3. 涂料：丙烯酸外墙涂料	m²	QMMHMJ	QMMHMJ〈墙面抹灰面积〉
4	14-3-29	定	外墙面丙烯酸外墙涂料(一底二涂) 光面		m²	QMMHMJ	QMMHMJ〈墙面抹灰面积〉
5	14-4-5	定	满刮调制腻子 外墙抹灰面 二遍		m²	QMMHMJ	QMMHMJ〈墙面抹灰面积〉

图　7-37

属性列表　图层管理

	属性名称	属性值
1	名称	墙裙2
2	高度(mm)	550
3	块料厚度(mm)	0
4	所附墙材质	(程序自动判断)
5	内/外墙裙标志	外墙裙
6	起点底标高(m)	层底标高
7	终点底标高(m)	层底标高
8	备注	

图　7-38

	编码	类别	名称	项目特征	单位	工程量表达式	表达式说明
1	⊟ 011201001	项	墙面一般抹灰	1. 墙体类型：填充墙 2. 面层：9mm厚1:3水泥抹灰砂浆 3. 底层：6mm厚1:2水泥抹灰砂浆	m²	QQMHMJ	QQMHMJ〈墙裙抹灰面积〉
2	12-1-4	定	水泥砂浆(厚9+6mm)混凝土墙(砌块墙)		m²	QQMHMJ	QQMHMJ〈墙裙抹灰面积〉

图　7-39

（3）新建"踢脚3" 单击【踢脚（S）】→单击"构件列表"下的【新建】→单击【新建踢脚】，建立"踢脚3"，其属性值如图7-40所示。踢脚3的清单、定额子目如图7-41所示。

（4）新建"棚3（吊顶）" 单击"导航树"下"装修"里面的【吊顶（K）】→单击"构件列表"下的【新建】→单击【新建吊顶】，建立"DD-1"，并在"属性列表"里将"DD-1"改为"棚3（吊顶）"，其属性值如图7-42所示。棚3（吊顶）的清单、定额子目如图7-43所示。

说明：3200mm=3600mm-450mm+50mm。

	属性名称	属性值
1	名称	踢脚3
2	高度(mm)	80
3	块料厚度(mm)	0
4	起点底标高(m)	层底标高+0.05
5	终点底标高(m)	层底标高+0.05
6	备注	

图 7-40

	编码	类别	名称	项目特征	单位	工程量表达式	表达式说明
1	⊟ 011105005	项	木质踢脚线	1.踢脚线高度：80mm 2.材料：木踢脚	m²	TJKLMJ	TJKLMJ〈踢脚块料面积〉
2	11-4-10	定	成品木踢脚线（胶贴）		m	TJKLCD	TJKLCD〈踢脚块料长度〉

图 7-41

	编码	类别	名称	项目特征	单位	工程量表达式
1	⊟ 011407002	项	天棚喷刷涂料	1.基层：抹灰砂浆 2.腻子：满刮两遍 3.涂料：乳胶漆两遍	m²	DDMJ
2	14-3-9	定	室内乳胶漆二遍 天棚		m²	DDMJ
3	14-4-11	定	满刮成品腻子 天棚抹灰面 二遍		m²	DDMJ
4	⊟ 011302001	项	吊顶天棚	1.吊顶形式：三级顶棚 2.龙骨：木龙骨 3.面层：纸面石膏板	m²	DDMJ
5	13-2-3	定	方木天棚龙骨（成品）跌级 单层		m²	DDMJ
6	13-3-8	定	钉铺细木工板基层 木龙骨	m²		DDMJ +2*0.06*((3.3+2.7-0.3-0.5*2-0.12)*2+(6.0+0.45-0.3-0.25)*2)
7	13-3-10	定	钉铺纸面石膏板基层 木龙骨	m²		DDMJ +2*0.06*((3.3+2.7-0.3-0.5*2-0.12)*2+(6.0+0.45-0.3-0.25)*2)

属性列表

	属性名称	属性值
1	名称	棚3（吊顶）
2	离地高度(mm)	3200
3	备注	
4	⊞ 土建业务属性	
7	⊞ 显示样式	

图 7-42

图 7-43

任务二 组建房间、画房间装修

1. 定义房间

单击"导航树"下"装修"前面的 📷 使其展开→单击【房间（F）】→打开"构件列表"→单击【新建】→单击【新建房间】，建立"FJ-1"。重复上述操作，建立"FJ-2~FJ-8"→单击【属性】，打开"属性列表"，将"FJ-1"改为"接待室"，"FJ-2"改为"办公室"，"FJ-3"改为"实验室"，"FJ-4"改为"走廊、楼梯间"，"FJ-5"改为"阳台"，"FJ-6"改为"厕所、洗漱间"，"FJ-7"改为"活动室"，"FJ-8"改为"露台"。接待室、办公室和实验室的属性值如图7-44所示，走廊、楼梯间和阳台以及厕所、洗漱间的属性值如图7-45所示，活动室和露台的属性值如图7-46所示。

画二层房间装修

属性列表	图层管理		属性列表	图层管理		属性列表	图层管理
	属性名称	属性值		属性名称	属性值		属性名称	属性值
1	名称	接待室	1	名称	办公室	1	名称	实验室
2	底标高(m)	层底标高+0.05	2	底标高(m)	层底标高+0.05	2	底标高(m)	层底标高+0.05
3	备注		3	备注		3	备注	

图　7-44

属性列表	图层管理		属性列表	图层管理		属性列表	图层管理
	属性名称	属性值		属性名称	属性值		属性名称	属性值
1	名称	走廊、楼梯间	1	名称	阳台	1	名称	厕所、洗漱间
2	底标高(m)	层底标高+0.05	2	底标高(m)	层底标高+0.05	2	底标高(m)	层底标高+0.02
3	备注		3	备注		3	备注	

图　7-45

属性列表	图层管理		属性列表	图层管理
	属性名称	属性值		属性名称	属性值
1	名称	活动室	1	名称	露台
2	底标高(m)	层底标高+0.05	2	底标高(m)	层底标高
3	备注		3	备注	

图　7-46

2. 组合房间

前面已经建好了各个房间构件的属性和做法，接下来参照附录 A-1 建施 01，组合二层的各个房间。

（1）组合接待室　单击"通用操作"里的【定义】，打开"定义"对话框→单击"构件列表"下的【接待室】→单击右边"构件类型"下的【楼地面】→单击【添加依附构件】，软件会添加"楼面 2"→单击"构件类型"下的【踢脚】→单击【添加依附构件】，软件添加"踢脚 1"→单击"构件名称"下的【踢脚 1】→单击"踢脚 1"后的 ∨ →单击【踢脚 3】→单击"构件类型"下的【墙面】→单击【添加依附构件】，软件添加"墙面 1"→单击"墙面 1"后的 ∨ →单击【墙面 2［内墙面］】→单击【吊顶（K）】→单击【添加依附构件】，软件添加"棚 3（吊顶）"，这样接待室就组合完成了，如图 7-47 所示。

（2）组合露台　单击"构件列表"下的【露台】→单击"构件类型"下的【楼地面】→单击【添加依附构件】，弹出"楼面 2"→单击"构件名称"下的【楼面 2】→单击"楼面 2"后的 ∨ →单击【楼面 4】→单击【墙裙】→单击【添加依附构件】，弹出"墙裙 1"→单击"构件名称"下的【墙裙 1】→单击"墙裙 1"后的 ∨ →单击【墙裙 2［外墙裙］】→单击【墙面】→单击【添加依附构件】，软件默认为"墙面 1"→单击"墙面 1"后的 ∨ →单击【墙面 3［外墙面］】，这样露台就组合完成了，如图 7-48 所示。

（3）组合其余房间　采用同样方法组合办公室，实验室，走廊、楼梯间，阳台，厕所、洗漱间，活动室等房间。

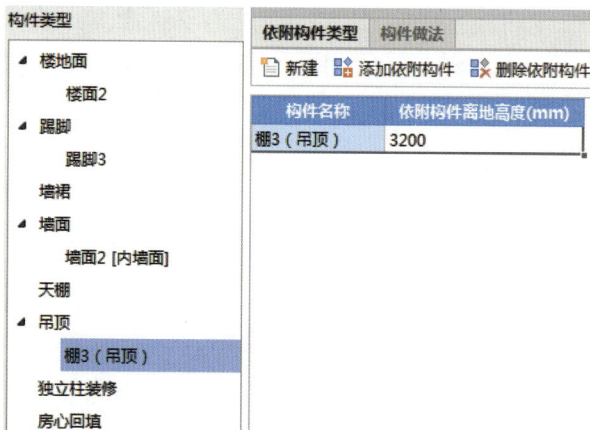

图　7-47

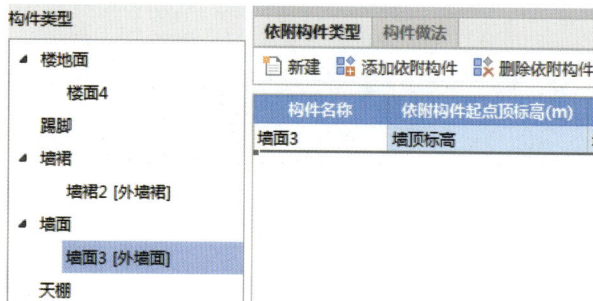

图　7-48

3. 画虚墙

单击"通用操作"面板里"两点辅轴"后面的下拉箭头→单击【平行辅轴】→单击ⓒ轴，弹出"请输入"对话框→输入"偏移距离（mm）"为"–225"→输入"轴号"为"2/B"→单击【确定】按钮。

单击"导航树"下"墙"前面的 ✳ 使其展开→单击"构件列表"下的【虚墙】→单击【直线】→单击②/B辅轴与④轴交点→单击②/B辅轴和⑤轴交点→单击鼠标右键结束操作。

4. 画房间装修

在这里以接待室和走廊、楼梯间为例，具体步骤为：单击"导航树"下"装修"前面的 ✳ 使其展开→单击【房间（F）】→单击"构件列表"下的【接待室】→单击"绘图"面板里的 ➕（点）→单击接待室内任意一点→单击鼠标右键结束操作。单击"构件列表"下的【走廊、楼梯间】→单击 ➕（点）→单击走廊内任意一点→单击楼梯间内任意一点→单击鼠标右键结束操作，这样接待室和走廊、楼梯间就画完了。采用同样方法，布置其他房间的室内装修，画完后如图 7-49 所示。

5. 删除辅助轴线

单击"导航树"下"轴线"前面的 ✳ 使其展开→单击【辅助轴线】→单击"绘图"面板里的【选择】，选中所有辅助轴线→单击鼠标右键→单击【删除】，然后返回"房间（F）"层。

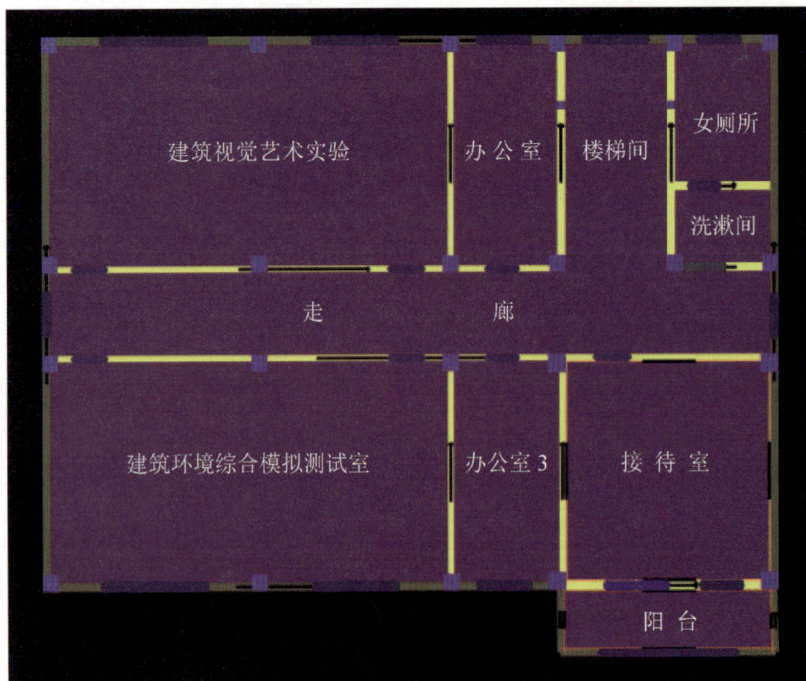

图　7-49

6. 汇总计算并查看工程量

单击【汇总计算】按钮，弹出"错误"提示对话框，如图 7-50 所示，这是由于部分混凝土柱在高度上不连续而造成的，但这部分柱子符合图纸设计的要求，因此不必理会，单击【是】按钮继续计算即可。

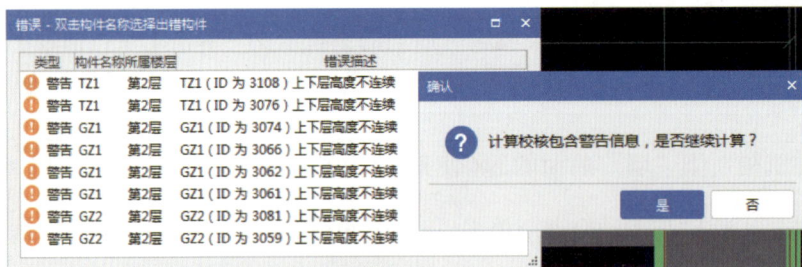

图　7-50

单击【批量选择】，勾选二层所有房间→单击【查看工程量】→单击"做法工程量"左下角的【导出到 Excel 文件（X）】，软件导出二层室内装修清单、定额工程量明细表，见表 7-2。

表 7-2　二层室内装修清单、定额工程量明细表

编码	项目名称	单位	工程量
011104002	竹、木（复合）地板	m²	34.783
11-4-6	条形复合木地板（成品）铺在水泥面上	10m²	3.49338
11-1-4	细石混凝土 40mm	10m²	3.47328

（续）

编码	项目名称	单位	工程量
011102003	块料楼地面	m²	9.5973
11-3-37	楼地面 干硬性水泥砂浆 周长≤3200mm	10m²	0.95973
11-3-73	干硬性水泥砂浆 每增减5mm	10m²	2.85489
011105003	块料踢脚板	m²	1.4358
11-3-45	地板砖 踢脚板 直线形 水泥砂浆	10m²	0.14358
011201001	墙面一般抹灰	m²	35.3395
12-1-10	混合砂浆［厚（9+6）mm］混凝土墙（砌块墙）	10m²	3.53395
011407001	墙面喷刷涂料	m²	35.3395
14-3-7	室内乳胶漆两遍 墙、柱面 光面	10m²	3.53395
14-4-9	满刮成品腻子 内墙抹灰面 二遍	10m²	3.53395
011301001	天棚抹灰	m²	9.517
13-1-2	混凝土面天棚 水泥砂浆［厚度（5+3）mm］	10m²	0.9517
011407002	天棚喷刷涂料	m²	43.147
14-3-9	室内乳胶漆二遍 天棚	10m²	4.3147
14-4-11	满刮成品腻子 天棚抹灰面 二遍	10m²	4.3147
011201001	墙面一般抹灰	m²	64.7515
12-1-1	麻刀灰［厚（7+7+3）mm］墙面	10m²	6.47515
011408001	墙纸裱糊	m²	64.7515
14-4-9	满刮成品腻子 内墙抹灰面 二遍	10m²	6.47515
14-5-2	墙面贴对花墙纸	10m²	6.47515
011105005	木质踢脚板	m²	1.7584
11-4-10	成品木踢脚板（胶贴）	10m	2.198
011302001	吊顶天棚	m²	33.63
13-2-3	方木天棚龙骨（成品）跌级 单层	10m²	3.363
13-3-8	钉铺细木工板基层 木龙骨	10m²	3.61452
13-3-10	钉铺纸面石膏板基层 木龙骨	10m²	3.61452

任务三 画室外装饰装修

1. 复制构件

双击"导航树"里面"装修"下的【墙面（W）】，打开"定义"对话框→单击【层间复制】，弹出"层间复制构件"对话框→选择从首层复制构件到第2层，如图7-51所示，选择结束，软件弹出"提示"对话框，提示"层间复制构件完成！"，单击【确定】按钮。这样，首层的"外墙面"就复制到了二层。关闭"定义"对话框，返回绘图界面。

画二层外墙装修

2. 修改墙面1属性值

单击选中"构件列表"里的【外墙面】，观察"属性列表"里的"起点底标高"和"终点底标高"属性值，可以看出，从首层复制上来的外墙面不符合二层外墙的装饰要求，这时应

进行修改，修改后的属性值如图 7-52 所示。

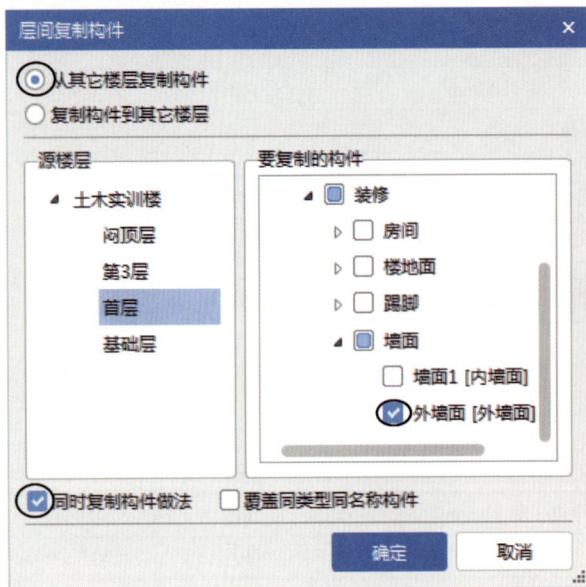

图　7-51

图　7-52

3. 画外墙装修

单击"构件列表"下的【外墙面】→单击"绘图栏"面板里的 ⊕（点）→从Ⓐ轴和①轴相交处，按顺时针依次单击所有外墙的外边线（含阳台外墙）→单击鼠标右键结束操作。这样二层的外墙装修就画好了。

4. 汇总计算并查看工程量

单击【汇总计算】按钮，单击【批量选择】，勾选"外墙面"，然后单击【查看工程量】按钮，室外装饰装修工程量如图 7-53 所示。

	编码	项目名称	单位	工程量
1	011201001	墙面一般抹灰	m²	223.7051
2	12-1-4	水泥砂浆（厚9+6mm）混凝土墙（砌块墙）	10m²	22.37051
3	011407001	墙面喷刷涂料	m²	223.7051
4	14-3-29	外墙面丙烯酸外墙涂料（一底二涂）光面	10m²	22.37051
5	14-4-5	满刮调制腻子 外墙抹灰面 二遍	10m²	22.37051

图　7-53

🎵 子项三　三层室内外装饰装修

理论链接：

三层的大部分房间和二层一样，因此只需复制二层房间的所有构件并稍作修改就可以了。

三层室内外
装修

任务一　复制二层房间的所有构件

单击"导航树"上方的【第2层】→
单击【第3层】（切换到第3层）→单击
"通用操作"里面的【定义】，打开"定
义"对话框→单击【层间复制】→勾选相
应的选项（图7-54）→单击【确定】按钮，
提示"构件复制完成！"→单击【确定】
按钮，这样二层的装修构件就复制到三层
了。关闭"定义"对话框。

任务二　画房间装修

1. 画虚墙

参照一层或二层的方法，画楼梯间与
走廊间的虚墙。

2. 画三层的房间装修

这里以活动室和露台为例，具体步骤
为：单击"构件列表"下的【活动室】→
单击"绘图"面板里的 ✚（点）→单击
活动室内任意一点→单击鼠标右键结束操
作。单击"构件列表"下的【露台】→单

图　7-54

击 ✚（点）→单击露台内任意一点→单击鼠标右键结束操作。这样活动室和露台就画完了。
采用同样方法，布置其他房间的室内装修。

3. 修改露台的房间装修

单击"导航栏"里的【墙面（W）】→单击【选择】→单击选中④轴线露台栏板内侧的墙
面1→单击选中⑥轴线露台栏板内侧的墙面1→单击露台下边栏板内侧的墙面1→单击【删
除】，这样露台栏板的三面内墙装修墙面1就被删除了。

4. 汇总计算并查看工程量

单击"导航栏"里的【房间（F）】→单击"工程量"选项板里的【汇总计算】，弹出"错误"提
示对话框→单击【是】按钮，软件计算成功后单击【确定】按钮→单击"建模"选项板里面的【批
量选择】→选中二层所有房间→单击"工程量"选项板里的【查看工程量】→单击"做法工程量"左
下角的【导出到Excel文件（E）】，软件导出三层室内装修清单、定额工程量明细表，见表7-3。

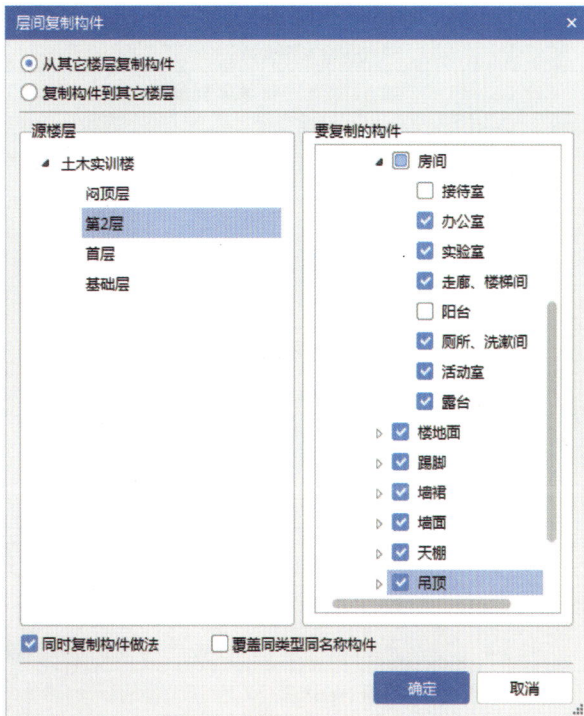

表7-3　三层室内装修清单、定额工程量明细表

编码	项目名称	单位	工程量
011102003	块料楼地面	m^2	34.9675
11-3-37	楼地面　干硬性水泥砂浆　周长≤3200mm	$10m^2$	3.53835
11-3-73	干硬性水泥砂浆　每增减5mm	$10m^2$	10.58265
011101001	水泥砂浆楼地面	m^2	244.1635

（续）

编码	项目名称	单位	工程量
11-2-1	水泥砂浆　楼地面 20mm	10m²	24.41635
11-1-4	细石混凝土 40mm	10m²	1.22081
11-1-5	细石混凝土　每增减 5mm	10m²	−48.8327
011102003	块料楼地面	m²	15.2847
11-1-4	细石混凝土 40mm	10m²	1.52991
11-1-5	细石混凝土　每增减 5mm	10m²	−1.52991
11-3-29	楼地面　水泥砂浆　周长 ≤ 2000mm	10m²	1.54611
011105003	块料踢脚板	m²	3.426
11-3-45	地板砖　踢脚板　直线形　水泥砂浆	10m²	0.3426
011105001	水泥砂浆踢脚板	m²	76.12
11-2-5	水泥砂浆踢脚板 12mm	10m	8.212
011204003	块料墙面	m²	136.419
12-1-16	水泥砂浆　抹灰层每增减 1mm	10m²	66.0576
12-2-23	水泥砂浆粘贴瓷砖　边长 200mm×300mm　墙面、墙裙	10m²	13.6419
011201001	墙面一般抹灰	m²	20.1415
12-1-4	水泥砂浆［厚（9+6）mm］　混凝土墙（砌块墙）	10m²	2.01415
011201001	墙面一般抹灰	m²	479.204
12-1-10	混合砂浆［厚（9+6）mm］　混凝土墙（砌块墙）	10m²	47.9204
011407001	墙面喷刷涂料	m²	479.204
14-3-7	室内乳胶漆两遍　墙、柱面　光面	10m²	47.9204
14-4-9	满刮成品腻子　内墙抹灰面　二遍	10m²	47.9204
011407001	墙面喷刷涂料	m²	12.0665
14-3-29	外墙面丙烯酸外墙涂料（一底二涂）　光面	10m²	1.20665
14-4-5	满刮调制腻子　外墙抹灰面　二遍	10m²	1.20665
011301001	天棚抹灰	m²	295.6859
13-1-2	混凝土面天棚　水泥砂浆［厚度（5+3）mm］	10m²	29.56859
011407002	天棚喷刷涂料	m²	295.6859
14-3-9	室内乳胶漆两遍　天棚	10m²	29.56859
14-4-11	满刮成品腻子　天棚抹灰面　二遍	10m²	29.56859
011502004	石膏装饰线	m	237.0306
15-2-24	石膏装饰线、灯盘及角花（成品）　石膏阴阳脚线　宽度 ≤ 100mm	10m	23.70306

📊 任务三　画室外装饰装修

1. 布置室外装饰装修

单击"导航树"下"装修"里面的【墙面（W）】→单击"构件列表"里的【外墙面】→单击"绘图"面板里的 ✛（点）→从 Ⓐ 轴和 ① 轴相交处，按顺时针依次单击外墙的外边线

（露台栏板外侧按外墙面装饰）→单击鼠标右键结束操作。这样外墙面就画好了。

2. 汇总计算并查看工程量

单击【汇总计算】按钮，"批量选择"所有外墙面，然后单击【查看工程量】按钮，室外装饰装修工程量如图 7-55 所示。

	编码	项目名称	单位	工程量
1	011201001	墙面一般抹灰	m²	188.2075
2	12-1-4	水泥砂浆(厚9+6mm) 混凝土墙(砌块墙)	10m²	18.82075
3	011407001	墙面喷刷涂料	m²	188.2075
4	14-3-29	外墙面丙烯酸外墙涂料(一底二涂) 光面	10m²	18.82075
5	14-4-5	满刮调制腻子 外墙抹灰面 二遍	10m²	18.82075

图 7-55

子项四　屋面装饰装修

任务一　定义屋面

屋面装饰装修

由附录 A-1 建施 01 可查找屋面做法。

1. 建立屋面

单击"导航树"上面的【第3层】→单击【闷顶层】→单击"导航树"里"其它"前面的 ⊞ 使其展开→单击【屋面（W）】→单击【视图】选项板→单击"用户面板"里面的【构件列表】，打开"构件列表"→单击【属性】，打开"属性列表"→单击"构件列表下的【新建】→单击【新建屋面】，建立"WM-1"，在"属性列表"里将名称"WM-1"改为"屋面"。

2. 添加清单、定额子目

双击"构件列表"下的【屋面】，打开"定义"对话框，添加屋面的清单、定额子目，如图 7-56 所示。完成后关闭"定义"对话框，返回绘图界面。

	编码	类别	名称	项目特征	单位	工程量表达式	表达式说明
1	⊟ 010901001	项	瓦屋面	1. 瓦品种：红色平瓦或脊瓦 2. 粘结层：20mm厚1:3水泥抹灰砂浆	m²	MJ	MJ〈面积〉
2	9-1-3	定	普通黏土瓦 混凝土板上浆贴		m²	MJ	MJ〈面积〉
3	⊟ 010902002	项	屋面涂膜防水	1. 品种：聚合物复合改性沥青防水涂料 2. 厚度：20mm	m²	MJ	MJ〈面积〉
4	9-2-35	定	聚合物复合改性沥青防水涂料 厚2mm 平面		m²	MJ	MJ〈面积〉
5	⊟ 010902003	项	屋面刚性层	1. 厚度：35mm 2. 品种：C20细石混凝土	m²	MJ	MJ〈面积〉
6	9-2-65	定	细石混凝土 厚40mm		m²	MJ	MJ〈面积〉
7	9-2-66	定	细石混凝土 每增减10mm		m²	-MJ*0.5	-MJ〈面积〉*0.5
8	⊟ 011001001	项	保温隔热屋面	1. 品种：聚氨酯发泡剂 2. 厚度：50mm	m²	MJ	MJ〈面积〉
9	10-1-7	定	混凝土板上保温 聚氨酯发泡 厚度30mm		m²	MJ	MJ〈面积〉
10	10-1-8	定	混凝土板上保温 聚氨酯发泡 厚度每增减10mm		m²	MJ*2	MJ〈面积〉*2

图 7-56

千里之行，始于足下

任务二　画屋面装修

1. 画屋面

单击"屋面二次编辑"里"智能布置"的下拉箭头→单击【现浇板】→依次选择所有屋面板→单击鼠标右键，这样屋面就画好了。

2. 汇总计算并查看工程量

单击"工程量"选项板里面的【汇总计算】，弹出"汇总计算"对话框→只勾选"闷顶层"→单击【确定】按钮→单击"建模"选项板下的【批量选择】→勾选"屋面"→单击【确定】按钮→单击"工程量"选项板里面"土建计算结果"面板的【查看工程量】→单击【做法工程量】，屋面装修工程量如图 7-57 所示。查看完毕后，单击【退出】按钮。

	编码	项目名称	单位	工程量	单价	合价
1	010901001	瓦屋面	m²	381.7744		
2	9-1-3	普通黏土瓦 混凝土板上浆贴	10m²	38.17744	315.84	12057.9626
3	010902002	屋面涂膜防水	m²	381.7744		
4	9-2-35	聚合物复合改性沥青防水涂料 厚2mm 平面	10m²	38.17744	359.39	13720.5902
5	010902003	屋面刚性层	m²	381.7744		
6	9-2-65	细石混凝土 厚40mm	10m²	38.17744	254.92	9732.193
7	9-2-66	细石混凝土 每增减10mm	10m²	-19.08873	52.32	-998.7224
8	011001001	保温隔热屋面	m²	381.7744		
9	10-1-7	混凝土板上保温 聚氨酯发泡 厚度30mm	10m²	38.17744	383.46	14639.5211
10	10-1-8	混凝土板上保温 聚氨酯发泡 厚度每增减10mm	10m²	76.35488	113.17	8641.0818

图　7-57

学习目标

项目八

导出建筑工程量

整楼的汇总计算

子项一 计算汇总工程量

任务一 修改计算规则

至此，使用广联达 BIM 土建计量平台 GTJ2021 软件，已经计算出土木实训楼土建、钢筋及装饰等工程的工程量。绘图时首先绘制轴网，绘制首层构件的柱、梁、墙、板、门窗等构件，然后绘制从二层到顶层的所有构件，再绘制基础层的各种基础及土方等，最后分层绘制装饰工程。

软件默认的计算规则不一定符合工程的实际情况，比如本工程施工组织方案规定：该工程所有钢筋直径 <16mm 时采用绑扎；直径 ≥ 16mm 时，混凝土柱、墙内垂直钢筋采用电渣压力焊连接，其他构件如混凝土基础、梁等均采用螺纹连接。钢筋除一级钢筋（HPB300）中直径 6.5mm 和 8mm 采用圆盘供应外，其他均直条供应，钢筋定尺长度为 9000mm。

单击【工程设置】选项板→单击"钢筋设置"里面的【计算设置】，弹出"计算设置"对话框→单击【搭接设置】→单击第 4（16~22）行与"基础"列的【直螺纹连接】→单击后面的下拉箭头→单击【锥螺纹连接】。采用同样方法，逐一修改其他构件的连接方式，并将"钢筋定尺长度"统一修改为"9000mm"，如图 8-1 所示。

> 说明：编写本书时所使用的软件在执行定额时，"锥螺纹连接"自动套用定额"5-4-46 螺纹套筒钢筋接头（φ ≤ 20）和 5-4-47 螺纹套筒钢筋接头（φ ≤ 25）"子母，而"直螺纹连接"则套用了"软件补 14 直螺纹套筒钢筋接头 直径 ≤ 20 和 软件补 15 直螺纹套筒钢筋接头 直径 ≤ 25"。

单击【工程设置】选项板→单击"钢筋设置"里面的【比重设置】，弹出"比重设置"对话框→单击【普通钢筋】→单击第 4 行"6"后面的"0.222"→将"0.222"改为"0.26"。说明：对于工程图样中直径 6mm 的钢筋，在实际工程中均采用直径 6.5mm 钢筋代替。

任务二 汇总计算

绘制完本工程的所有构件后，应对全楼进行汇总计算，并导出相应的工程量文件（*.xls）长期保存。具体操作步骤是：单击【工程量】选项板→单击【汇总计算】，弹出"汇总计算"

对话框，勾选所有项目（图 8-2）→单击【确定】按钮，软件开始计算，如果弹出"错误"提示对话框（图 8-3），单击【否】按钮，仔细查看出现错误的提示内容，仔细分析出现错误提示的原因，双击出错的提示返回修改；如果只是构造柱或梯柱上下层高度不连续，这时可不用修改。修改完毕后，重新计算。

	钢筋直径范围	连接形式								墙柱垂直筋定	其余钢筋定尺
		基础	框架梁	非框架梁	柱	板	墙水平	墙垂直筋	其它		
1	⊟ HPB235,...										
2	3~10	绑扎	绑扎	绑扎	绑扎	绑扎	绑扎	绑扎	绑扎	9000	9000
3	12~14	绑扎	绑扎	绑扎	绑扎	绑扎	绑扎	绑扎	绑扎	9000	9000
4	16~22	锥螺纹连接	锥螺...	锥螺...	电渣压力焊	锥螺...	锥螺...	电渣压力焊	锥螺...	9000	9000
5	25~32	锥螺纹连接	锥螺...	锥螺...	电渣压力焊	锥螺...	锥螺...	电渣压力焊	锥螺...	9000	9000
6	⊟ HRB335,...										
7	3~10	绑扎	绑扎	绑扎	绑扎	绑扎	绑扎	绑扎	绑扎	9000	9000
8	12~14	绑扎	绑扎	绑扎	绑扎	绑扎	绑扎	绑扎	绑扎	9000	9000
9	16~22	锥螺纹连接	锥螺...	锥螺...	电渣压力焊	锥螺...	锥螺...	电渣压力焊	锥螺...	9000	9000
10	25~50	锥螺纹连接	锥螺...	锥螺...	电渣压力焊	锥螺...	锥螺...	电渣压力焊	锥螺...	9000	9000
11	⊟ HRB400,...										
12	3~10	绑扎	绑扎	绑扎	绑扎	绑扎	绑扎	绑扎	绑扎	9000	9000
13	12~14	绑扎	绑扎	绑扎	绑扎	绑扎	绑扎	绑扎	绑扎	9000	9000
14	16~22	锥螺纹连接	锥螺...	锥螺...	电渣压力焊	锥螺...	锥螺...	电渣压力焊	锥螺...	9000	9000
15	25~50	锥螺纹连接	锥螺...	锥螺...	电渣压力焊	锥螺...	锥螺...	电渣压力焊	锥螺...	9000	9000
16	⊟ 冷轧带肋...										
17	4~12	绑扎	绑扎	绑扎	绑扎	绑扎	绑扎	绑扎	绑扎	8000	8000
18	⊟ 冷轧扭钢筋										
19	6.5~14	绑扎	绑扎	绑扎	绑扎	绑扎	绑扎	绑扎	绑扎	8000	8000

图 8-1

图 8-2

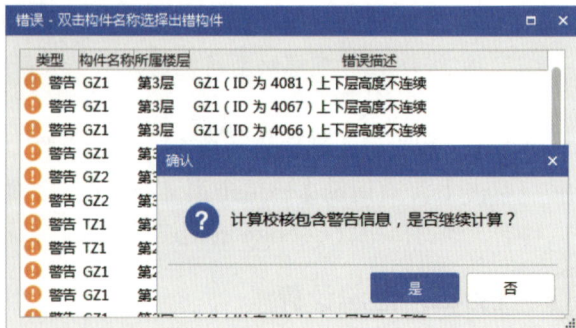

图 8-3

子项二　导出工程量文件

单击【查看报表】按钮，弹出"报表"对话框。报表分为两大类：钢筋报表量和土建报表量。软件提供了工程所需要的各类表格，在实际工程中应导出所有的工程量文件（*.xls）长期保存。在这里，因为广联达计价文件"广联达云计价平台 GCCP5.0"与"广联达 BIM 土建计量平台 GTJ2021"之间土建工程量能很好地对接，所以土建工程量文件不再导出，只要导出钢筋工程量文件即可。

单击【设置报表范围】按钮，弹出"设置报表范围"对话框，勾选"绘图输入""表格输入"和下边"钢筋类型"的所有选项，如图 8-4 所示。最后单击【确定】按钮。

单击选择【钢筋报表量】→单击【钢筋定额表】，光标指到"工程量"表格上→单击鼠标右键→单击【导出到 Excel 文件（X）】→选择文件路径（可到桌面）→"文件名（N）"输入"土木实训楼钢筋定额表 .xls"→单击【保存】，弹出"导出成功"对话框→单击【确定】按钮。打开刚导出的"土木实训楼钢筋定额表 .xls"，删除没有钢筋量的定额行。因为软件在编制定额表时，综合考虑了实际工程和山东省消耗量定额中所出现的所有钢筋型号，所以出现了很多没有工程量的空行。土木实训楼钢筋定额表见表 8-1。

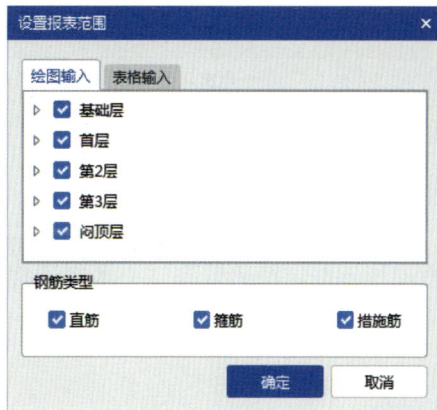

图　8-4

表 8-1　土木实训楼钢筋定额表

工程名称：土木实训楼　　　　　　　　　　　　　　　　　　　　　编制日期：2024-03-18

定额号	定额项目	单位	钢筋量
5-4-1	现浇构件钢筋 HPB300　直径（mm）≤ 10	t	0.019
5-4-2	现浇构件钢筋 HPB300　直径（mm）≤ 18	t	0.104
5-4-5	现浇构件钢筋 HRB400（RRB400）　直径（mm）≤ 10	t	16.927
5-4-6	现浇构件钢筋 HRB335　直径（mm）≤ 18	t	1.277
	现浇构件钢筋 HRB400（RRB400）　直径（mm）≤ 18	t	3.89
5-4-7	现浇构件钢筋 HRB335　直径（mm）≤ 25	t	0.406
	现浇构件钢筋 HRB400（RRB400）　直径（mm）≤ 25	t	31.955
5-4-30	现浇构件箍筋 HPB300　直径（mm）≤ 10	t	6.599
	现浇构件箍筋 HRB400（RRB400）　直径（mm）≤ 10	t	0.027
5-4-31	现浇构件箍筋 HRB400（RRB400）　直径（mm）>10	t	0.006
5-4-67	砌体加固筋焊接　直径（mm）≤ 6.5	t	0.727
5-4-75	马凳钢筋　直径（mm）6	t	0.101
	马凳钢筋　直径（mm）8	t	0.045
	马凳钢筋　直径（mm）>8	t	0.173

　　单击【接头定额表】，光标指到"工程量"表格上→单击鼠标右键→单击【导出到 Excel 文件（X）】→选择文件路径（可到桌面）→"文件名（N）"输入"土木实训楼钢筋接头定额表 .xls"→单击【保存】，弹出"导出成功"对话框→单击【确定】按钮。土木实训楼钢筋接头定额表见表 8-2。

表 8-2　土木实训楼钢筋接头定额表

工程名称：土木实训楼　　　　　　　　　　　　　　　　　　　　　　　　　编制日期：2024-03-18

定额号	定额项目	单位	数量
5-4-46	锥螺纹套筒钢筋接头　直径（mm）≤ 20	10 个	12.9
5-4-47	锥螺纹套筒钢筋接头　直径（mm）≤ 25	10 个	21.3
5-4-60	电渣压力焊接头　直径（mm）20	10 个	9.6
5-4-61	电渣压力焊接头　直径（mm）22	10 个	24
5-4-62	电渣压力焊接头　直径（mm）25	10 个	30

　　保存文件：广联达 BIM 土建计量平台文件"土木实训楼 .GTJ"、钢筋工程量文件"土木实训楼钢筋定额表"和"土木实训楼钢筋接头定额表"三个文件一定要保存好，并记住保存路径，将来学习"广联达云计价平台 GCCP5.0"软件时要用到。

广联达软件建模
顺序及要点

2 模块二
广联达云计价平台软件应用

广联达云计价平台，是广联达软件公司推出的为计价客户群提供概算、预算、竣工结算阶段的数据编审、积累、分析和挖掘再利用的平台。云计价平台软件是广联达建设工程造价管理整体解决方案的核心产品，它是为用户提供管理个人及企业数据服务的线上平台，可以实现概算、预算、结算、审核的全业务结合；实现基于云计算的数据积累；实现企业数据的有效管理，采用广域网协同模式，达到 PC 端输入和移动端批注的目的，并且两端数据实现云同步。工程造价人员可以使用本软件从事概算、预算、结算等造价业务。

本模块以本书附录中一幢典型的 3 层框架结构土木实训楼为例，详细介绍如何应用广联达云计价平台编写建设工程招标投标书。

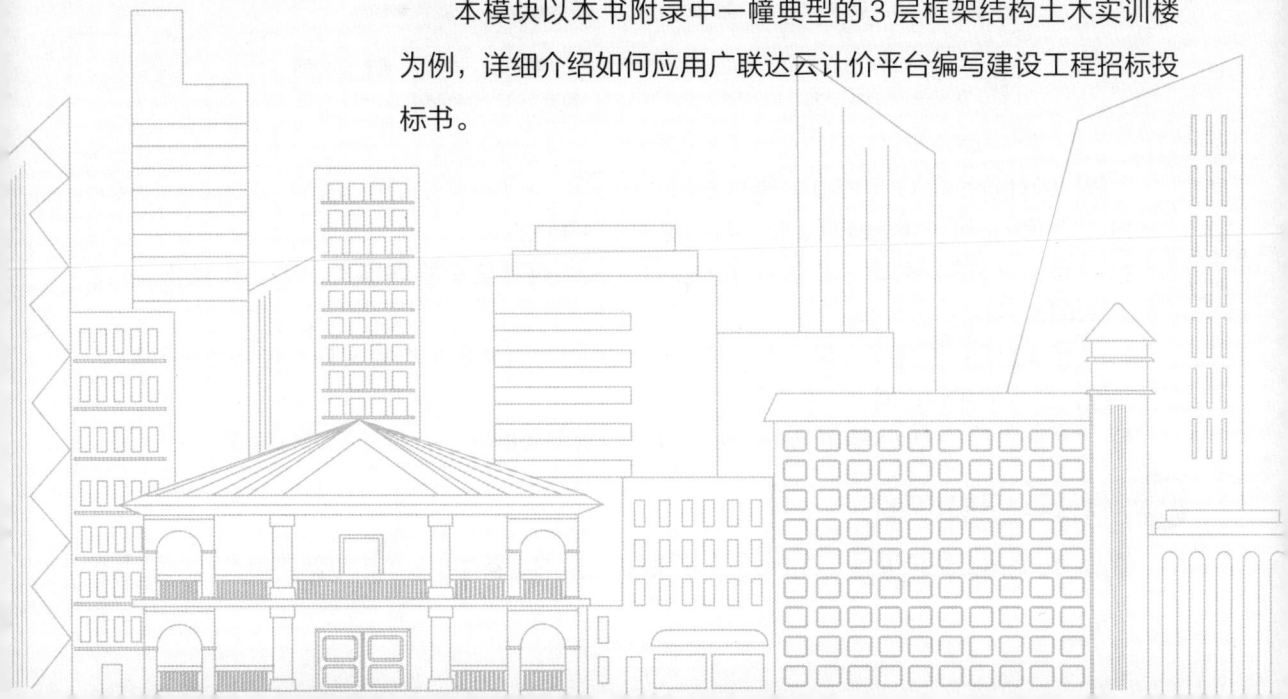

项目九

建立计价文件、导入工程量和填写工程概况

子项一　建立计价文件

理论链接：

在使用广联达云计价平台 GCCP5.0 时，首先要建立文件，文件的名称要和工程名称统一，以便以后查找文件；打开软件需要有合法的账号和正确的密码。

任务一　打开软件

双击桌面上的图标 🔗（广联达云计价平台 GCCP5.0），打开广联达云计价平台，或单击桌面左下角的【开始】菜单→进入"所有程序"→进入"广联达建设工程造价管理整体解决方案"→单击 🔗（广联达云计价平台 GCCP5.0），弹出"云计价平台"登录对话框，输入正确的账号及密码→单击【登录】，打开软件，如图 9-1 所示。

图　9-1

广联达云计价平台 GCCP5.0 主要功能如下：

1）"新建"：用于新建概算、招投标、结算、审核项目。

2）"最近文件"：列出了最近使用的文件，无须再从资源管理器里一级一级查找文件，可直接双击打开。

3）"云文件"：工程文件保存在云空间内，可随时随地登录查看文件，也可通过移动端查看文件，进行批注和审阅。

4）"本地文件"：从本地电脑中一级一级找到所需要的文件，打开并进行编辑。

任务二　建立文件

单击"广联达云计价平台 GCCP5.0"对话框左上角的【新建】→单击【新建招投标项目】→

单击【山东】，弹出"清单计价"对话框→单击【新建投标项目】，弹出"新建投标项目"对话框，如图 9-2 所示。

　　单击【下一步】→单击【新建单位工程】，弹出"新建单位工程"对话框。选择价目表时，要根据实际工程合同选择恰当的地区价目表，本工程选择济南价目表，即"省 19 年—土建 110 装饰 120（一般计税）"，如图 9-3 所示。填写完毕后，单击【确定】按钮。

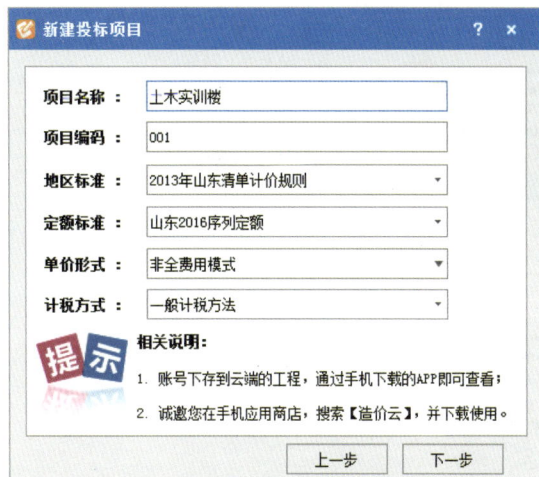

图　9-2

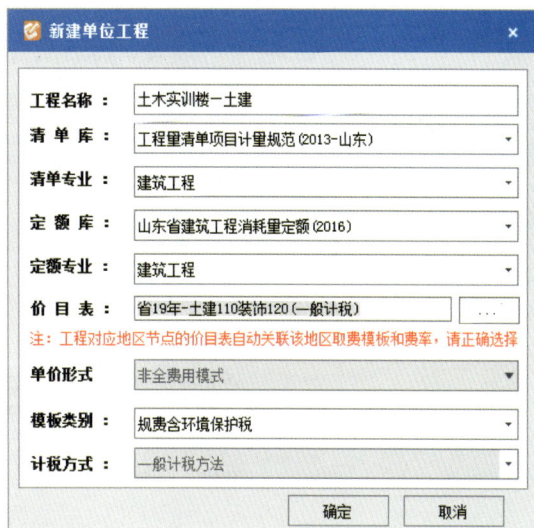

图　9-3

　　单击【新建单位工程】，建立"土木实训楼—安装"投标书。注意："清单专业"选择"安装工程"；"定额库"选择"山东省安装工程消耗量定额（ 2016）"；"定额专业"选择"民用安装工程"；"价目表"选择"省 19 年—安装 120（一般计税）"。单击【下一步】按钮，如图 9-4所示，最后单击【完成】按钮。计价文件建完以后要及时保存，并记清文件的存储位置，便于以后继续编辑文件。

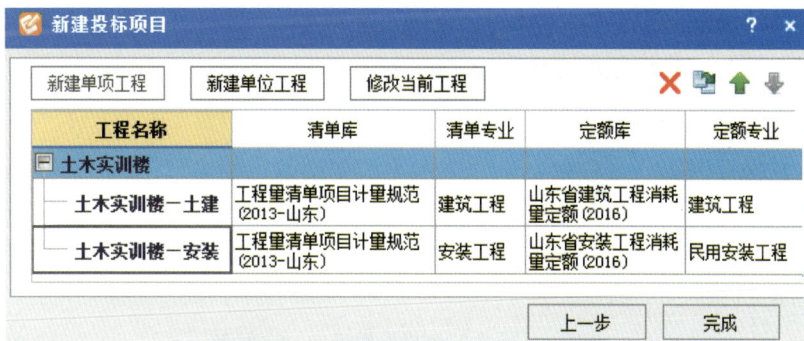

图　9-4

子项二　导入工程量

　　打开新建的广联达云平台计价文件"土木实训楼"，单击左边"项目结构"导航栏中的【土木实训楼—土建】。本模块只介绍土建部分

导入工程量

投标书的编制，安装部分和土建部分的操作方法基本相同，此处不再介绍。单击导航栏上方【新建】右边的左指向箭头 《，把项目结构最小化。

任务一　导入土建工程量

打开"土木实训楼—土建"项目以后，软件进入投标书编辑界面，如图 9-5 所示。

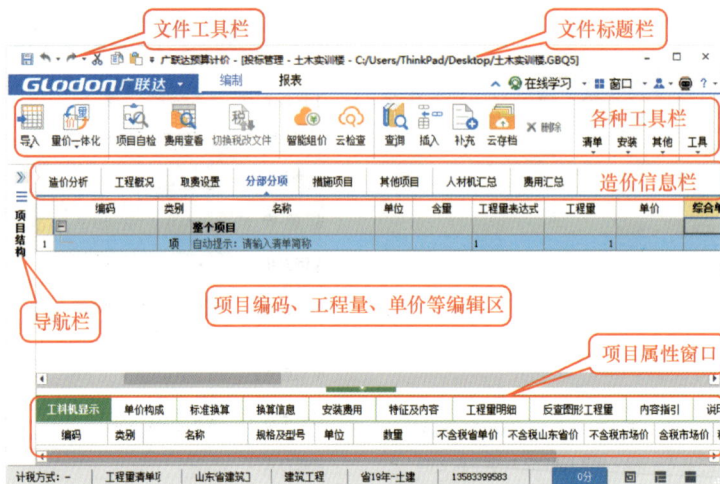

图　9-5

单击"造价信息栏"里的【分部分项】→单击"导入"面板里 量价一体化 的下拉箭头→单击【导入算量文件】→找到本书项目八保存的文件"土木实训楼 .GTJ"→单击【打开】，软件开始获取算量文件区信息，弹出"选择导入算量区域"对话框→勾选"土木实训楼"和"导入做法"→单击【确定】按钮，弹出"算量工程文件导入"对话框，单击【导入】（不要勾选"清空导入"），弹出"提示"对话框，提示"导入成功"，单击【确定】按钮。这时算量文件中土建部分的清单、定额和工程量等信息，已经分别导到计价文件"分部分项"和"措施项目"里面了。

任务二　导入钢筋工程量表

1. 导入"土木实训楼钢筋定额表"

找到项目八保存的钢筋工程量文件"土木实训楼钢筋定额表"，这是一个 Excel 表格。运用"插入行""插入列""复制"等编辑命令，对文件内容进行修改，添加清单行，填写项目名称、单位、工程量等信息，整理形成土木实训楼钢筋清单、定额表，见表 9-1。修改完毕后，保存并关闭文件。

表 9-1　土木实训楼钢筋清单、定额表

编码	项目名称	项目特征	单位	工程量
010515001001	现浇构件钢筋	1. 钢筋种类：HPB300 2. 规格：直径（mm）≤ 10	t	0.019
5-4-1	现浇构件钢筋 HPB300	直径（mm）≤ 10	t	0.019
010515001002	现浇构件钢筋	1. 钢筋种类：HPB300 2. 规格：直径（mm）≤ 18	t	0.104
5-4-2	现浇构件钢筋 HPB300	直径（mm）≤ 18	t	0.104

（续）

编码	项目名称	项目特征	单位	工程量
010515001003	现浇构件钢筋	1. 钢筋种类：HRB400（RRB400） 2. 规格：直径（mm）≤ 10	t	16.927
5-4-5	现浇构件钢筋 HRB400（RRB400）	直径（mm）≤ 10	t	16.927
010515001004	现浇构件钢筋	1. 钢筋种类：HRB335 2. 规格：直径（mm）≤ 18	t	1.277
5-4-6	现浇构件钢筋 HRB335	直径（mm）≤ 18	t	1.277
010515001005	现浇构件钢筋	1. 钢筋种类：HRB400（RRB400） 2. 规格：直径（mm）≤ 18	t	3.89
5-4-6	现浇构件钢筋 HRB400（RRB400）	直径（mm）≤ 18	t	3.89
010515001006	现浇构件钢筋	1. 钢筋种类：HRB335 2. 规格：直径（mm）≤ 10	t	0.406
5-4-7	现浇构件箍筋 HPB300	直径（mm）≤ 10	t	0.406
010515001007	现浇构件钢筋	1. 钢筋种类：HRB400（RRB400） 2. 规格：直径（mm）≤ 25	t	31.955
5-4-8	现浇构件钢筋 HRB400（RRB400）	直径（mm）≤ 25	t	31.955
010515001008	现浇构件钢筋	1. 钢筋种类：HPB300 2. 规格：直径（mm）≤ 10	t	6.599
5-4-30	现浇构件箍筋 HPB300	直径（mm）≤ 10	t	6.599
010515001009	现浇构件钢筋	1. 钢筋种类：HRB400（RRB400） 2. 规格：直径（mm）≤ 10	t	0.027
5-4-30	现浇构件箍筋 HRB400（RRB400）	直径（mm）≤ 10	t	0.027
010515001010	现浇构件钢筋	1. 钢筋种类：HRB400（RRB400） 2. 规格：直径（mm）>10	t	0.006
5-4-31	现浇构件箍筋 HRB400（RRB400）	直径（mm）>10	t	0.006
010515001011	现浇构件钢筋	1. 钢筋种类：HPB300 2. 规格：直径（mm）≤ 6.5	t	0.727
5-4-67	砌体加固筋焊接	直径（mm）≤ 6.5	t	0.727
010515001012	现浇构件钢筋	1. 钢筋种类：HPB300 2. 规格：直径（mm）8	t	0.101
5-4-75	马凳钢筋	直径（mm）6	t	0.101
010515001013	现浇构件钢筋	1. 钢筋种类：HPB300 2. 规格：直径（mm）8	t	0.045
5-4-75	马凳钢筋	直径（mm）8	t	0.045
010515001014	现浇构件钢筋	1. 钢筋种类：HPB300 2. 规格：直径（mm）>8	t	0.173
5-4-75	马凳钢筋	直径（mm）>8	t	0.173

　　单击计价软件"导入"面板里"导入"的下拉箭头→单击【导入 Excel 文件（X）】，找到并打开刚编辑保存的钢筋工程量文件"土木实训楼钢筋清单、定额表"，弹出"导入 Excel 招标文件"对话框，如图 9-6 所示。

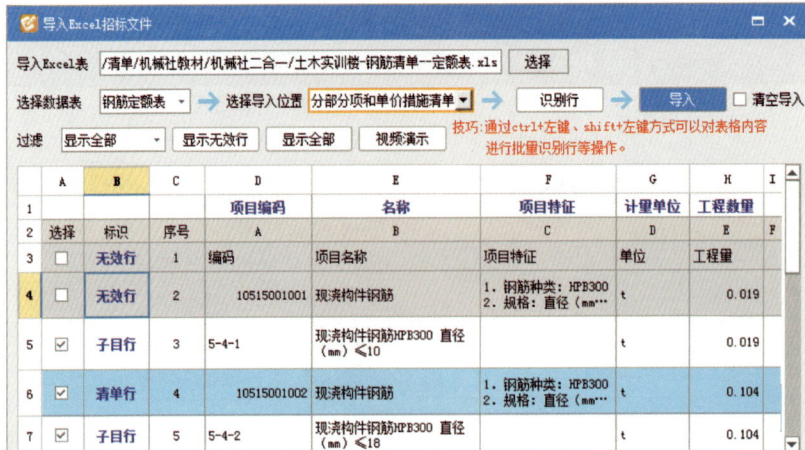

图　9-6

单击【识别行】，弹出"提示"对话框，提示"行识别已完成"→单击【确定】按钮→单击第4行"无效行"→单击"清单行"。采用同样方法，依次向下检查，如果是清单行，则将"无效行"改为"清单行"，如果是定额行，则将"无效行"改为"子目行"→单击【导入】（不要勾选"清空导入"），弹出"提示"对话框，提示"导入成功"→单击【结束导入】→单击"清单"面板里的【解除清单锁定】。

2. 导入"土木实训楼钢筋接头定额表"

找到项目八保存的钢筋工程量文件"土木实训楼钢筋接头定额表"，这是一个 Excel 表格。运用"插入行""插入列""复制"等编辑命令，对文件内容进行修改，添加清单行，填写项目名称、单位、工程量等信息，整理形成土木实训楼钢筋接头清单、定额表，见表9-2。修改完毕后，保存并关闭文件。

表9-2　土木实训楼钢筋接头清单、定额表

编码	项目名称	项目特征	单位	工程量
10515001015	现浇构件钢筋	1. 钢筋种类：螺纹套筒钢筋接头 2. 规格：直径（mm）≤ 20	10 个	12.9
5-4-46	螺纹套筒钢筋接头	直径（mm）≤ 20	10 个	12.9
10515001016	现浇构件钢筋	1. 钢筋种类：螺纹套筒钢筋接头 2. 规格：直径（mm）≤ 25	10 个	21.3
5-4-47	螺纹套筒钢筋接头	直径（mm）≤ 25	10 个	21.3
10515001017	现浇构件钢筋	1. 钢筋种类：电渣压力焊接头 2. 规格：直径（mm）20	10 个	9.6
5-4-60	电渣压力焊接头	直径（mm）20	10 个	9.6
10515001018	现浇构件钢筋	1. 钢筋种类：电渣压力焊接头 2. 规格：直径（mm）22	10 个	24
5-4-61	电渣压力焊接头	直径（mm）22	10 个	24
10515001019	现浇构件钢筋	1. 钢筋种类：电渣压力焊接头 2. 规格：直径（mm）25	10 个	30
5-4-62	电渣压力焊接头	直径（mm）25	10 个	30

单击计价软件"导入"面板里"导入"的下拉箭头→单击【导入 Excel 文件（X）】，找到并打开刚编辑保存的钢筋工程量文件"土木实训楼钢筋接头清单、定额表"，弹出"导入 Excel 招标文件"对话框→单击【识别行】，弹出"提示"对话框，提示"行识别已完成"→单击【确定】按钮→逐一单击"无效行"，如果是清单行，则将"无效行"改为"清单行"，如果是定额行，则将"无效行"改为"子目行"→单击【导入】（不要勾选"清空导入"），弹出"提示"对话框，提示"导入成功"→单击【结束导入】→单击"清单"面板里的【解除清单锁定】。

子项三　填写工程概况

任务一　填写工程信息

单击"造价信息"栏里的【工程概况】，单击【工程信息】，填写土木实训楼—土建的工程信息，如图 9-7 所示。

填写工程概况

任务二　填写工程特征

单击【工程特征】，填写土木实训楼—土建的工程特征，如图 9-8 所示。

	名称	内容
1	工程名称	土木实训楼—土建
2	专业	建筑工程
3	清单编制依据	工程量清单项目计量规范（2013-山东）
4	定额编制依据	山东省建筑工程消耗量定额（2016）
5	编制时间	2024-04-21
6	编制人	王**
7	审核人	张**

图 9-7

	名称	内容
1	工程类型	公共建筑
2	结构类型	现浇、框架结构
3	基础类型	独立、条形、筏板基础
4	建筑特征	矩形
5	建筑面积（m²）	953.26
6	其中地下室建筑面积（m²）	0
7	总层数	3
8	地下室层数（+/-0.00以下）	0
9	建筑层数（+/-0.00以上）	3
10	建筑物总高度（m）	10.90
11	地下室总高度（m）	0
12	首层高度（m）	3.6
13	裙楼高度（m）	0
14	标准层高度（m）	3.6
15	基础材料及装饰	钢筋混凝土
16	楼地面材料及装饰	地板砖及水泥地面、木地板等
17	外墙材料及装饰	普通抹灰
18	屋面材料及装饰	混凝土屋面板及粘土瓦
19	门窗材料及装饰	铝合金、塑钢、木材等

图 9-8

任务三　填写编制说明

单击【编制说明】→单击鼠标右键→单击【编辑】，填写土木实训楼—土建的编制说明。注意只填写"修改［　　］"里面的内容。编辑结束后，单击鼠标右键，单击"浏览"，也可导出文件。下面是编制说明修改后的原文，其中楷体字为填写的内容。

一、工程概况

1. 工程概况：由［某市建筑工程学校］投资兴建的［土木实训楼］；坐落于［**市城区］，建筑面积：［953.26］平方米，占地面积［316］平方米；建筑高度：［10.90］米，层高［3.6］米，层数［3］层，结构形式：［现浇框架结构］；基础类型：［独立、条形、筏板基础］；［按图纸设计要求］装饰标准等。本期工程范围包括：［2024年 5 月 18 日开工，2024 年 9 月 28 日竣工。］

2. 编制依据：本工程依据《建设工程工程量清单计价规范》（GB 50500—2013）中工程量清单计价办法，根据［**设计有限公司］设计的［土木实训楼］施工设计图计算实物工程量。

3. 材料价格按照本地市场价计入。

4. 管理费：建筑工程取 25.6%；装饰工程取 32.3%。

5. 利润：建筑工程取 15%；装饰工程取 17.3%。

6. 特殊材料、设备情况说明。

7. 其他需特殊说明的问题。

二、现场条件

1. 临时设施、工棚、施工道路、施工用水、施工用电，已完成。

2. 塔吊、模板、钢筋加工机器等设备基本已备齐。

3. 施工机械经过检修能保证正常运转。

4. 劳动力已调集，能满足施工需要，安全消防设备已经备齐等。

5. 其他：材料、成品、半成品和工艺设备等能满足连续施工要求。

6. 开工前的各种手续及协议已办理完毕。

三、编制工程量清单的依据及有关资料

1. 招标文件及其补充通知、答疑纪要。

2. 设计文件（设计图纸、标准图集）。

3. 施工现场的情况、工程特点。

4. 建设工程工程量清单计价规范和定额等造价资料。

四、对施工工艺、材料的特殊要求

本工程为某学校土木系实训楼，对施工工艺、材料无特殊要求。

五、其他

任务四　取费设置说明

根据土木实训楼招标文件，经建设单位同意，土木实训楼采用现行的"鲁标定字（2019）3 号文"，确定该工程取费标准。单击"造价信息"栏里的【取费设置】，选择和修改取费费率。政策文件如图 9-9 所示，费用条件如图 9-10 所示，费率如图 9-11 所示。

政策文件

	名称	简要说明	发布日期	执行日期	执行	文件内容
1	鲁标定字（2019）3号文	山东省工程建设标准定额站关于发布定额价目表和机械台班、仪器仪表台班单价表的通知	2019-04-17	2019-04-17	☑	查看文件
2	济建标字（2018）6号文	关于转发《山东省住房和城乡建设厅关于调整建设工程定额人工单价及各专业定额价目表的通知》的通知	2018-12-03	2018-11-29	☐	查看文件

图　9-9

费用条件

	名称	内容
1	城市名称	济南
2	取费时间	19年4月至今　▼

图　9-10

费率 🔄 恢复到系统默认　🔍 查询费率信息

	取费专业	工程类别	管理费(%)	利润(%)	总价措施费			
					夜间施工费	二次搬运费	冬雨季施工增加费	已完工程及设备保护费
1	建筑工程	III类工程	25.6	15	2.55	2.18	2.91	0.15
2	装饰工程	III类工程	32.3	17.3	3.64	3.28	4.1	0.15

图　9-11

项目十

修改清单、定额表

学习目标

子项一　添加清单、定额子目

添加竣工清理子目

任务一　添加余土运输、竣工清理等子目

1. 添加余土运输子目

单击"造价信息"栏里的【分部分项】→单击"清单"面板里的【整理清单】→单击【分部整理】→勾选"需要章分部标题"和"需要节分部标题"→单击【确定】按钮，这时显示界面左边会出现这个项目的目录树，如图10-1所示。

单击"整个项目"目录树里的【回填】→单击清单编辑区的子目"回填方"清单行→单击"编辑"面板里"插入"下方的下拉箭头→单击【插入清单】，编辑区出现一行空白清单行→单击【编码】单元格，输入"010103002001"→单击【项目特征】单元格，输入"1. 材料：基础回填余素土　2. 运距：2km"→单击清单表下方属性窗口的【工程量明细】→单击"内容说明"的第1行，输入"基础总挖土"→单击第2行，弹出"确认"对话框→单击【替换】，余土运输的计算式如图10-2所示。

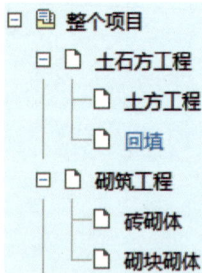

整个项目
土石方工程
　土方工程
　回填
砌筑工程
　砖砌体
　砌块砌体

图 10-1

	内容说明	计算式	结果	累加标识
0	计算结果		57.1453	
1	基础总挖土	158.47+69.732+69.173	297.375	☐
2	回填土总体积	150.8624+58.033	208.8954	☐
3	装运土体积	287.375-208.8954*1.15	57.1453	☑

图 10-2

图10-2中的数字说明：158.47为"010101002001　挖一般土方"的清单量；69.732为"010101003001　挖沟槽土方"的清单量；69.173为"010101004001　挖基坑土方"的清单量；150.8624为"010103001001　槽坑回填方"的清单量；58.033为"010103001002　地坪回填方"的清单量；以上数字均来自本文件的相关清单子目。1.15为夯填土体积与天然密实土的换算系数。

单击"插入"下方的下拉箭头→单击【插入子目】，编辑区出现一行空白定额行→单击【编码】单元格，输入"1-2-25"。采用同样方法插入其他定额子目，如图10-3所示。

编码	类别	名称	锁定综合	项目特征	单位	含量	工程量表达式	工程量
⊟ 010103002001	项	余方弃置	☐	1. 材料：基础回填余素土 2. 运距：2km	m³		GCLMXHJ	47.1453
1-2-25	定	人工装车 土方			10m³	0.1	QDL	4.71453
1-2-58	定	自卸汽车运土方运距≤1km			10m³	0.1	QDL	4.71453
1-2-59	定	自卸汽车运土方每增运1km			10m³	0.1	QDL	4.71453

图　10-3

2. 添加竣工清理子目

单击"编辑"面板里"补充"下方的下拉箭头→单击【清单】，弹出"补充清单"对话框，如图10-4所示。填写完毕后，单击【确定】按钮。

图　10-4

单击清单表下方属性窗口的【工程量明细】→单击"内容说明"第1行→输入"一层体积"→单击第2行，弹出"确认"对话框→单击【替换】。仔细阅读附录A-1建施04~06、09~11，输入竣工清理的计算式，如图10-5所示。

	内容说明	计算式	结果	累加标识
0	计算结果		3357.2138	
1	一层体积	20.85*15.15*3.6	1137.159	☑
2	二层体积	20.85*15.15*3.6+6.25*1.8*3.6	1177.659	☑
3	三层体积	20.85*15.15*3.3	1042.3958	☑

图　10-5

单击"插入"下方的下拉箭头→单击【插入子目】，编辑区出现一行空白定额行→单击【编码】单元格，输入"1-4-3"→单击【名称】单元格，将"平整场地及其他竣工清理"改为"竣工清理"→单击【工程量表达式】单元格→输入"3357.2138"。

任务二　添加安全网、密目网、基底钎探子目

1. 添加安全网子目

单击"造价信息"栏里的【措施项目】→单击清单编辑区的"外

添加安全网、密目网、钎探子目

脚手架"清单行→单击"编辑"面板里"插入"下方的下拉箭头→单击【插入清单】，编辑区出现一行空白清单行→单击【编码】单元格，输入"011701002004"→单击【名称】单元格，输入"外脚手架　水平安全网"→单击【项目特征】单元格，输入"1. 建筑层数：3 层　2. 搭设方式：水平"→单击清单表下方属性窗口的【工程量明细】→单击"内容说明"的第 1 行，输入"二层安全网面积"→单击第 2 行，弹出"确认"对话框→单击【替换】，安全网面积的计算式如图 10-6 所示。

	内容说明	计算式	结果
0	计算结果		239.4
1	二层安全网面积	(20.85+15.15)*2*1.5*1.5*1.5*4+1.8*1.5*2	122.4
2	三层安全网面积	(20.85+15.15)*2*1.5*1.5*1.5*4	117

图 10-6

单击"插入"下方的下拉箭头→单击【插入子目】，编辑区出现一行空白定额行→单击【编码】单元格，输入"17-6-1"→单击【工程量表达式】单元格，输入"239.4"。修改好的安全网子目如图 10-7 所示。

	序号	类别	名称	单位	项目特征	工程量
7	⊟ 011701002004		外脚手架 水平安全网	m²	1. 建筑层数：3层 2. 搭设方式：水平	239.4
	└ 17-6-1	定	立挂式安全网	10m²		23.94

图 10-7

2. 添加密目网子目

单击图 10-7 所示（011701002004）清单行→单击鼠标右键→单击【复制】→单击鼠标右键→单击【粘贴】→在 011701002004 清单行下方添加"011701002005"清单行→单击该清单相应的单元格，将其修改为密目网清单，其中密目网工程量明细如图 10-8 所示，修改后的密目网清单如图 10-9 所示。

	内容说明	计算式	结果	累加标识
0	计算结果		985.5	
1	密目网高度	10.85+0.4	11.25	☐
2	密目网长度	(20.85+15.15)*2+1.5*8+1.8*2	87.6	☐
3	密目网垂直面积	11.25*87.6	985.5	☑

图 10-8

	序号	类别	名称	单位	项目特征	工程量
8	⊟ 011701002005		外脚手架 密目网	m²	1. 建筑层数：3层 2. 檐口高度：10.90m	985.5
	└ 17-6-6	定	密目网垂直封闭	10m²		98.55

图 10-9

3. 添加基底钎探子目

在使用广联达 BIM 土建计量平台 GTJ2021 计算土木实训楼工程量时，没有计算钎探的工程量。现在广联达土建计量软件的工程量已经导入计价文件中了，这时，对于像钎探这种计算量不大的工程，可以直接在计价文件中加上。

附录 A-1 建施 03 中施工组织设计规定：基底钎探眼布置，基础垫层面积每平方米 1 个。仔细阅读附录 A-2 结施 02、03，找出各种基础垫层的尺寸及数量。

单击"造价信息"栏里的【分部分项】→单击"整个项目"目录树里【土方工程】→单击

"010101002001　挖一般土方"清单行下的定额行"1-2-40　挖掘机挖一般土方　坚土"→单击"插入"下方的下拉箭头→单击【插入子目】，编辑区出现一行空白定额行→单击【编码】单元格，输入"1-4-4"，软件出现"平整场地及其他　基底钎探"定额行→将定额名称改为"基底钎探"，在下边"工程量明细"中输入"（20.04+0.9*2+0.1*2）*（2.7+0.9*2+0.1*2）"，如图 10-10 所示。

	内容说明	计算式	结果	累加标识
0	计算结果		103.588	
1	BPB筏板	(20.04+0.9*2+0.1*2)*(2.7+0.9*2+0.1*2)	103.588	☑

图　10-10

采用同样方法，在"010101003001　挖沟槽土方"清单行下的定额行"1-2-44　挖掘机挖槽坑土方坚土"下方插入定额子目"1-4-4"，并将定额名称改为"基底钎探"，在下边"工程量明细"中输入工程量，如图 10-11 所示。

	内容说明	计算式	结果	累加标识
0	计算结果		43.8	
1	TJBp-1	(1.275*2+0.1*2)*(0.1+1.0+3.0+3.3+2.7+1.0+0.1)	30.8	☑
2	TJBj-2	(1.15*2+0.1*2)*(0.1+1.0+3.0+1.0+0.1)	13	☑

图　10-11

在"010101004001　挖基坑土方"清单行下的定额行"1-2-44　挖掘机挖槽坑土方　坚土"下方插入定额子目"1-4-4"，并将定额名称改为"基底钎探"，在下边"工程量明细"中输入工程量，如图 10-12 所示。

	内容说明	计算式	结果	累加标识
0	计算结果		35.45	
1	DJp-1	(1.2*2+0.1*2)*(1.2*2+0.1*2)*4	27.04	☑
2	DJj-2	(1.35*2+0.1*2)*(1.35*2+0.1*2)	8.41	☑

图　10-12

任务三　添加机械运输类子目

单击"编辑"面板里"插入"下方的下拉箭头→单击【插入清单】，编辑区出现一行空白清单行→单击【编码】单元格，输入"011703001001"→单击"m²"行→单击【确定】按钮→单击"插入"下方的下拉箭头→单击【插入子目】，编辑区出现一行空白定额行→单击【编码】单元格，输入"19-1-17"。采用同样方法插入其他定额子目，然后输入清单"项目特征"及"工程量表达式"，如图 10-13 所示。说明：清单行工程量表达式为土木实训楼标准层建筑面积，塔吊基础混凝土（C30）体积为 10.3m³，为经过建设、施工负责人签字确认预估的塔吊基础工程量。

单击"垂直运输"清单行的【编码】单元格→单击"编辑"面板里"插入"下方的下拉箭头→单击【插入清单】，编辑区出现一行空白清单行→单击【编码】单元格，输入"011705001001"→单击"插入"下方的下拉箭头→单击【插入子目】，编辑区出现一行空白

定额行→单击【编码】单元格，输入"19-3-34"，如图 10-14 所示。

	编码	类别	名称	锁定综合	项目特征	单位	含量	工程量表达式	工程量
B2	⊟ A.17.3		**垂直运输**	☐					
1	⊟ 011703001001	项	垂直运输	☐	1．结构类型：框架 2．檐口高度：10.90m 3．层数：3	m²		20.85*15.15	315.8775
	19-1-17	换	檐高≤20m现浇混凝土结构垂直运输标准层建筑面积≤500m²			10m²	0.1	20.85*15.15	31.58775
	19-3-1	换	现浇混凝土独立式基础			10m³	0.0032608	10.3	1.03
	19-3-4	换	混凝土基础拆除			10m³	0.0032608	10.3	1.03
	19-3-5	换	自升式塔式起重机安拆 檐高≤20m			台次	0.0031658	1	1

图　10-13

	编码	类别	名称	锁定综合	项目特征	单位	含量	工程量表达式	工程量
B2	⊟ A.17.5		**大型机械设备进出场及安拆**	☐					
1	⊟ 011705001001	项	大型机械设备进出场及安拆		1．机械设备名称：履带式单斗挖掘机 2．机械设备规格型号：液压，1m³，5820×1900×2620	台次		1	1
	19-3-34	定	履带式挖掘机,履带式液压锤场外运输			台次	1	QDL	1

图　10-14

子项二　调整价格

任务一　基础垫层换算

调整价格

1. 独立基础垫层换算

单击"造价信息"栏里的【分部分项】→单击"整个项目"目录树里的【现浇混凝土基础】→单击"010501001001　独基垫层"清单行下的定额行"2-1-28　C15 无筋混凝土垫层"→单击"属性窗口"的【标准换算】，应选择的换算内容如图 10-15 所示。

工料机显示	单价构成	标准换算	换算信息	安装费用	特征及内容	工程量明细

	换算列表		换算内容
1	垫层定额按地面垫层编制	若为条形基础垫层 人工*1.05,机械*1.05	☐
2		若为独立基础垫层 人工*1.1,机械*1.1	☑
3		若为场区道路垫层 人工*0.9	☐
4	换C15现浇混凝土碎石<40		80210003　C15现浇混凝土 碎石<40

图　10-15

2. 条形基础垫层换算

采用同样方法，单击"0010501001002　条基垫层"清单行下的定额行"2-1-28　C15

无筋混凝土 垫层",勾选"属性窗口"中"标准换算"里面的"若为条形基础垫层 人工 *1.05,机械 *1.05"。

任务二 混凝土强度换算

1. 构造柱混凝土强度换算

单击"整个项目"目录树里的【现浇混凝土柱】→单击定额行"5-1-17 C20 现浇混凝土 构造柱"→单击下面"属性窗口"的【标准换算】→单击第 3 行"80210009 C20 现浇混凝土 碎石 <31.5"后面的下拉箭头→单击"80210017 C25 现浇混凝土 碎石 <31.5",如图 10-16 所示。这时,定额行"5-1-17"的名称由"C20 现浇混凝土 构造柱"变为"C20 现浇混凝土 构造柱 换【C25 现浇混凝土 碎石 <31.5】"。

工料机显示	单价构成	标准换算	换算信息	安装费用	特征及内容	工

	换算列表	换算内容
1	劲性混凝土柱 (梁) 中的混凝土 人工*1.15,机械*1.15	☐
2	换水泥抹灰砂浆 1:2	80050009 水泥抹灰砂浆 1:2
3	换C20现浇混凝土碎石<31.5	80210017 C25现浇混凝土 碎石<31.5

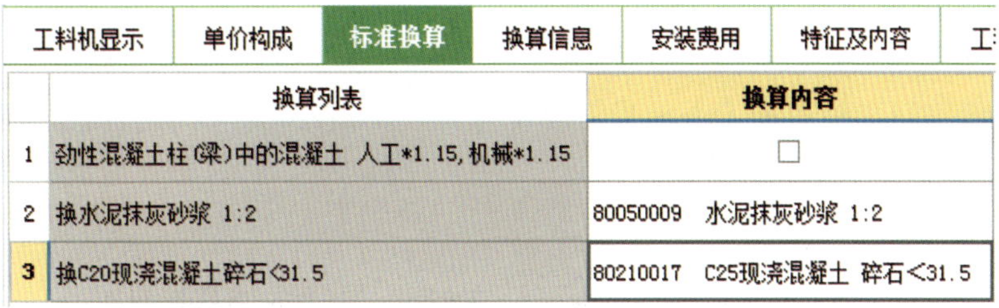

图 10-16

2. 圈梁、过梁等混凝土强度换算

单击【现浇混凝土梁】→单击定额行"5-1-21 C20 圈梁及压顶"→单击"属性窗口"的【标准换算】→单击第 2 行"80210007 C20 现浇混凝土 碎石 <20"后面的下拉箭头→单击"80210015 C25 现浇混凝土 碎石 <20"。这时,定额行"5-1-21"的名称由"C20 圈梁及压顶"变为"C20 圈梁及压顶 换【C25 现浇混凝土 碎石 <20】"。

采用同样方法,单击【混凝土及钢筋混凝土工程】,将"5-1-22 C20 过梁"的混凝土强度换算为"80210015 C25 现浇混凝土 碎石 <20";将栏板"5-1-48 C30 栏板"的混凝土强度换算为"80210015 C25 现浇混凝土 碎石 <20";将挑檐"5-1-49 C30 挑檐、天沟"的混凝土强度换算为"80210015 C25 现浇混凝土 碎石 <20";将楼梯"5-1-39 C30 无斜梁直形楼梯板厚 100mm"的混凝土强度换算为"80210015 C25 现浇混凝土 碎石 <20"。

3. 屋面斜板人工费的换算

仔细阅读附录 A-1 建施 07 可知,屋面板的坡度为 1:1.5,经计算屋面坡度角为 33.69°。《山东省建筑工程消耗量定额》(SC 01-31-2016)规定:现浇混凝土板的倾斜度 >15° 时,其模板子目定额人工乘以系数 1.3。

单击"造价信息"栏里的【措施项目】→单击清单行"011702020001 其它板"下面的定额子目行"18-1-100 平板复合木模板钢支撑"→单击"属性窗口"的【标准换算】→勾选"现浇混凝土板的倾斜度 >15° 时 人工 *1.3"。

任务三 工程主材价格换算

1. 主材价差调整

假设在工程建造过程中,部分主要材料的采供价格和定额价格出现了较大的波动,这时需要对材料价格进行调整(按含税价格调整),需调整的材料及价格见表 10-1。

表 10-1　部分主材价格表

序号	编码	材料名称	单位	定额价（含税）	含税市场价
1	04130011	烧结煤矸石多孔砖（240×115×90）	千块	750.00	1100.00
2	04130015	烧结煤矸石空心砖（240×180×115）	千块	1100.00	1450.00
3	04150015	蒸压粉煤灰加气混凝土砌块（600×200×240）	m³	260.00	320.00
4	……	……			
5					
6					

单击"造价信息"栏里的【人材机汇总】按钮，单击左边"所有人材机"里面的【材料表】，找到"04130011　烧结煤矸石多孔砖（240×115×90）"行，将含税市场价调为"1100"元，如图 10-17 所示。

	编码	类别	名称	规格型号	单位	不含税山东省价	不含税市场价	含税市场价	税率(%)	供货方式
20	04130011	材	烧结煤矸石多孔砖	240×115×90	千块	728.16	1067.96	1100	3	自行采购

图　10-17

采用同样方法，将"04130015　烧结煤矸石空心砖（240×180×115）"行的含税市场价调为"1450"元；将"04150015　蒸压粉煤灰加气混凝土砌块（600×200×240）"行的含税市场价调为"320"元。

2. 甲供材料

假设本工程施工合同规定：工程使用钢筋全部由甲方供应，这时应调整钢筋供应方式。材料表里所有钢筋的供货方式改为"甲供材料"，如图 10-18 所示（部分）。

	编码	类别	名称	规格型号	单位	数量	不含税省单价	不含税山东省价	不含税市场价	含税市场价	税率(%)	供货方式
1	01000017	材	吊筋		kg	26.97765	3.64	3.64	3.64	4.11	13	甲供材料 ▼
2	01010009	材	钢筋	HPB300≤φ10	t	0.18006	3911.5	3911.5	3911.5	4420	13	甲供材料
3	01010017	材	钢筋	HPB300≤φ18	t	0.10816	3946.9	3946.9	3946.9	4460	13	甲供材料
7	01010065	材	钢筋	φ6.5	t	0.74154	4247.79	4247.79	4247.79	4800	13	甲供材料
12	01010135	材	螺纹钢筋	φ22	kg	108.8796	3.85	3.85	3.85	4.35	13	甲供材料
13	01010137	材	螺纹钢筋	φ25	kg	146.823	3.96	3.96	3.96	4.47	13	甲供材料
21	02090013	材	塑料薄膜		m²	2135.02771	1.82	1.82	1.82	2.06	13	自行采购
22	02090013@1	材	塑料薄膜		m²	131.13376	0	0	1.53	1.73	13	自行采购

图　10-18

3. 甲定乙供材料

假设本工程施工合同规定：所有混凝土均为商品混凝土，甲方提供供货单位，价格由甲方（建设单位）确定，乙方（施工单位）根据工程需要向商品混凝土供货单位提出供货数量及供货时间。

单击"造价信息"栏里的【分部分项】→单击"整个项目"目录树里的【现浇混凝土柱】→单击"5-1-14　C30 矩形柱"→单击鼠标右键→单击【现浇砼转商品砼】，弹出"选择范围"

对话框→单击选择"整个项目"→单击【确定】按钮。

　　单击"造价信息"栏里的【人材机汇总】按钮，依次找到材料里面的商品混凝土，将后面的"供货方式"由"自行采供"改为"甲定乙供"。

4. 人工费调整

　　假设本工程施工合同规定：人工为土建每个综合工日 105 元，装饰每个综合工日 115 元。调整方法：单击【人工表】按钮，在人工单价表里调整人工，如图 10-19 所示。

	编码	类别	名称	规格型号	单位	数量	不含税省单价	不含税山东省价	不含税市场价	含税市场价	税率(%)
1	00010020	人	综合工日(装饰)		工日	790.60474	120	120	115	115	0
2	00010010	人	综合工日(土建)		工日	2897.60146	110	110	105	105	0

图　10-19

项目十一
导出工程造价表

学习目标

使用广联达云计价平台软件，首先应建立文件，导入或输入分部分项工程量，然后进行子目的换算，调整材料价差及甲方供材、人工费等，都调完以后，应导出各种报表。

单击软件标题栏下方的【报表】选项卡，弹出报表界面，面板上面设置了许多功能按钮，表格输出面板有"批量导出 Excel""批量导出 PDF""批量打印"，报表面板有"保存报表""载入报表方案""保存报表方案"等功能按钮。

广联达云计价平台软件为满足工程实际需要设计了各种表格。分为四大部分：工程量清单、招标控制价、投标方和其他。使用时，可以全部导出所有表格，也可根据需要导出部分表格。在本项目里，只讲解几张表格的编辑和导出方法。

子项一　导出投标报价表

任务一　设计投标报价封面

单击"报表"目录树里面的【投标方】→单击【封 -3　投标报价】→在"投标报价"页面上单击鼠标右键→单击【设计】，弹出"投标设计器"对话框→在单元格里依次填写除"投标报价"以外的信息→填完后单击【退出（X）】，弹出"是否保存设计的报表？"提示，单击【是】按钮，弹出"是否将修改应用到其它单项 / 或单位工程同名报表？"提示，单击【是】按钮，弹出"成功"提示，单击【确定】按钮，如图 11-1 所示。

任务二　导出单位工程投标报价汇总表

单击目录树"投标方"里面的【表 -04　单位工程投标报价汇总表】→单击鼠标右键→单击【导出为Excel 文件（X）】，软件导出单位工程投标报价汇总表，见表 11-1。

图　11-1

表 11-1　单位工程投标报价汇总表

序号	项目名称	金额 / 元	其中：材料暂估价 / 元
一	分部分项工程费	1352867.27	
1.1	A.1 土石方工程	12783.47	
1.2	A.4 砌筑工程	124378.94	
1.3	A.5 混凝土及钢筋混凝土工程	720659.17	
1.4	A.8 门窗工程	78762.43	
1.5	A.9 屋面及防水工程	47538.13	
1.6	A.10 保温、隔热、防腐工程	23097.35	
1.7	A.11 楼地面装饰工程	67802.74	
1.8	A.12 墙、柱面装饰与隔断、幕墙工程	83933.85	
1.9	A.13 天棚工程	25368.53	
1.10	A.14 油漆、涂料、裱糊工程	78940.42	
1.11	A.15 其他装饰工程	19542.48	
1.12	A.17 措施项目	59014.53	
1.13	补充分部	11045.23	
二	措施项目费	308381.02	
2.1	单价措施项目	280795.5	
2.2	总价措施项目	27585.52	
三	其他项目费		
3.1	暂列金额		
3.2	专业工程暂估价		
3.3	特殊项目暂估价		
3.4	计日工		
3.5	采购保管费		
3.6	其他检验试验费		
3.7	总承包服务费		
3.8	其他		
四	规费	108977.87	
五	设备费		
六	税金	136175.71	
投标报价合计 = 一 + 二 + 三 + 四 + 五 + 六		1906401.87	0

子项二　导出其他表

导出其他表

任务一　导出甲供材料表

单击目录树"其它"里面的【甲供材料表】→单击鼠标右键→单击【导出为 Excel 文件（X）】，软件导出甲供材料表，见表 11-2。

表 11-2　甲供材料表

序号	名称及规格	单位	甲供数量	市场价	市场价合价
1	钢筋 ϕ 6.5	t	0.74154	4247.79	3149.91
2	钢筋 HRB335 ≤ ϕ 10	t	17.26554	4070.8	70284.56
3	钢筋 HPB300 ≤ ϕ 18	t	0.10816	3946.9	426.9
4	钢筋 HRB335 ≤ ϕ 18	t	5.37368	3938.05	21161.82
5	钢筋 ϕ 8	t	0.32538	3938.05	1281.36
6	箍筋 ≤ ϕ 10	t	6.75852	3938.05	26615.39
7	箍筋 > ϕ 10	t	0.00624	3938.05	24.57
8	钢筋 HPB300 ≤ ϕ 10	t	0.18006	3911.5	704.3
9	钢筋 HRB335 ≤ ϕ 25	t	33.90635	3902.65	132324.62
10	螺纹钢筋 ϕ 25	kg	146.823	3.96	581.42
11	螺纹钢筋 ϕ 20	kg	23.49216	3.85	90.44
12	螺纹钢筋 ϕ 22	kg	108.8796	3.85	419.19
13	吊筋	kg	26.97765	3.64	98.2
	合计				257162.68

任务二　导出分部分项工程量清单与计价表

单击目录树"投标方"里面的【表 -05　分部分项工程清单与计价表】→单击鼠标右键→单击【导出为 PDF】，软件导出分部分项工程量清单与计价表，表 11-3 为表中部分内容。

表 11-3　分部分项工程量清单与计价表（部分）

序号	项目编码	项目名称 项目特征	计量单位	工程数量	金额 / 元		
					综合单价	合价	其中：暂估价
	A.1	土石方工程				12492.57	
	A.1.1	土方工程				7666.12	
1	010101001001	平整场地 1. 土壤类别：坚土 2. 弃（取）土距离：2km	m²	315.8775	6.28	1983.71	

（续）

序号	项目编码	项目名称 项目特征	计量 单位	工程数量	金额/元		
					综合单价	合价	其中：暂估价
2	010101002001	挖一般土方 1. 土壤类别：坚土 2. 挖土深度：1.30m 3. 弃土距离：2km	m³	158.47	13.54	2145.68	
3	010101003001	挖沟槽土方 1. 土壤类别：坚土 2. 挖土深度：1.30m 3. 弃土距离：2km	m³	69.732	22.12	1542.47	
4	010101004001	挖基坑土方 1. 土壤类别：坚土 2. 挖土深度：1.30m 3. 弃土距离：2km	m³	69.173	28.83	1994.26	
	A.1.3	回填				4826.45	
5	010103001001	回填方 1. 材料要求：原素土回填 2. 质量要求：压实系数≥0.9	m³	150.8624	17.67	2665.74	
		……					

附　　录

附录 A
土木实训楼施工图

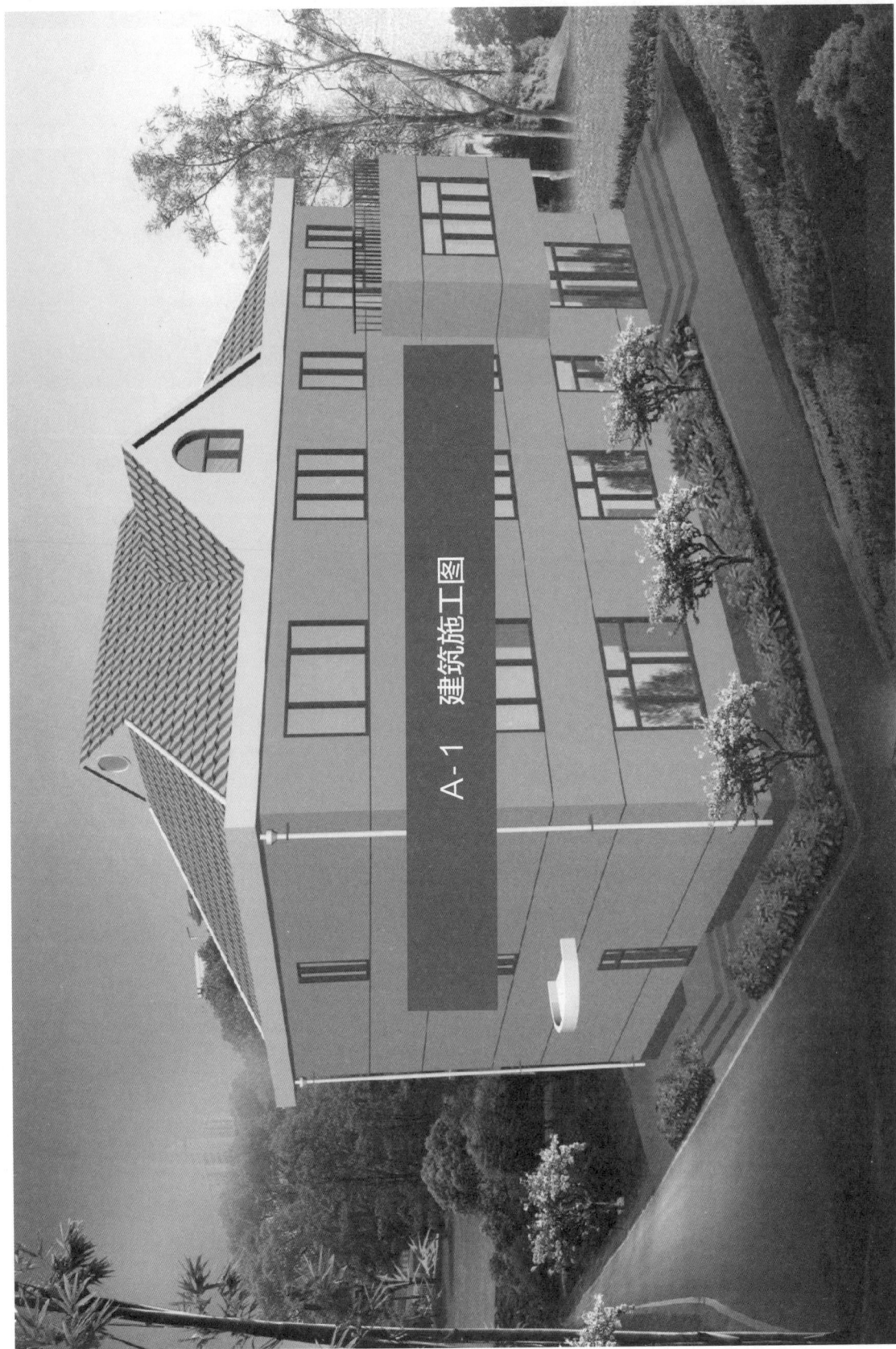

A-1　建筑施工图

图纸目录

序号	图号	图纸名称
1	建施01	图纸目录、建筑设计说明（一）
2	建施02	建筑设计说明（二）
3	建施03	建筑设计说明（三）、阳台详图、室外台阶做法
4	建施04	一层平面图
5	建施05	二层平面图
6	建施06	三层平面图
7	建施07	阁顶平面图、C1618详图、挑檐详图
8	建施08	屋顶平面图
9	建施09	南立面图
10	建施10	北立面图
11	建施11	西立面图、散水做法、接待室吊顶图、大厅吊顶图
12	建施12	楼梯详图

建筑设计说明（一）

一、工程概况

工程名称	土木实训楼	设计单位	××设计有限公司
工程地址	××市城区	建设单位	××市建筑工程学校
建筑总层数	3层	勘察单位	××勘察设计院
总建筑面积/m²	953.26m²	设计使用年限	50年
耐火等级	三级	抗震等级	三级
檐口高度/m	10.90m	基础形式	钢筋混凝土独基、筏基
建筑总高度/m	16.25m	结构形式	框架结构
抗震设防烈度	七度	抗震类别	丙类

室外地坪-0.40m，一层室内标高高±0.000，相当于绝对高程2.18.0m；室内外高差0.40m。

二、墙体工程
(1) 外墙体240mm，采用煤矸石多孔砖，M5.0混合砂浆砌筑。
(2) 楼梯间、厕所，洗漱间墙体厚度240mm，采用煤矸石多孔砖，M5.0混合砂浆砌筑；其他内墙厚，采用180mm煤矸石空心砖，M5.0混合砂浆砌筑。
(3) 三层建筑节能实验室与数字建筑实验室之间为100mm厚硅镁多孔墙板。
(4) 阁顶内墙为180mm煤矸石空心砖，M5.0混合砂浆砌筑。
(5) 阁顶内墙厚度180mm，采用加气混凝土砌块，M5.0混合砂浆砌筑。

三、屋面装修说明
(一)屋面装修做法
(1) 黏土红色平瓦(387×218)和脊瓦(455×195)。
(2) 20mm厚1:3水泥抹灰砂浆。
(3) 2mm厚聚合物复合改性沥青防水涂料。
(4) 35mm厚C20细石混凝土找平层(内配φ4@150mm×150mm钢筋网与屋面板预埋φ10钢筋头，间距双向900mm，伸出保温隔热层30mm。
(5) 喷50mm厚聚氨酯发泡层保温层。
(6) 钢筋混凝土屋面板，预埋φ10钢筋头，满刮腻子两遍。

(二)外墙做法
(1) 外墙面喷刷橘黄色(勒脚喷深灰色)丙烯酸涂料，满刮腻子两遍。
(2) 1:3水泥抹灰砂浆打底厚9mm。
(3) 1:2水泥抹灰砂浆面层厚6mm。

(三)其他
屋面排水管为φ100白色PVC管，下端离室外地坪200mm。

四、室内装修设计
1. 室内装修组合表

层号	房间名称	楼地面	踢脚	墙裙	墙面	天棚
一层	大厅	地面1			墙面1	棚2(吊顶)
	办公室	地面2	踢脚1		墙面1	天棚1
	实验室	地面3	踢脚2		墙面1	天棚1
	走廊、楼梯间	地面3			墙面1	天棚4
	厕所、洗漱间	地面4		墙裙1	墙面1	天棚4
	楼梯段、中间平台	楼面1		墙裙1	墙面1	天棚4
二层和三层	接待室	楼面2	踢脚3		墙面2	棚3(吊顶)
	办公室	楼面3	踢脚1		墙面1	天棚1
	实验室、测试室	楼面4	踢脚2		墙面1	天棚1
	活动室	楼面4		墙裙1	墙面1	天棚4
	走廊、楼梯间	楼面4			墙面1	天棚4
	阳台	楼面3	踢脚1		墙面1	天棚1
	露台	楼面4		墙裙2	墙面3	天棚3
	厕所、洗漱间	楼面5		墙裙3	墙面1	天棚4

说明：1) 所有有外墙外窗合的做法同外墙外窗面做法。
2) 走廊、楼梯间、厕所，洗漱间的内窗合做法同内墙1，门窗框宽度为60mm。

工程名称	土木实训楼	图纸目录、建筑设计说明（一）
图名		
图号		建施01

建筑设计说明（二）

2. 室内做法明细表

编号	装修名称	分层做法说明
地面1	大理石地面	20mm厚大理石板，灌稀水泥浆（或撒色水泥面）；撒素水泥面（酒适量清水）；30mm厚1:3干硬性水泥砂浆黏结层（内掺水泥重建筑胶）；50mm厚C15混凝土垫层；素土夯实，压实系数大于等于0.90
地面2	地板砖地面	铺10mm厚800mm×800mm全瓷防滑地砖，稀水泥浆擦缝；5mm厚水泥砂浆黏结层；30mm厚1:3干硬性水泥砂浆垫层；50mm厚C15混凝土垫层；素土夯实，压实系数大于等于0.90
地面3	水泥砂浆地面	20mm厚1:2水泥砂浆抹面；50mm厚C15混凝土垫层；素土夯实，压实系数大于等于0.90
地面4	地板砖地面	铺10mm厚800mm×800mm全瓷防滑地砖，稀水泥浆擦缝；5mm厚建筑胶水泥砂浆黏结层；30mm厚1:2水泥砂浆找平；50mm厚C15混凝土垫层；素土夯实，压实系数大于等于0.90
楼面1	水泥砂浆面层	20mm厚1:2水泥砂浆抹面（含侧面）
楼面2	木地板楼面	铺10mm厚木地板；40mm厚C20细石混凝土
楼面3	地板砖楼面	铺10mm厚800mm×800mm全瓷地砖，稀水泥浆擦缝；5mm厚水泥砂浆黏结层；35mm厚1:3干硬性水泥砂浆
楼面4	水泥砂浆楼面	20mm厚1:2水泥砂浆面层；30mm厚C20细石混凝土
楼面5	地板砖楼面	铺10mm厚500mm×500mm全瓷防滑地砖，稀水泥浆擦缝；5mm厚水泥砂浆黏结层；20mm厚1:3水泥砂浆找平；35mm厚C20细石混凝土
踢脚1	地板砖踢脚	地板砖踢脚（和室内地砖同规格），高100mm；5mm厚水泥砂浆黏结层；10mm厚1:2.5水泥砂浆打底
踢脚2	水泥砂浆踢脚	踢脚高度100mm；6mm厚1:2水泥砂浆压实抹光；6mm厚1:3水泥砂浆打底
踢脚3	木地板踢脚	木地板踢脚高80mm

3. 室内做法明细表（续表）

编号	装修名称	分层做法说明
墙裙1	面砖墙裙	贴200mm×300mm墙面瓷砖高1500mm，稀水泥浆擦缝；5mm厚建筑胶水泥浆黏结层；15mm厚1:3水泥抹灰砂浆
墙裙2	水泥砂浆墙裙	1:2水泥灰砂浆面层厚6mm，抹面550mm；1:3水泥灰砂浆打底厚9mm
墙裙3	面砖墙裙	贴200mm×300mm墙面瓷砖高1530mm，稀水泥浆擦缝；5mm厚建筑胶水泥浆黏结层；15mm厚1:3水泥抹灰砂浆
墙面1	乳胶漆墙面	刷乳胶漆两遍，满刮成品腻子两遍；9mm厚1:1:6水泥石灰膏砂浆；6mm厚1:0.5:3水泥石灰抹灰砂浆
墙面2	壁纸墙面	用乳胶贴对花墙纸，满刮成品腻子两遍；2:1:8水青砂料厚7mm；1:1:6水泥石灰膏砂浆厚7mm；麻刀石灰浆厚3mm
墙面3	水泥砂浆墙面	喷稀黄色内墙酸外墙涂料，满刮腻子两遍；7mm厚1:3水泥砂浆面层；7mm厚1:2.5水泥抹灰砂浆面层
天棚1	水泥砂浆顶棚	刷乳胶漆两遍，顶棚四周阴阳角、顶棚四角满刮成品腻子两遍；石膏线满刮；7mm厚1:3水泥砂浆打底；满刷四周（梁板交界处贴100mm×100mm）
棚2(吊顶)	钙塑板顶棚（一级天棚）	钙塑板安在T型铝合金龙骨T型（不上人）铝合金上层面层，间距600mm×600mm
棚3(吊顶)	石膏板顶棚（三级天棚）	刷乳胶漆两遍，满刮成品腻子两遍，纸面石膏基层；方木龙骨三级单层顶面层
天棚4	水泥砂浆顶棚	刷乳胶漆两遍，满刮成品腻子两遍；7mm厚1:3水泥砂浆面层；7mm厚1:2.5水泥砂浆打底

说明：阳台底面及两篷底面顶棚装饰采用天棚4做法。

材料做法

半玻自由门：白松制作，门扇尺寸为3100mm×2200mm，钢化玻璃厚3mm，调和油一遍，红色调和漆（银白色）

铝合金双层玻璃门：钢化玻璃厚3mm，铝合金型材（银白色）
70系列

无纱带亮玻璃镶木板门：青松门扇、白松门，安装通门锁，玻璃厚3mm，刷底油一遍，精黄色调和漆三遍，门底厚度为50mm，门高度为2100mm

五. 门窗明细表

类别	名称	数量	宽度	高度	过梁
门	M3229	1	3200	2950	无
门	M1224	2	1200	2400	GL2
门	M1024	13	1000	2400	GL1
门	M0924	6	900	2400	GL1

工程名称	土木实训楼
图名	建筑设计说明（二）
图号	建施02

建筑设计说明(三)

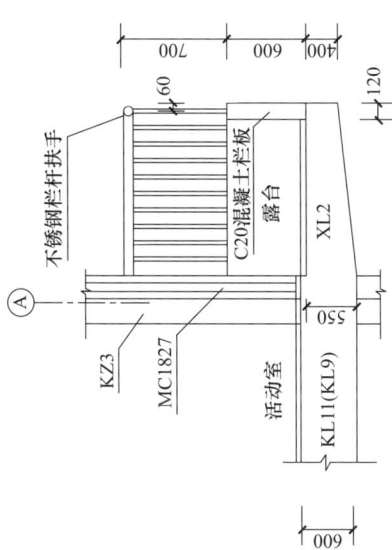

不锈钢栏杆扶手

C20混凝土栏板

露台

KZ3

MC1827

活动室

KL11(KL9)

XL2

$\frac{1}{9}$

室外台阶做法 1:50

1. 20mm厚黑系色大理石板铺面，1:2水泥砂浆勾缝。
2. 撒素水泥面(洒适量清水)。
3. 20mm厚1:2.5水泥砂浆结合层。
4. 素水泥浆一道(内掺建筑胶)。
5. 50mm厚C20混凝土，台阶面向外坡(1%)，宽出面层50mm。
6. 100mm厚粒径5~32卵石混凝土灌M2.5混合砂浆，宽出面层100mm。
7. 素土夯实。

注：摘自国家标准设计图集J909、G120
《工程做法(2008年建筑结构合订本)》
第23页。

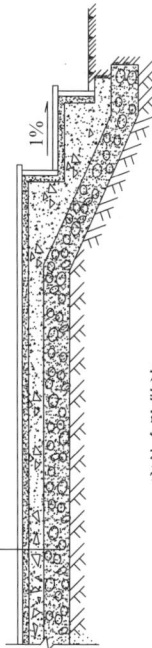

五、门窗明细表

门窗明细表(续表)

	名称			GL1		备注
门	M0921	3	900	2100	GL1	无纱亮玻璃镶木板门；青松门框，白松门，无门锁，玻璃厚3mm，橘黄色调和漆三遍
	M1021	1	1000	2100	无	
门洞	QD1224	3	1200	2400	GL2	洗漱间门洞
	QD1215	7	1200	1500	GL2	闷顶门洞
	QD1227	2	1200	2700	GL2	闷顶门洞
窗	C3021	4	3000	2100	无	铝合金推拉窗：90系列型材(银白色)制作，平板玻璃厚为5mm。窗洞宽度3900mm时为4扇窗；窗洞宽度3000mm(2400mm)时为3扇窗；其余的为2扇窗
	C2421	4	2400	2100	无	
	C1521	4	1500	2100	无	
	C1221	6	1200	2100	无	
	C3922	1	3900	2250	无	
	C1815	2	1800	1500	GL2	
	C3018	2	3000	1800	无	
	C2418	2	2400	1800	无	
	C1518	2	1500	1800	无	
	C1218	4	1200	1800	无	
异形窗	YCR500	2	R=500		GL3	闷圆圆形扫中镶无纱窗，采用塑钢制作，平板玻璃厚度为5mm
	C1618	1	1600	1800	GL4	闷弧圆形扇底镶无纱窗，采用塑钢制作，平板玻璃厚度为5mm
门联窗	MC1829	1	1800	2950	无	门1900mm×2950mm，窗900mm×2100mm，平开门M1024
	MC1827	1	1800	2750	无	铝合金单扇平开门：门1900mm×2750mm，窗1900mm×1800mm，双扇推拉窗900mm×2100mm，纱门1860mm×2100mm，纱窗30mm×1450mm

纱窗明细表

名称	尺寸(宽×高)	名称	尺寸(宽×高)
C3021	730×1650	C1815	880×1450
C2421	780×1650	C3018	730×1740
C1521	730×1650	C2418	780×1740
C1221	580×1650	C1518	730×1740
C3922	950×1650	C1218	580×1740

施工组织设计

1. 土石方工程
(1) 反铲挖掘机挖基础土方及土方(坚土)，挖土夯子槽边1m以外，待基础，房心等回填用土完成后，坑边要人工夯实，室内地坪机械夯填。
(2) 沟槽、坑边要人工夯填，自卸汽车外运2km。
(3) 人工平整场地，基底钎探眼布置，基础垫层面每平方米一个。
2. 砌筑端休脚手架全部采用双排钢管脚手架。
3. 混凝土全部为商品混凝土，模板采用胶合板模板，钢管支撑。
4. 门窗在公司基地加工制作，运距10km以内。

工程名称 土木实训楼
图名 建筑设计说明(三)、附页详图、室外台阶做法
图号 建施03

一层平面图 1:100

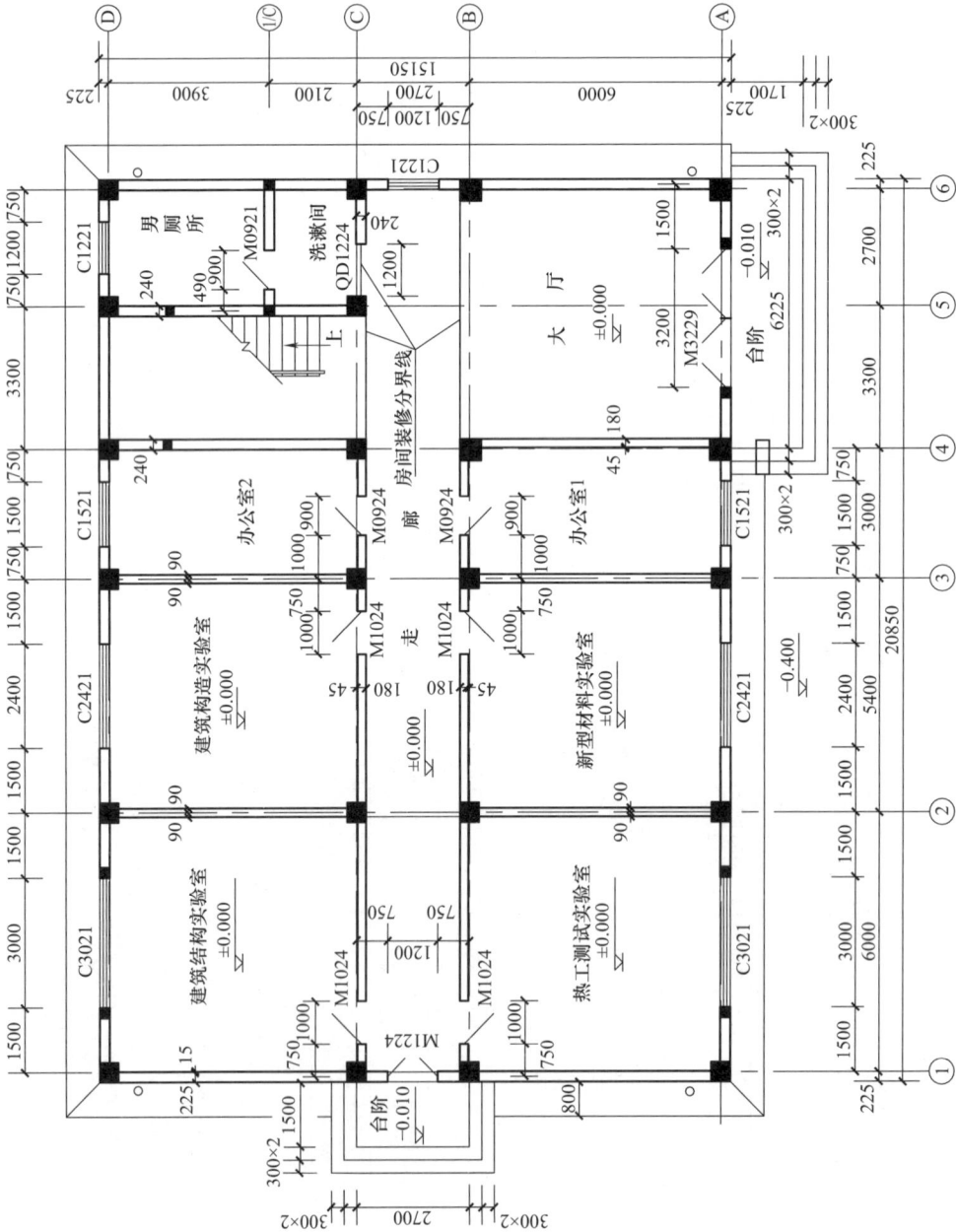

注:
1. 外墙厚240mm，采用煤矸石多孔砖，M5.0混合砂浆砌筑。
2. 楼梯间、厕所，洗漱间墙体厚度240mm，采用煤矸石多孔砖，M5.0混合砂浆砌筑；其他内墙厚180mm，采用煤矸石空心砖，M5.0混合砂浆砌筑。
3. 卫生间等用水房间地面均比其他房间地面均比
4. 室外台阶平台地面均比其他房间低30mm。
   房间低10mm。

工程名称	土木实训楼
图名	一层平面图
图号	建施04

注：
1. 外墙厚240mm，采用煤矸石多孔砖，M5.0混合砂浆砌筑。
2. 楼梯间、厕所、洗漱间墙体厚度240mm，采用煤矸石多孔砖，M5.0混合砂浆砌筑；其他内墙厚180mm，采用煤矸石空心砖，M5.0混合砂浆砌筑。
3. 卫生间等用水房间地面均比其他房间地面低30mm。
4. 阳台外墙为180mm煤矸石空心砖，M5.0混合砂浆砌筑；内墙厚度240mm，采用煤矸石多孔砖，M5.0混合砂浆砌筑。

女厕所

M0921

洗漱间

QD1224

房间装修分界线

接待室 3.600

阳台

MC1829　C1221

C3922

办公室4

走　廊

M0924

M0924

办公室3 3.600

C2421

建筑视觉艺术实验室 3.600

建筑环境综合模拟测试室 3.600

C3021

M1024

M1024

R1500

C1221

二层平面图　1:100

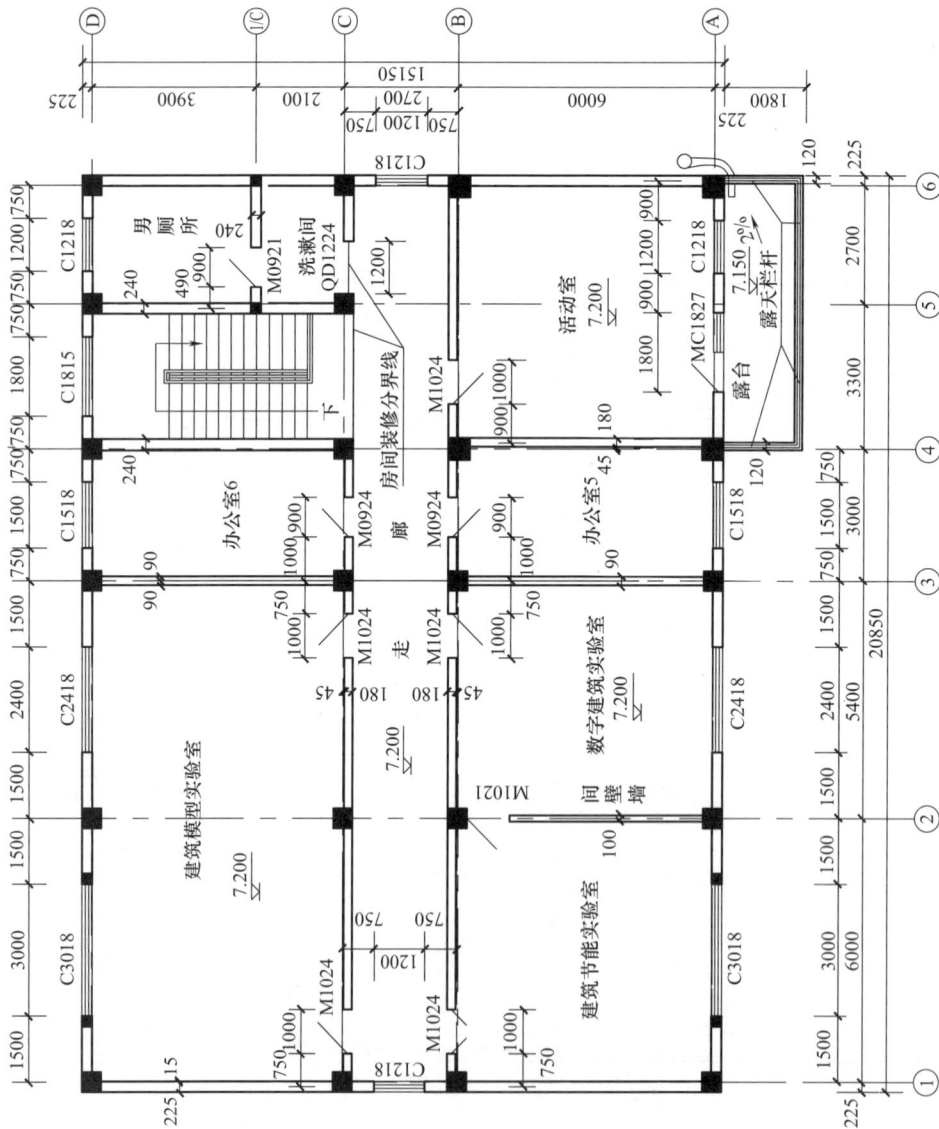

三层平面图 1:100

注:
1. 外墙厚240mm，采用煤矸石多孔砖，M5.0混合砂浆砌筑。
2. 楼梯间、厕所，采用煤矸石多孔砖，墙体厚度240mm，M5.0混合砂浆砌筑；洗漱间内墙厚180mm，采用煤矸石空心砖，其他内墙采用煤矸石多孔砖，M5.0混合砂浆砌筑。
3. 建筑节能实验室与数字建筑实验室之间均为100mm厚硅镁多孔墙板。
4. 卫生间等用水房间楼面均比其他房间低30mm。
5. 露台楼面均比其他房间低50mm，露台栏板为混凝土制作，厚度为120mm。

工程名称	土木实训楼
图名	三层平面图
图号	建施06

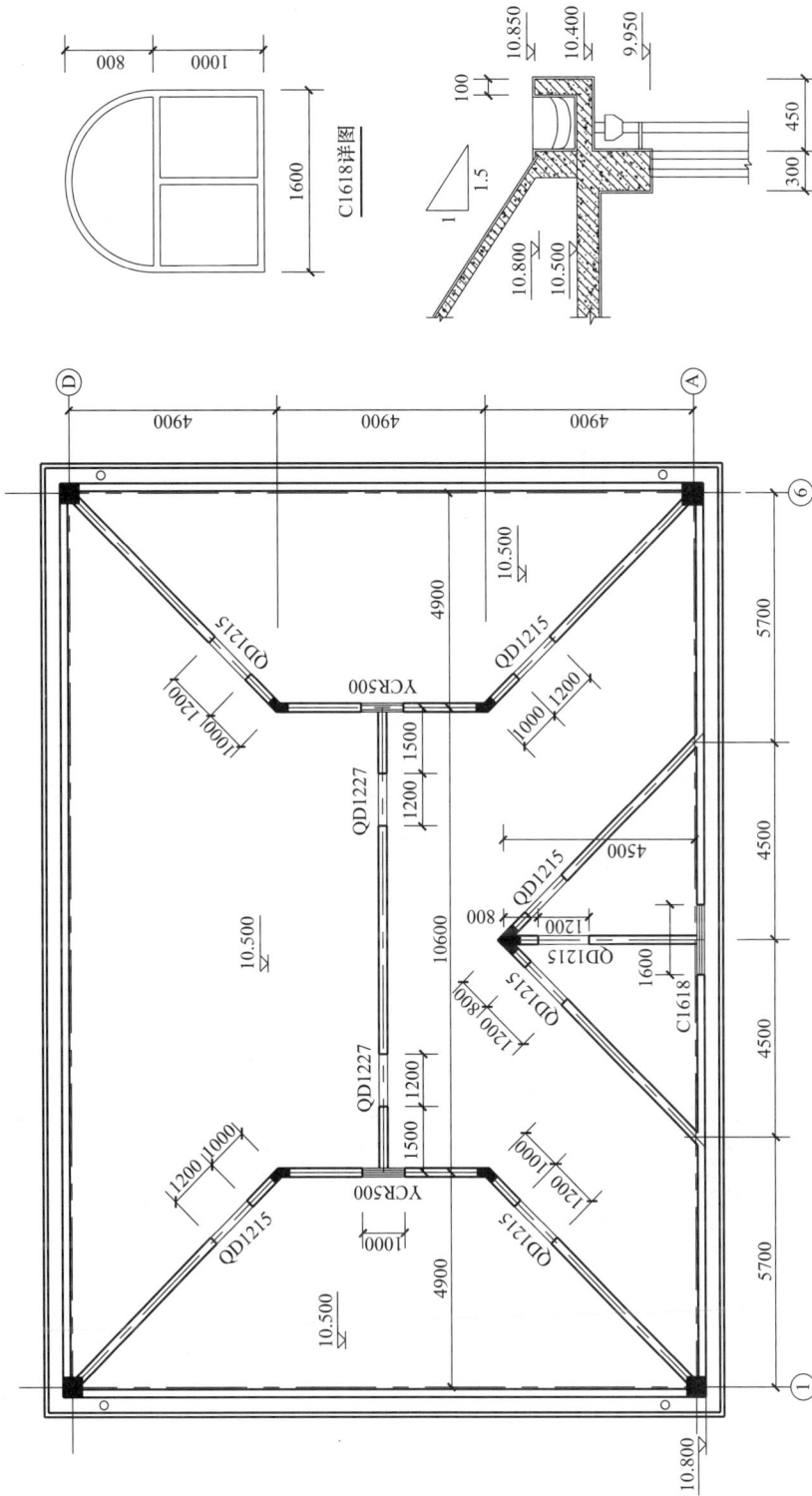

C1618详图

800　1000

1600

挑檐详图 1:50

10.850
10.400
9.950
100
1
1.5
300
450
10.800
10.500

工程名称	土木实训楼
图名	闷顶平面图、C1618详图、挑檐详图
图号	建施07

闷顶平面图　1:100

D　A

6　1

4900　4900　4900

5700　4500　4500　5700

4900　10.500　QD1215

QD1215　1000　1200

YCR500

QD1227

1200　1500

10.500

10600

QD1215　4500　1200

800

QD1215　1600

C1618

1200　800

QD1227

1500　1200

1200　1000　QD1215

YCR500

1000

QD1215　1200　1000

4900

10.500

5700

10.800

注：
1. 闷顶内外墙厚度均为180mm，采用加气混凝土砌块，M5.0混合砂浆砌筑。
2. 本图注写的墙体和门洞尺寸起止均为轴线或墙体中心线。
3. QD1215和QD1227的底标高为10.80m；C1618的窗台高为11.10m；YCR500的窗台高为14.30m。

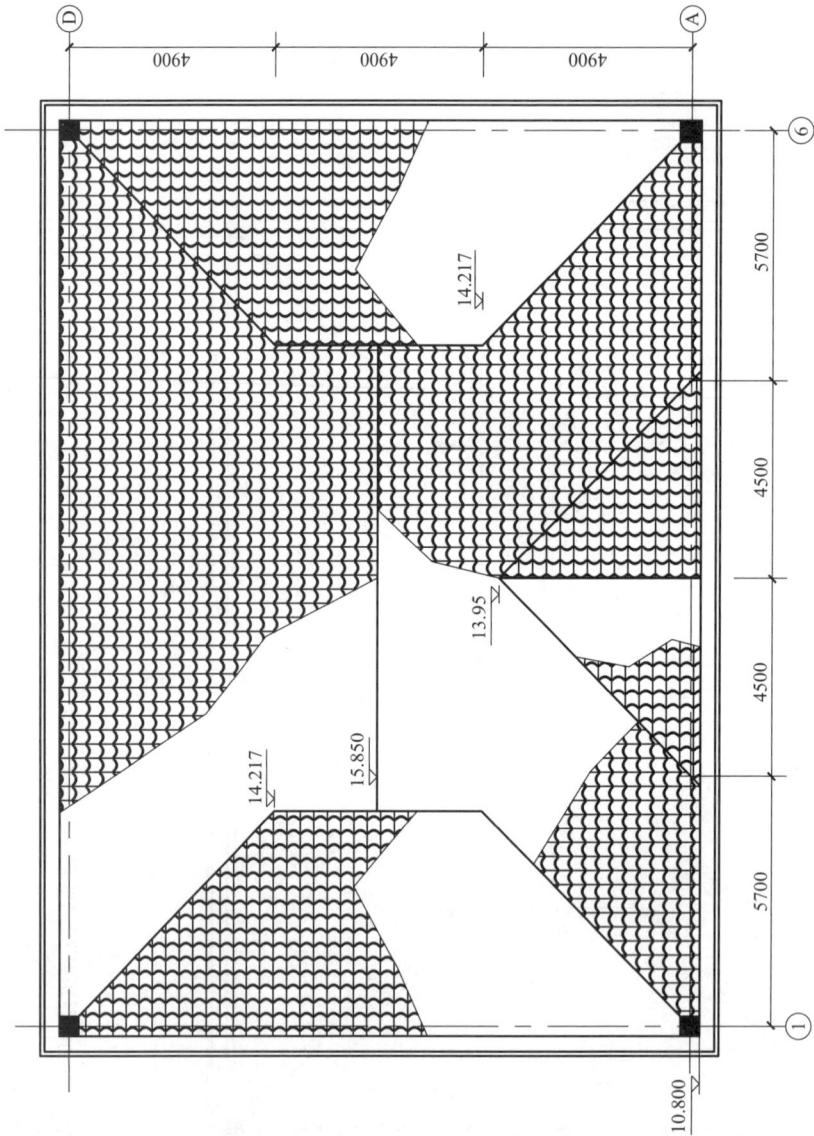

屋顶平面图 1:100

工程名称 土木实训楼
图名 屋顶平面图
图号 建施08

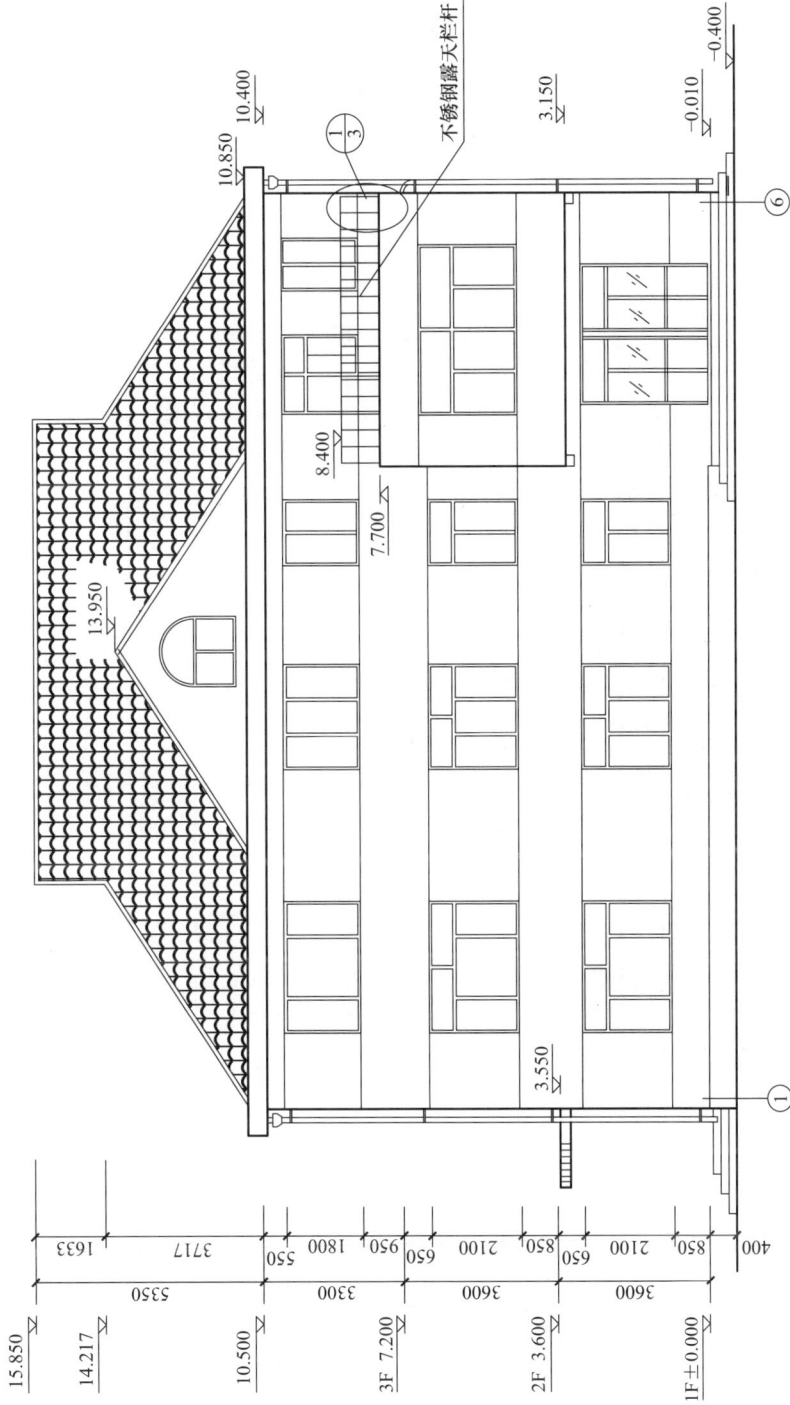

南立面图 1:100

不锈钢镂天栏杆

$\frac{1}{3}$

10.400

10.850

13.950

8.400

7.700

3.150

3.550

-0.010

-0.400

⑥

①

工程名称　土木实训楼
图名　南立面图
图号　建施09

15.850

14.217

10.500

3F 7.200

2F 3.600

1F±0.000

1633

3717

3350

550

950

1800

650

850

2100

650

850

2100

400

5350

3300

3600

3600

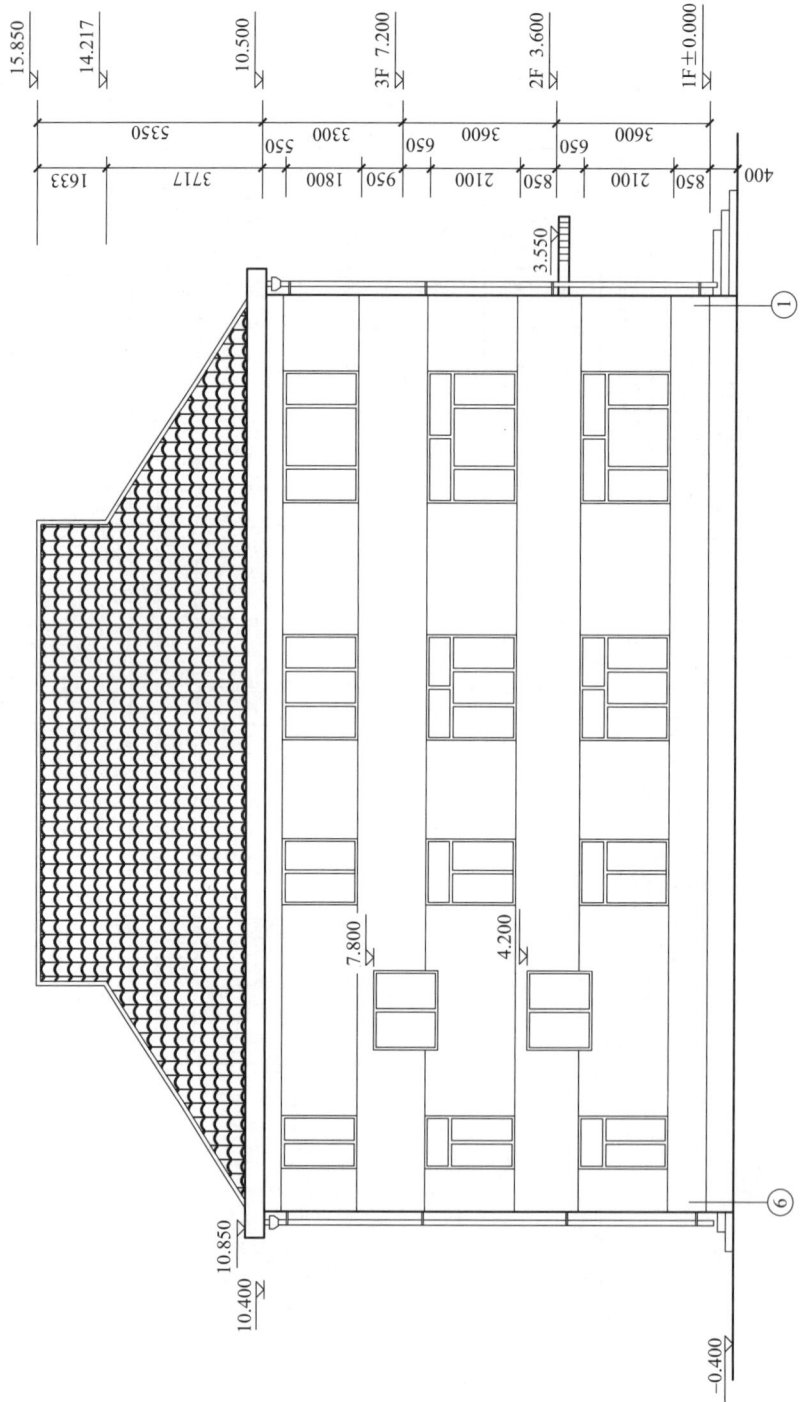

北立面图 1:100

工程名称 土木实训楼
图名 北立面图
图号 建施10

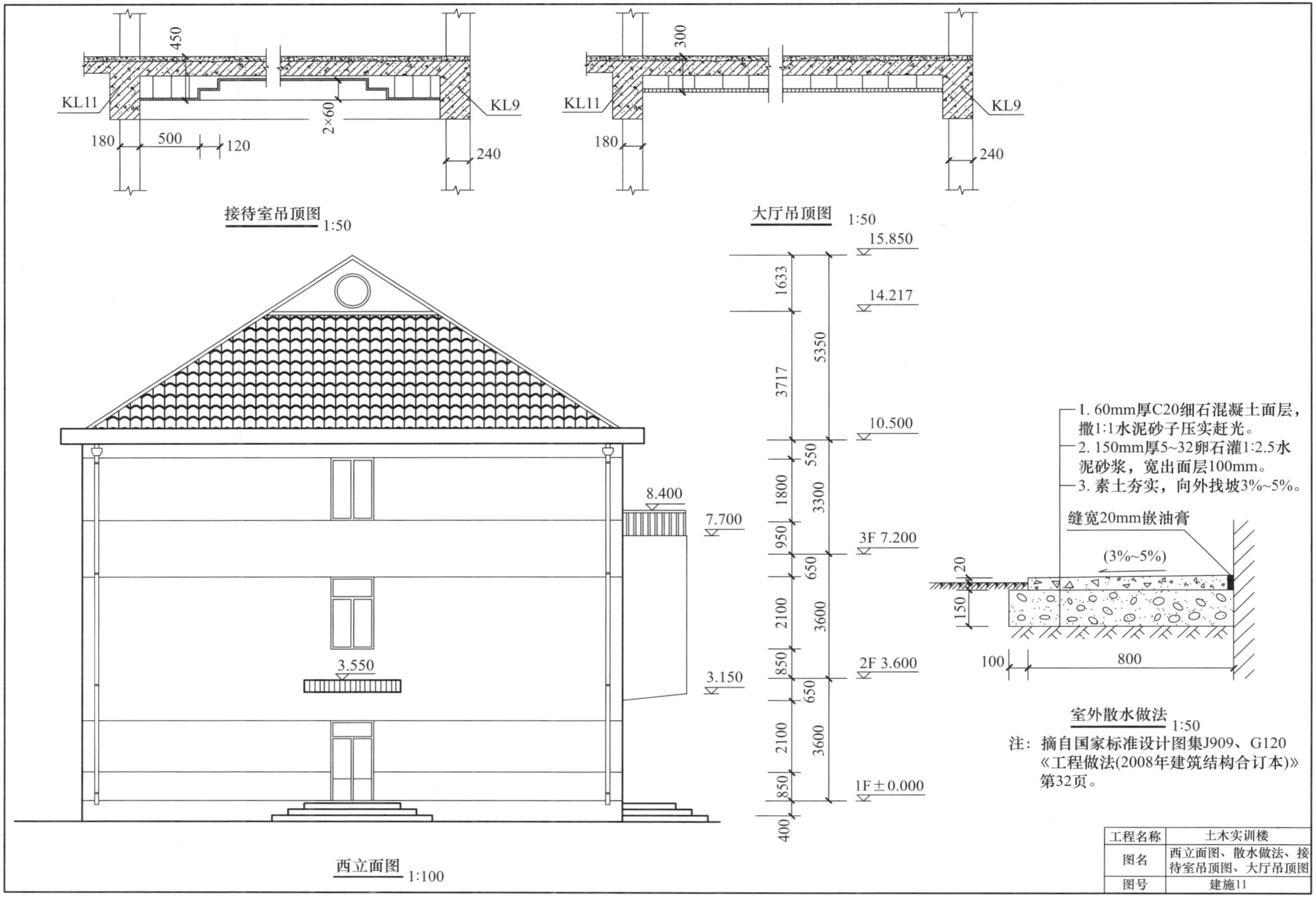

室外散水做法 1:50

1. 60mm厚C20细石混凝土面层，
撒1:1水泥砂子压实赶光。
2. 150mm厚1:2.5水泥砂浆，宽出面层100mm。
3. 素土夯实，向外找坡3%~5%。

泥砂浆，宽出面层100mm。

缝宽20mm嵌油膏

(3%~5%)

20
150
100
800

注：摘自国家标准设计图集J909、G120
《工程做法(2008年建筑结构合订本)》
第32页。

大厅吊顶图 1:50

15.850				
14.217				
10.500				
3F 7.200				
2F 3.600				
1F ±0.000				

5350 / 550 / 3300 / 650 / 3600 / 650 / 3600

1633 / 3717 / 1800 / 950 / 2100 / 850 / 2100 / 850 / 400

240 KL9
300
180 KL11

接待室吊顶图 1:50

240 KL9
2×60
120
500
450
180 KL11

7.700
8.400
3.150
3.550

西立面图 1:100

工程名称	土木实训楼
图名	西立面图、散水做法、接待室吊顶图、大厅吊顶图
图号	建施11

工程名称	土木实训楼	图号	
图名	楼梯详图		
		图号	建施12

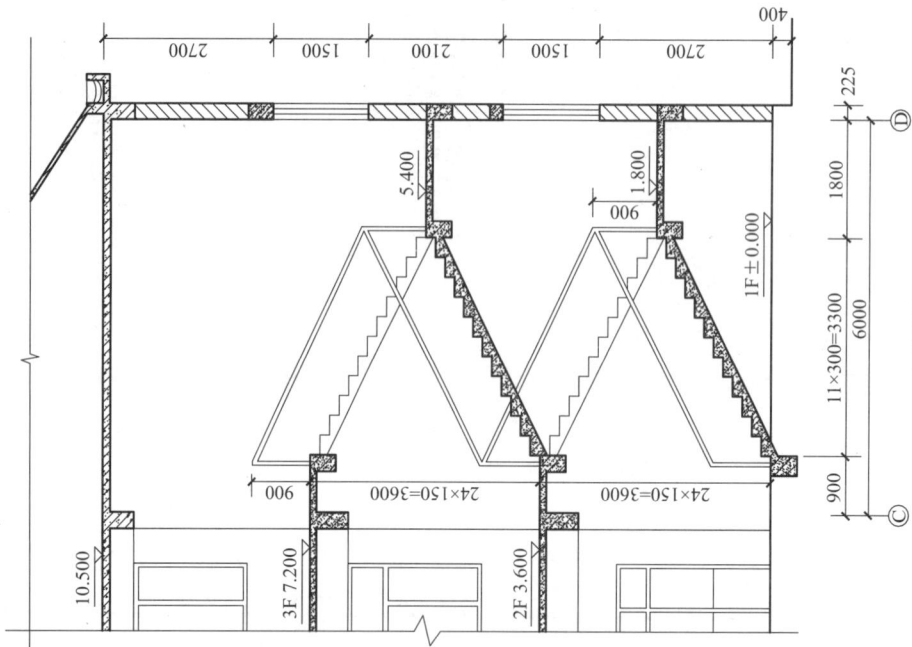

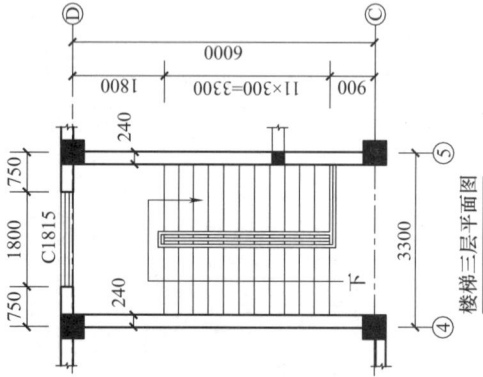

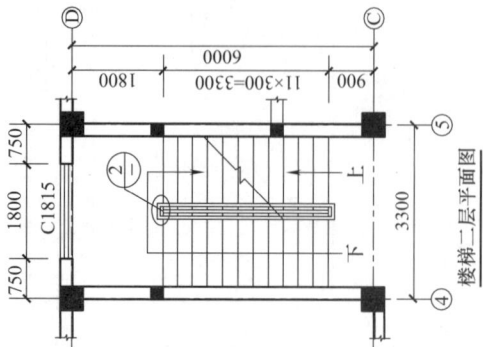

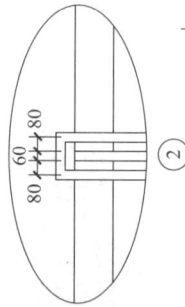

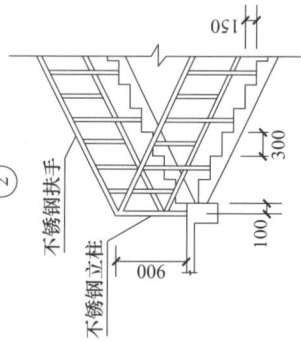

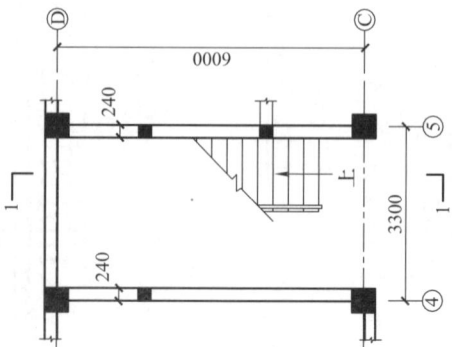

1-1剖面图 1:100

楼梯三层平面图

扶手详图

不锈钢扶手

不锈钢立柱

楼梯二层平面图

楼梯一层平面图

A-2　结构施工图

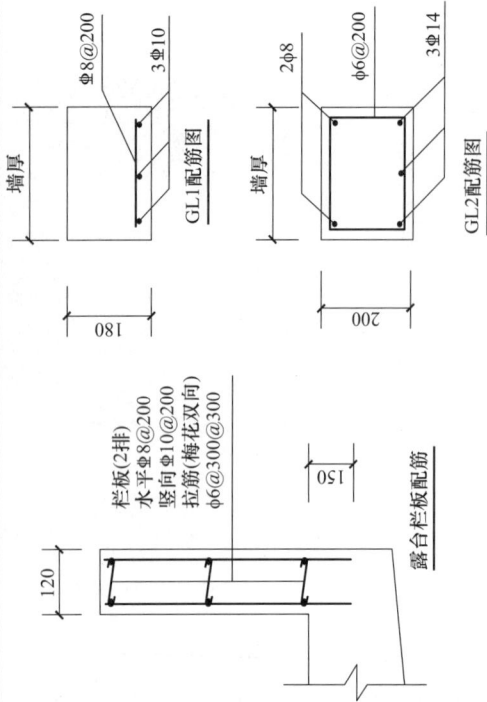

GL1配筋图　Φ8@200　3Φ10　墙厚　180

GL2配筋图　2φ8　φ6@200　3Φ14　墙厚　200

露台栏板配筋　栏板(2排)　水平Φ8@200　竖向Φ10@200　拉筋φ6@300@300(梅花双向)　150

露合板配筋　120

挑檐配筋 1:50　10.850　10.400　9.950　7Φ8　5Φ8　Φ10@100　100　450　300　1800　10.500　WKL　WB

YL锚筋深入WKL内长度不小于100mm

挑檐板受力筋要与屋面板上部筋邻在一起

工程名称	土木实训楼
图名	图纸目录，结构设计总说明，露台栏板、GL1、GL2、挑檐配筋
图号	结施01

图纸目录

序号	图号	图纸名称
1	结施01	图纸目录，结构设计说明，露台栏板、GL1、GL2、挑檐配筋
2	结施02	基础平面图，DJp-1、DL平面布置及配筋图
3	结施03	基础详图
4	结施04	一层框架柱、楼梯柱、构造柱配筋图
5	结施05	二三层框架柱、楼梯柱、构造柱配筋图
6	结施06	3.550层水平梁结构平面图
7	结施07	3.550层垂直梁结构平面图
8	结施08	7.150层水平梁结构平面图
9	结施09	7.150层垂直梁结构平面图
10	结施10	10.500层(屋面)水平梁结构平面图
11	结施11	10.500层(屋面)垂直梁结构平面图
12	结施12	阁顶梁结构平面图，GZ5、GZ6配筋图
13	结施13	3.550层现浇板结构平面图
14	结施14	7.150层现浇板结构平面图
15	结施15	10.500层现浇板结构平面图，TB1(TB2)、TL1、TL2、GL3、GL4配筋图
16	结施16	屋面板配筋图
17	结施17	楼梯板详图，TJL、PTL1、TZ1配筋图

结构设计总说明

1. 本工程结构类型为框架结构，抗震设防烈度为七度，抗震等级为三级抗震。

2. 本工程采用钢筋混凝土结构混凝土结构施工图平面整体表示方法绘制，图中未注明的构造要求应按国家建筑标准设计图集《混凝土结构施工图平面整体表示方法制图规则和构造详图》(22G101-1、22G101-2、22G101-3)执行。

3. 混凝土强度等级：基础、基础梁、地梁(DL)框架柱、梯柱、框架梁、普通梁、现浇板、雨篷为C30；楼梯、圈梁为C25；垫层为C15；其他为C20。

4. 混凝土保护层厚度：板为15mm；梁(屋面圈梁WQL)为20mm；基础为40mm。

5. 钢筋抗拉强度设计值：HPB300(φ)f_y=270N/mm²；HRB335(Φ)f_y=300N/mm²；HRB400(Φ)f_y=360N/mm²，用"Φ"表示。
现浇板中未注明的分布筋均为Φ8@250。

6. 钢筋接头采用形式：钢筋直径≥16mm时采用焊接或机械连接，钢筋直径<16mm时采用绑扎连接。

7. 边柱和角柱外侧纵向钢筋锚固顶部采用22G101-1第70页(a)图、第72页②图，外侧纵向钢筋锚固顶部分一批截断；柱内侧纵向钢筋锚固顶部锚固采用22G101-3第66页(c)图，柱插筋在基础中锚固采用22G101-3第66页(c)图，在基础内设三道封闭箍筋(非复合箍)。

8. 柱内纵向钢筋锚固顶部锚固采用22G101-1第72页②图。

9. 梯柱(TZ)底筋，顶部纵筋均为12d(纵筋直径)。

10. 砌块墙与框架柱及构造柱连接处均匀设置连接钢筋，每隔500mm高度配2根φ6连接筋，并伸入墙内1000mm，构造柱马牙槎伸入墙体60mm。

11. 筏板基础(BPB)板边缘侧面按22G101-3第93页b图处理，侧面钢筋锚固长度取15d。

12. LB(WMB)马凳的材料比底板钢筋降低一个规格，长度按板厚的两倍加200mm计算，每平方米1个。

13. 过梁长度设计未规定时，按门窗洞口宽度两端各加250mm计算。

地梁(DL)平面图

-0.050
-0.500
-1.600

②Φ14@150
①Φ14@150

DL

②Φ14@150
①Φ14@150

DJ₋₁

工程名称		土木实训楼
图名	基础平面图、DJ₋₁、DL平面布置及配筋图	
图号	结施02	

注:
1. 图中除JL1和TJL处外,其他KZ和GZ2之间均设DL。
2. GZ1、GZ2、GZ3均植根于DL。

地梁(DL)配筋图

DL 300×350
φ10@200(2)
3Φ22; 4Φ25
N2Φ12

基础平面图 1:100

BPB h=700 X: BΦ22@150; TΦ20@150(5B)
Y: BΦ22@150; TΦ20@150(1B)

JL1
KZ1
KZ2
KZ3
GZ1
GZ2
GZ3
TZ1
TJL
TJB₋₁
TJB₋₂
DJ₋₁
DJ₋₂

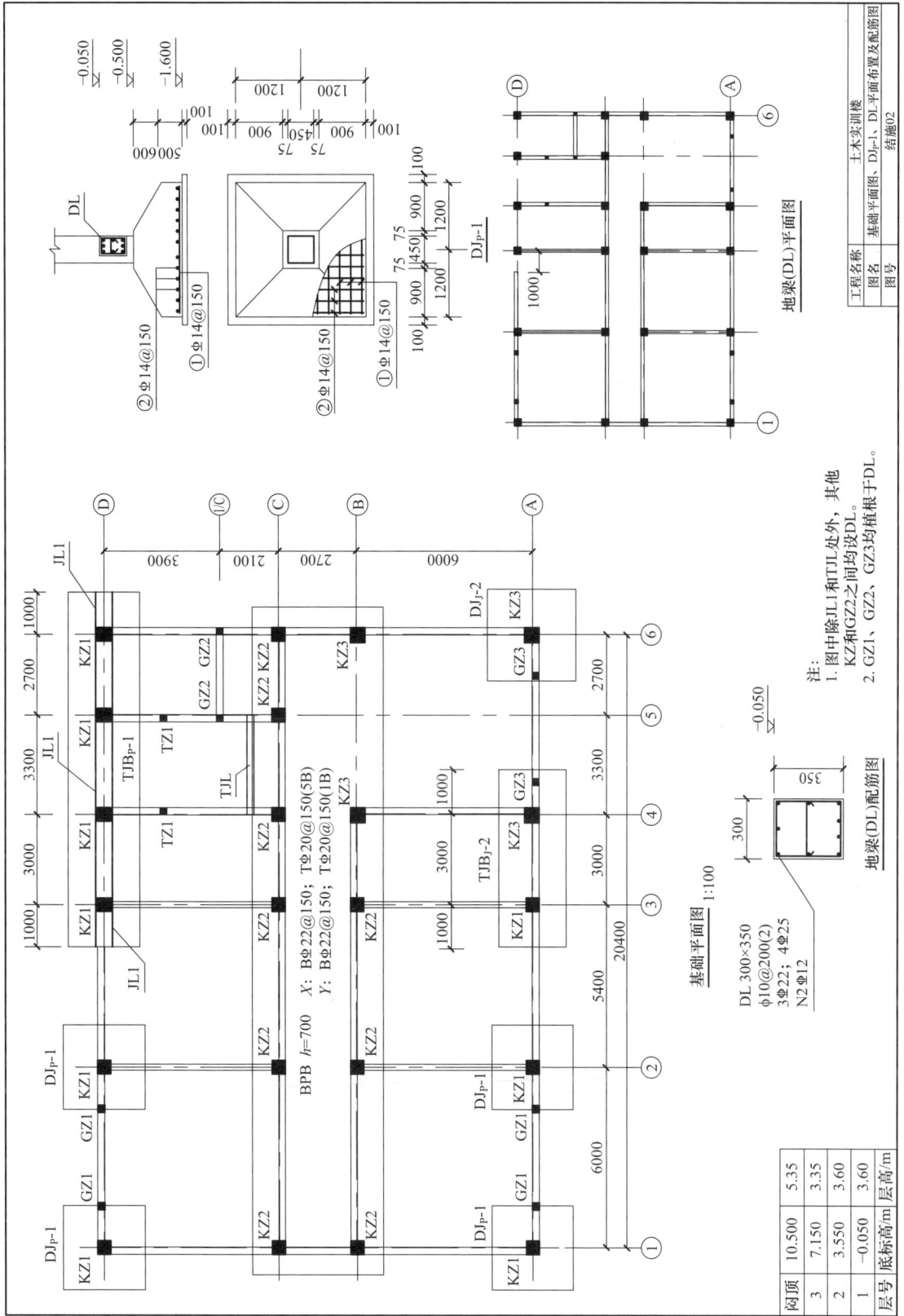

层号	底标高/m	层高/m
闷顶	10.500	5.35
3	7.150	3.35
2	3.550	3.60
1	-0.050	3.60

-0.050
-0.500
-1.600

DL

① Φ16@150
② Φ16@150
① Φ16@150
② Φ16@150

DJ₁-2

100 650 450 500 450 650 100
1350
1350
1350
1350
1350
100
500 600 100

-0.050
-1.600

KZ1(KZ2)

225
225
100(50)
225
50
DL

① Φ14@180
② Φ12@200

100 450 400 600 400 450 100
1150
1150

TJB₁-2 Ⓐ

300 300 350 600 300 100

-0.050
-1.600

KZ1

225
225
50
50
200×2

① Φ14@150
② Φ12@200

100 550 450 500 450 550 100
1275
1275

TJB₁-1 Ⓓ

100 500 500 550 200 100

JL1(3B)550×1500
φ10@150(2)
B：4Φ25；T：3Φ20
G10Φ12
注：JL1拉筋φ8@300。

1500

BPB马凳详图

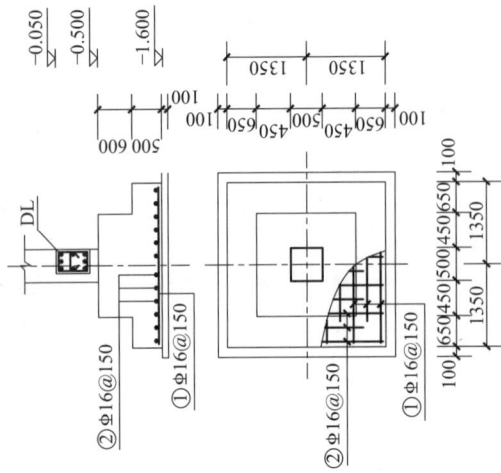

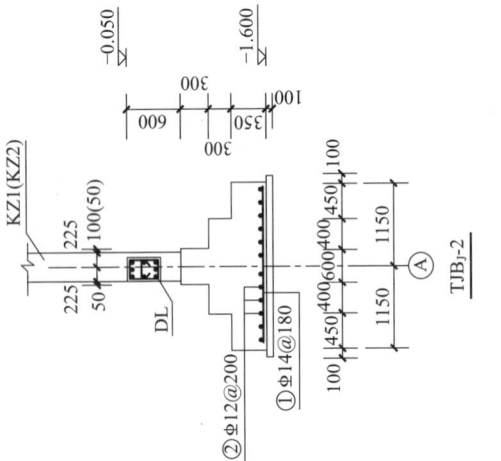

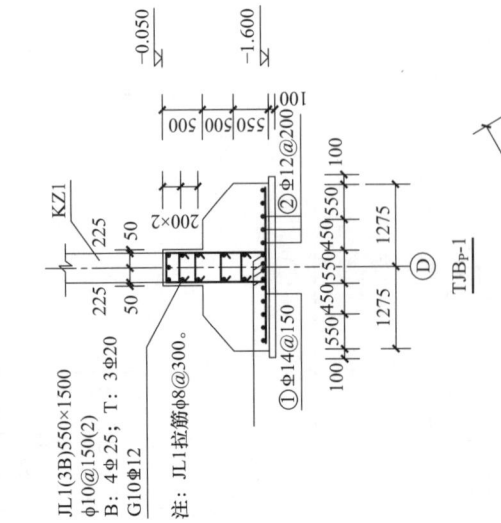

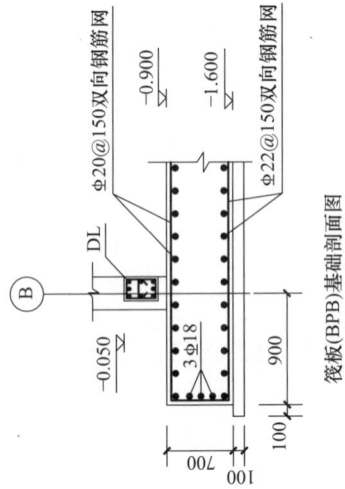

LB(WMB)马凳详图

-0.900
-1.600

Φ20@150双向钢筋网
Φ22@150双向钢筋网

DL

3Φ18

-0.050

700
100
900
100

Ⓑ

筏板(BPB)基础剖面图

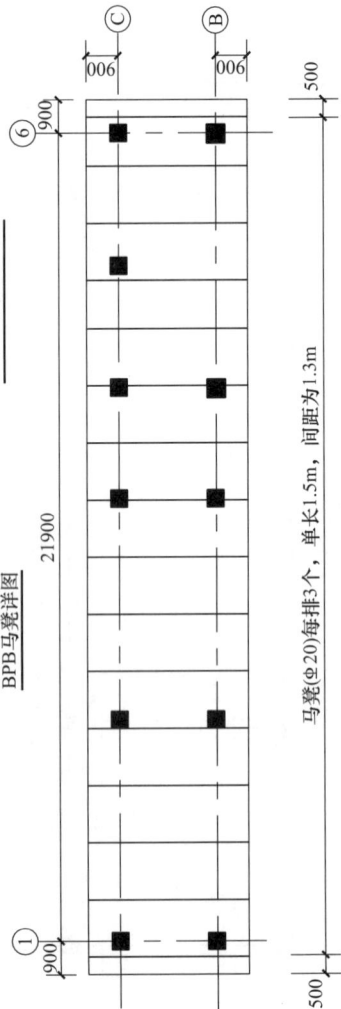

注：底部与顶部纵筋弯钩交错150mm。

工程名称　土木实训楼
图名　基础详图
图号　结施03

Ⓒ
Ⓑ

900
900

900
900

⑥

21900

1500

①

500
500

马凳(Φ20)每排3个，单长1.5m，间距为1.3m

筏板(BPB)基础马凳布置图

一层框架柱、楼梯柱、构造柱配筋图 1:100

注：
1. GZ1、GZ2三层均设置，一层底植根子DL，柱顶至KL底。
2. GZ3只在第一层设置，柱底植根子DL，柱顶至KL1底面。
3. TZ1只在一、二层设置，一层柱底植根子DL，柱顶至一层PTL1顶面。

工程名称	土木实训楼	
图名	一层框架柱、楼梯柱、构造柱配筋图	
图号	结施04	

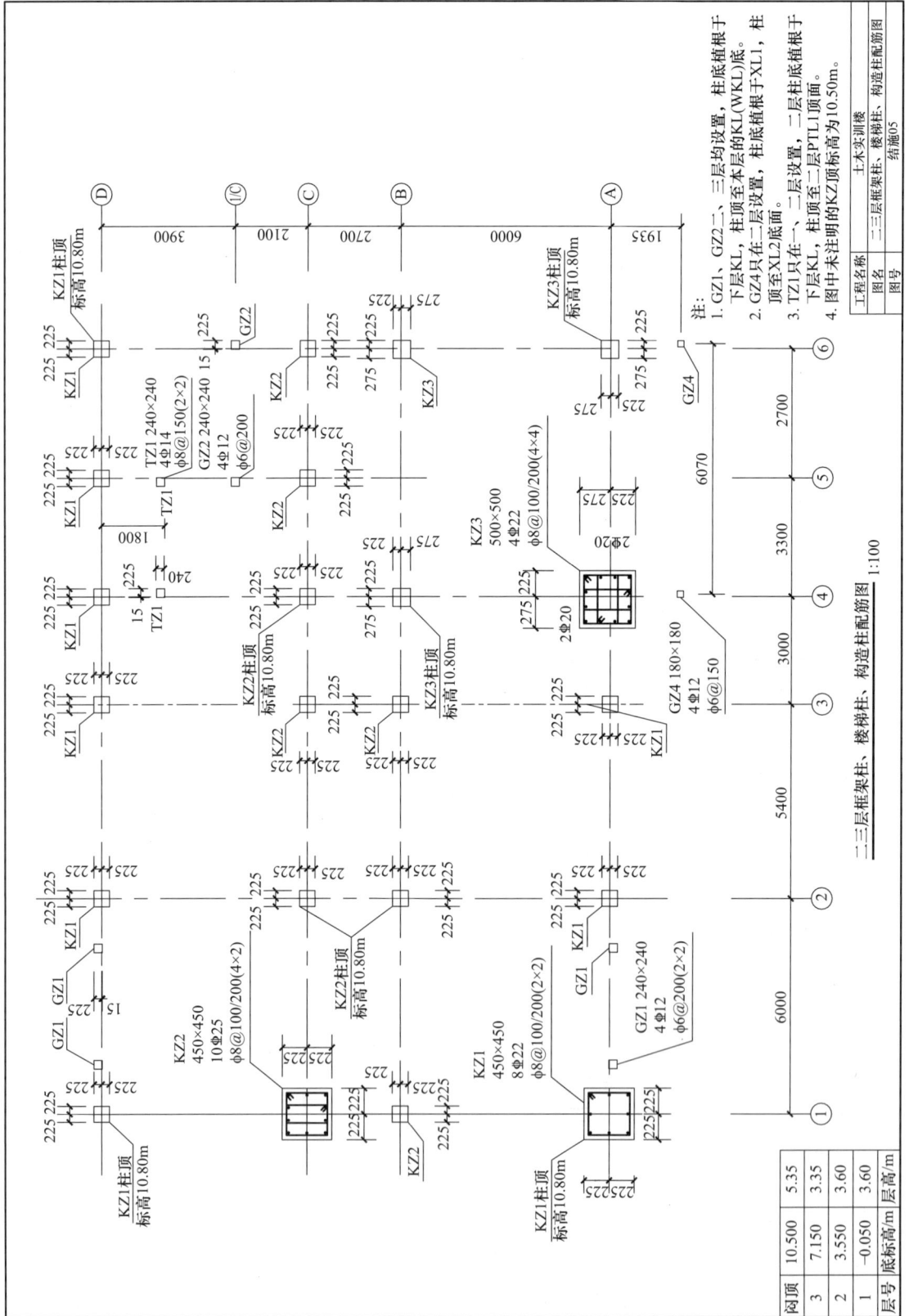

二、三层框架柱、楼梯柱、构造柱配筋图 1:100

注:
1. GZ1、GZ2二、三层均设置，柱顶植根于下层框KL，柱顶至本层的KL(WKL)底。
2. GZ4只在二层设置，柱底植根于XL1，柱顶至XL2底面。
3. TZ1只在一、二层设置，二层柱顶PTL1顶面。TZ1下层框KL，柱顶至二层PTL1顶面。
4. 图中未注明的KZ顶标高为10.50m。

工程名称	土木实训楼
图名	二三层框架柱、楼梯柱、构造柱配筋图
图号	结施05

层号	底标高/m	层高/m
闷顶	10.500	5.35
3	7.150	3.35
2	3.550	3.60
1	-0.050	3.60

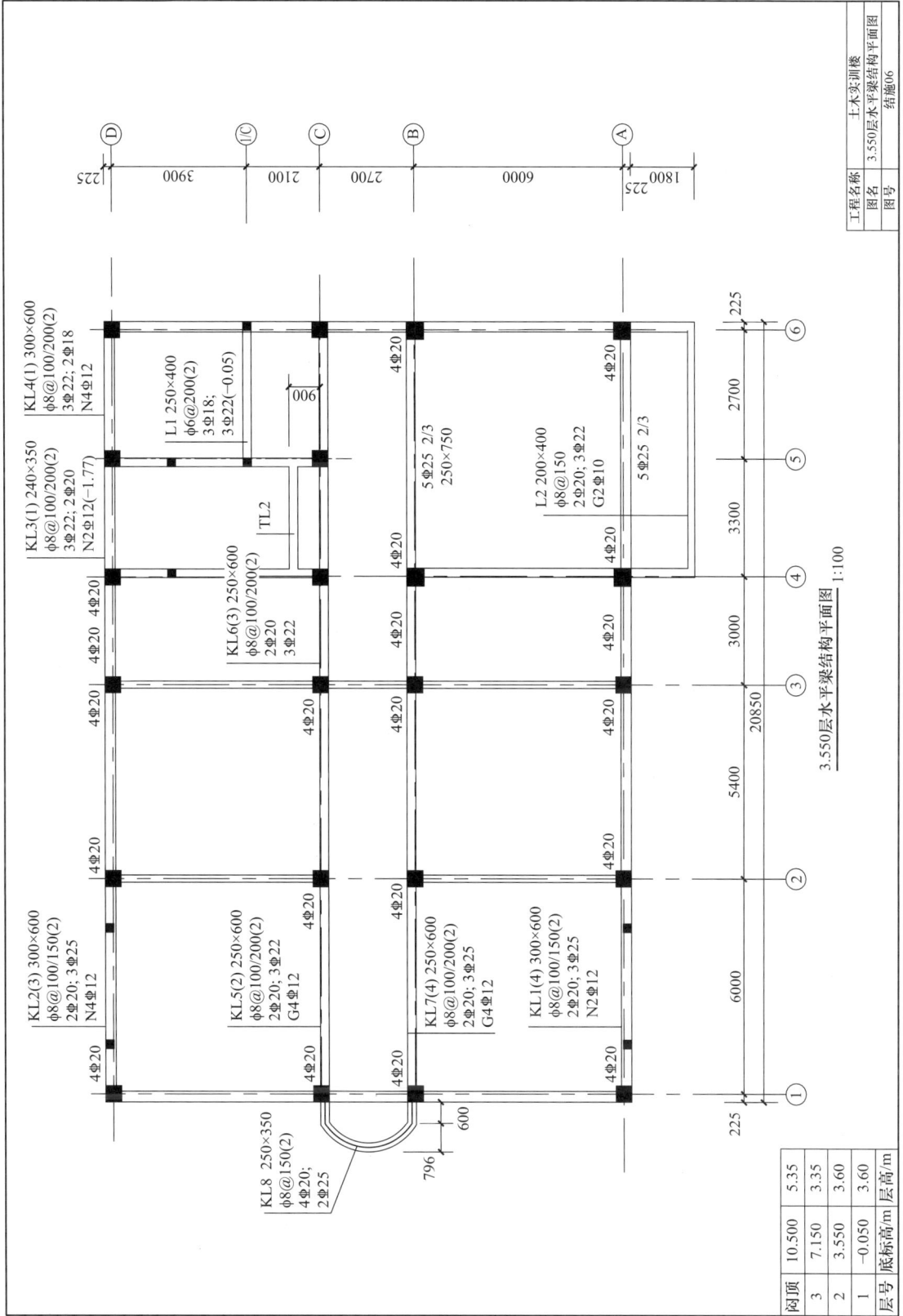

3.550层水平梁结构平面图 1:100

工程名称　土木实训楼
图名　3.550层水平梁结构平面图
图号　结施06

KL4(1) 300×600
φ8@100/200(2)
3Φ22; 2Φ18
N4Φ12

KL3(1) 240×350
φ8@100/200(2)
3Φ22; 2Φ20
N2Φ12(−1.77)

L1 250×400
φ6@200(2)
3Φ18;
3Φ22(−0.05)

KL6(3) 250×600
φ8@100/200(2)
2Φ20
3Φ22

L2 200×400
φ8@150
2Φ20; 3Φ22
G2Φ10

5Φ25 2/3
250×750

5Φ25 2/3

5Φ25 2/3

TL2

KL2(3) 300×600
φ8@100/150(2)
2Φ20; 3Φ25
N4Φ12

KL5(2) 250×600
φ8@100/200(2)
2Φ20; 3Φ22
G4Φ12

KL7(4) 250×600
φ8@100/200(2)
2Φ20; 3Φ25
G4Φ12

KL1(4) 300×600
φ8@100/150(2)
2Φ20; 3Φ25
N2Φ12

KL8 250×350
φ8@150(2)
4Φ20;
2Φ25

层号	底标高/m	层高/m
闷顶	10.500	5.35
3	7.150	3.35
2	3.550	3.60
1	−0.050	3.60

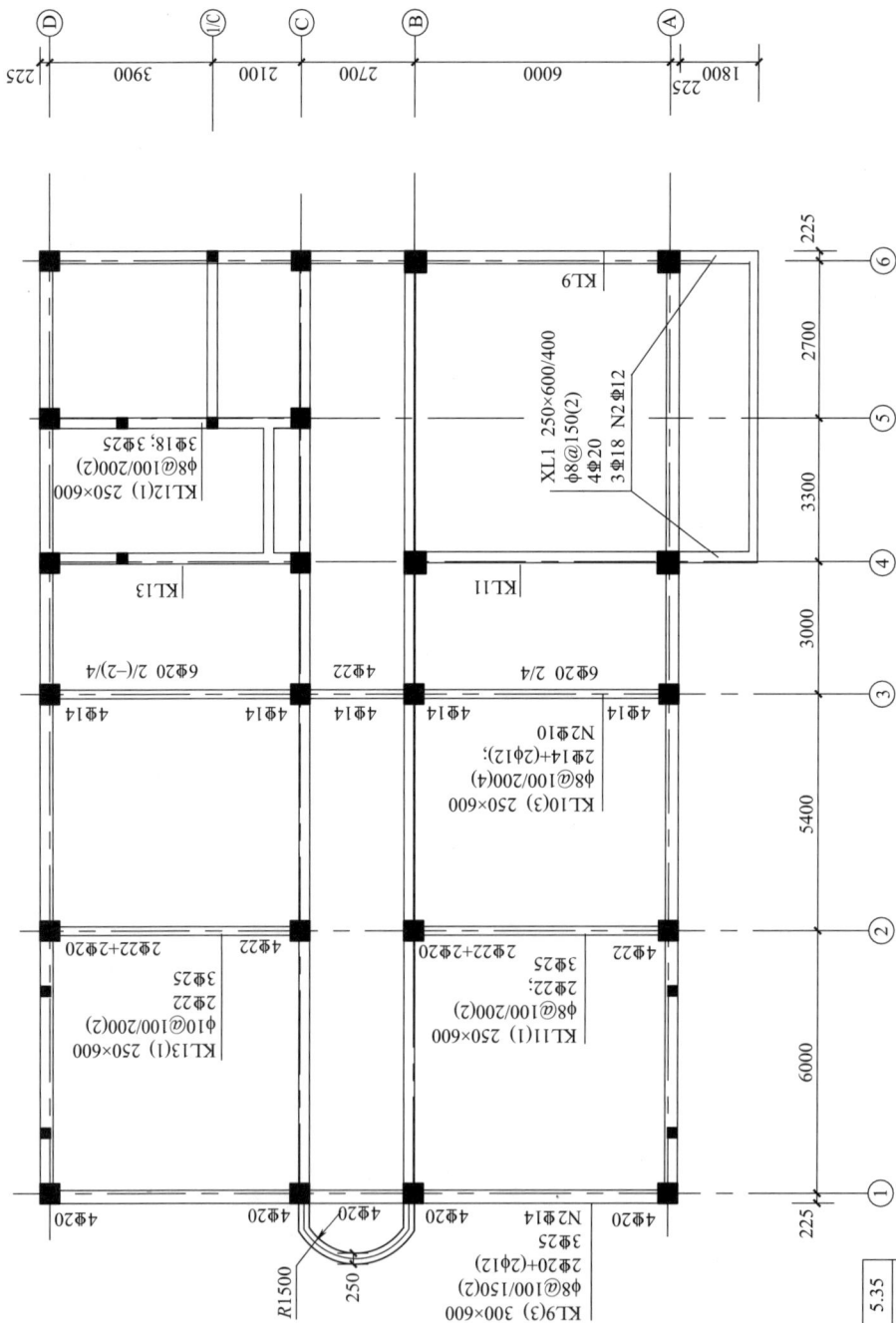

3.550层垂直梁结构平面图 1:100

层号	顶标高/m	层高/m
阁顶	10.500	5.35
3	7.150	3.35
2	3.550	3.60
1	-0.050	3.60
层号	底标高/m	层高/m

工程名称	土木实训楼
图名	3.550层垂直梁结构平面图
图号	结施07

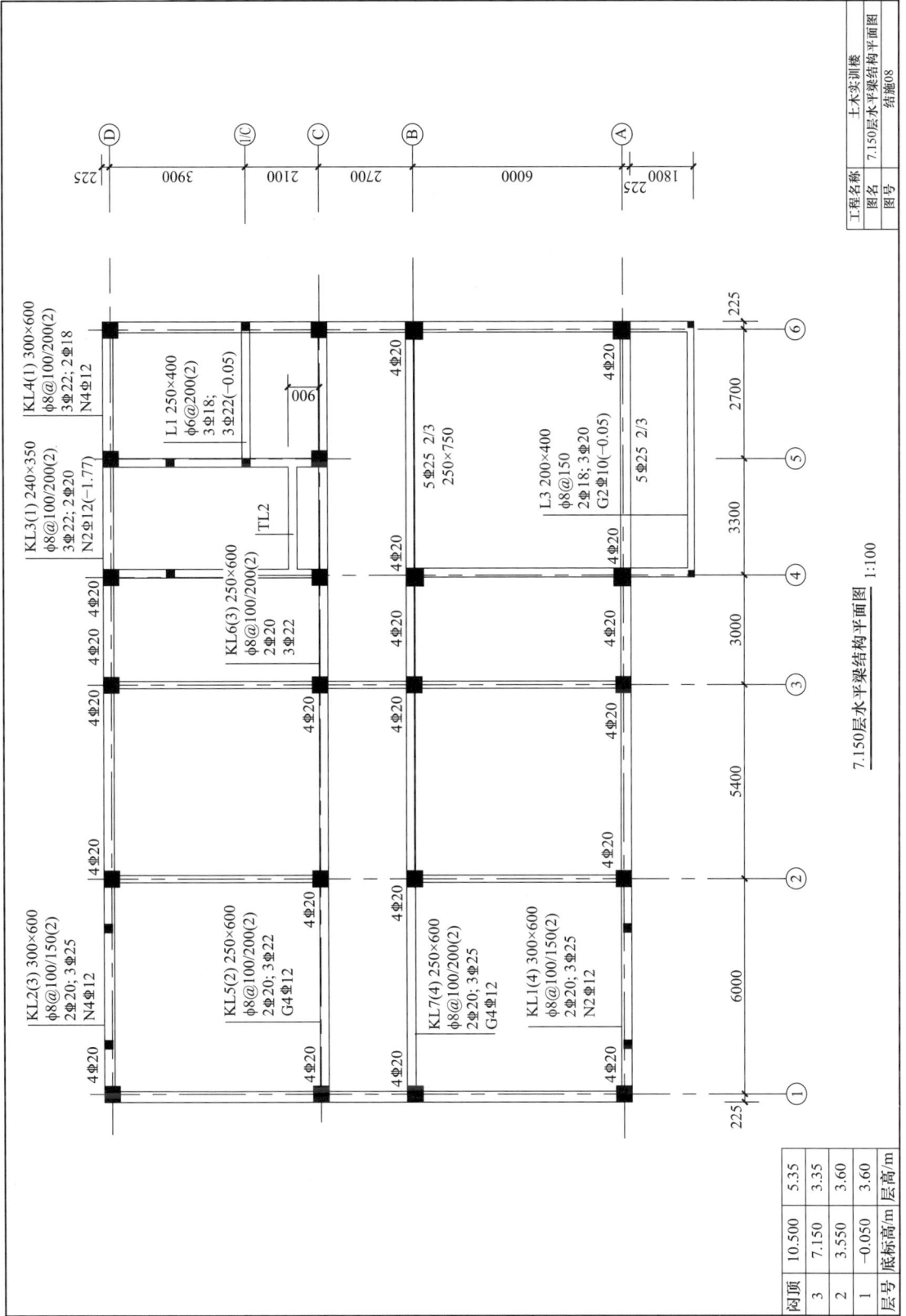

7.150层水平梁结构平面图 1:100

梁配筋标注：

- KL4(1) 300×600　φ8@100/200(2)　3Φ22; 2Φ18　N4Φ12
- KL3(1) 240×350　φ8@100/200(2)　3Φ22; 2Φ20　N2Φ12(−1.77)
- L1 250×400　φ6@200(2)　3Φ18; 3Φ22(−0.05)
- KL6(3) 250×600　φ8@100/200(2)　2Φ20　3Φ22
- 5Φ25 2/3　250×750
- L3 200×400　φ8@150　2Φ18; 3Φ20　G2Φ10(−0.05)
- 5Φ25 2/3
- KL2(3) 300×600　φ8@100/150(2)　2Φ20; 3Φ25　N4Φ12
- KL5(2) 250×600　φ8@100/200(2)　2Φ20; 3Φ22　G4Φ12
- KL7(4) 250×600　φ8@100/200(2)　2Φ20; 3Φ25　G4Φ12
- KL1(4) 300×600　φ8@100/150(2)　2Φ20; 3Φ25　N2Φ12
- TL2
- 4Φ20

轴线尺寸（上）：225　3900　2100　2700　6000　1800　225　（轴号 D、1/C、C、B、A）

轴线尺寸（下）：225　2700　3300　3000　5400　6000　225　（轴号 ⑥、⑤、④、③、②、①）

层号	底标高/m	层高/m
闷顶	10.500	5.35
3	7.150	3.35
2	3.550	3.60
1	−0.050	3.60

工程名称	土木实训楼
图名	7.150层水平梁结构平面图
图号	结施08

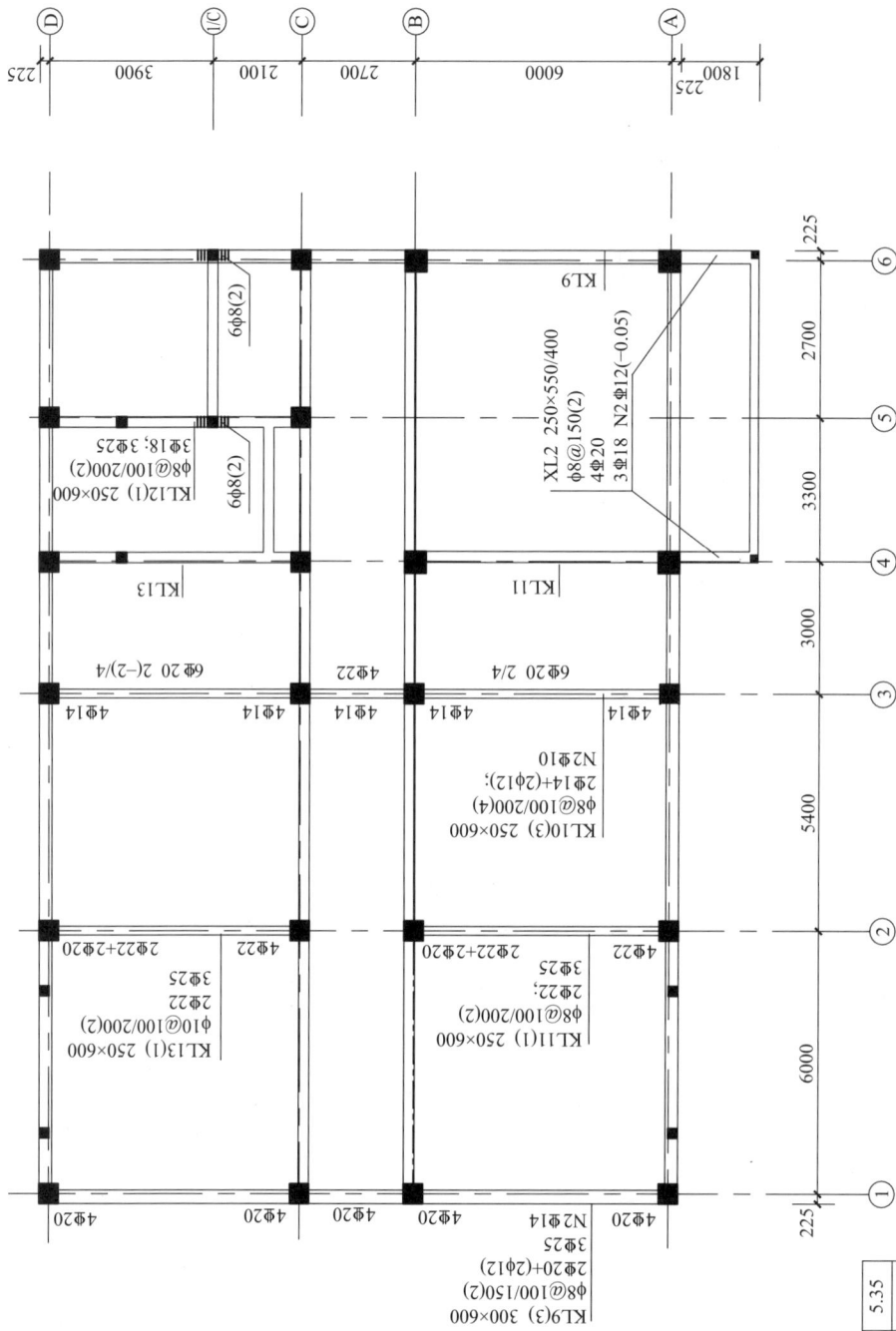

7.150层垂直梁结构平面图 1:100

工程名称	土木实训楼
图名	7.150层垂直梁结构平面图
图号	结施09

闷顶	10.500	5.35
3	7.150	3.35
2	3.550	3.60
1	-0.050	3.60
层号	底标高/m	层高/m

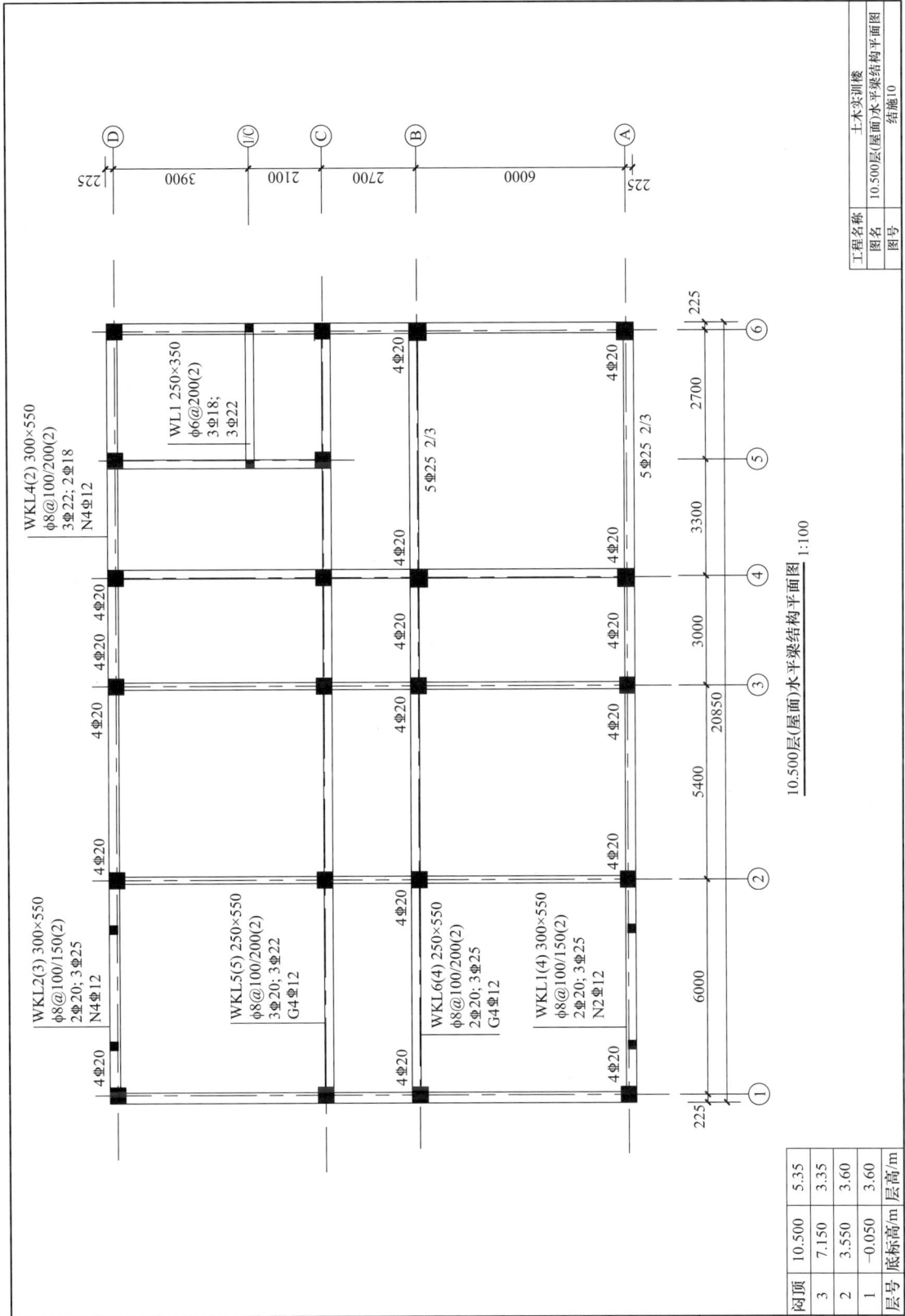

10.500层(屋面)水平梁结构平面图 1:100

WKL4(2) 300×550
φ8@100/200(2)
3Φ22; 2Φ18
N4Φ12

WL1 250×350
φ6@200(2)
3Φ18;
3Φ22

WKL2(3) 300×550
φ8@100/150(2)
2Φ20; 3Φ25
N4Φ12

WKL5(5) 250×550
φ8@100/200(2)
3Φ20; 3Φ22
G4Φ12

WKL6(4) 250×550
φ8@100/200(2)
2Φ20; 3Φ25
G4Φ12

WKL1(4) 300×550
φ8@100/150(2)
2Φ20; N2Φ12

层号	底标高/m	层高/m
顶	10.500	5.35
3	7.150	3.35
2	3.550	3.60
1	-0.050	3.60

工程名称	土木实训楼
图名	10.500层(屋面)水平梁结构平面图
图号	结施10

10.500层(屋面)垂直梁结构平面图 1:100

WKL9(3) 300×550
2Φ20+(2Φ12)
3Φ25
φ8@100/150(2)
N2Φ14

WKL11 250×550
3Φ25
2Φ22;
φ8@100/200(2)

WKL10(3) 250×600
2Φ14+(2Φ12);
N2Φ10
φ8@100/200(4)

WKL12 250×550
3Φ18；3Φ25
φ8@100/200(2)

2Φ20
GZ2

2Φ20
GZ2

WKL9

4Φ20　4Φ20　4Φ20　4Φ20　4Φ20

4Φ22　4Φ22　4Φ22　4Φ22　2Φ22+2Φ20

5Φ25

4Φ14　4Φ14　4Φ14　4Φ14

6Φ20 2/4　4Φ22　6Φ20 2(-2)/4

WKL11

层号	底标高/m	层高/m
屋顶	10.500	5.35
3	7.150	3.35
2	3.550	3.60
1	-0.050	3.60

225　6000　2700　2700　2100　3900　225

225　6000　5400　3000　3300　2700　225

(A)　(B)　(C)　(1/C)　(D)

(1)　(2)　(3)　(4)　(5)　(6)

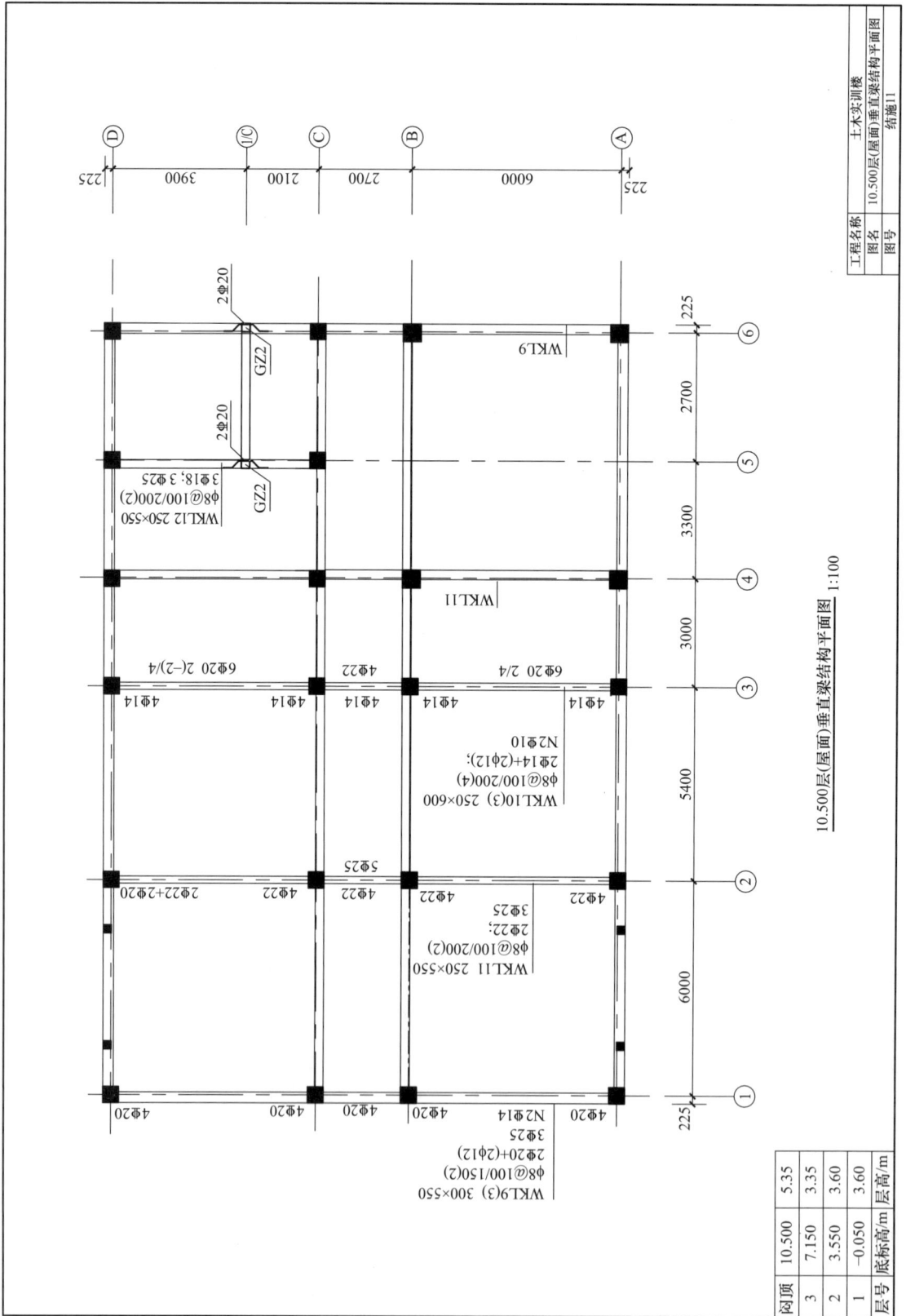

工程名称　土木实训楼
图名　10.500层(屋面)垂直梁结构平面图
图号　结施11

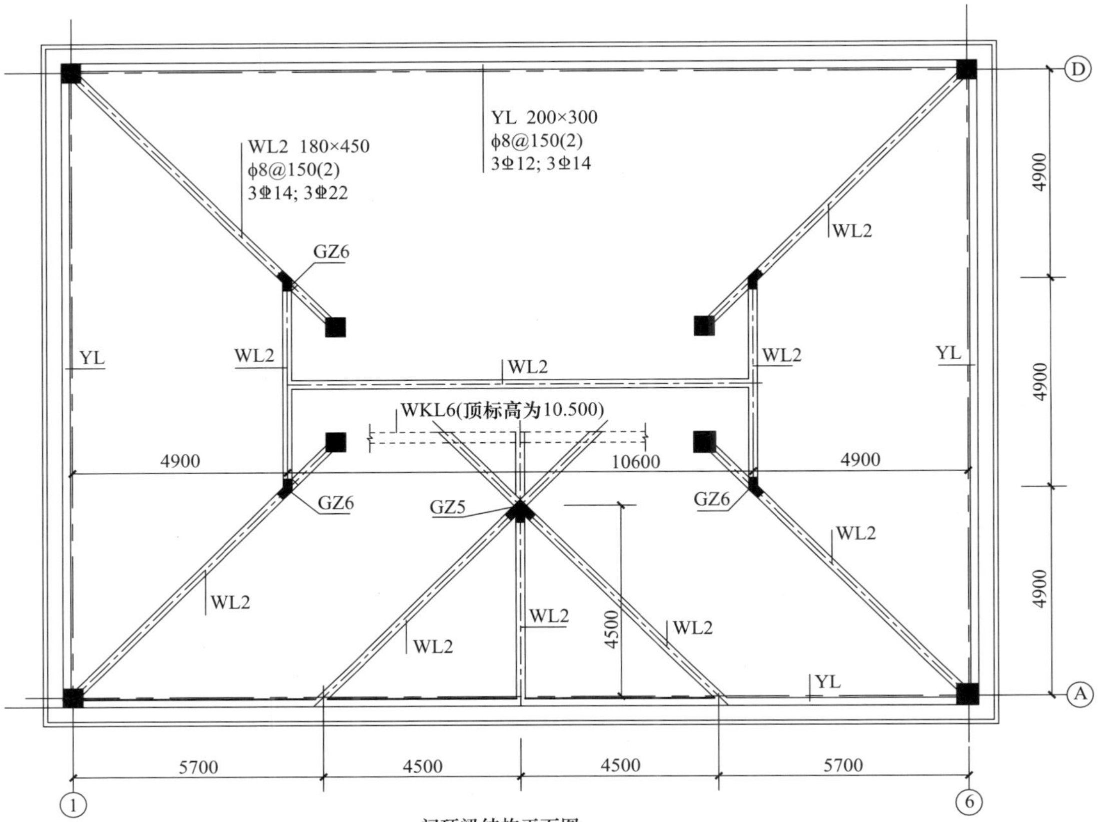
YL 200×300
ϕ8@150(2)
3Φ12; 3Φ14
WL2 180×450
ϕ8@150(2)
3Φ14; 3Φ22
WKL6(顶标高为10.500)
GZ5
GZ6
WL2
YL
4900
10600
4500
5700
D
A
1
6

闷顶梁结构平面图 1:100

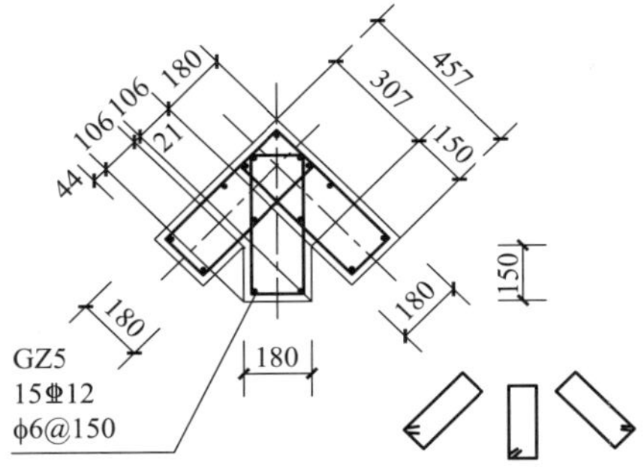
GZ5
15Φ12
ϕ6@150
457
307
150
180
106
21
44

GZ5配筋图 1:50

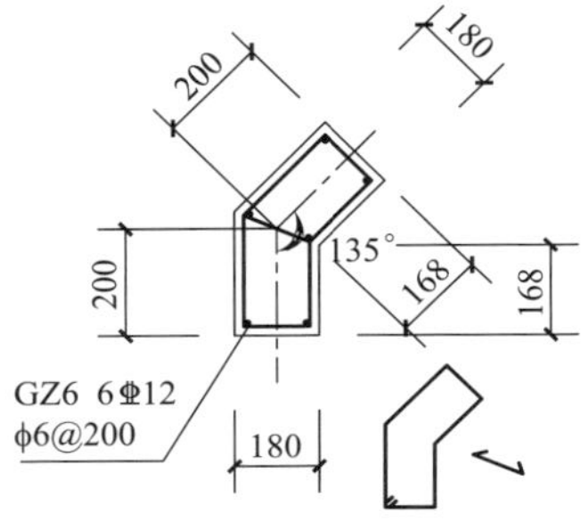
GZ6 6Φ12
ϕ6@200
200
180
168
135°

GZ6配筋图 1:50

注:
1. WL2、YL梁顶标高为10.80m。
2. 图中所注尺寸均为梁中心线或轴线尺寸。
3. GZ5、GZ6底部植根于WL2，顶部锚入WQL。

工程名称	土木实训楼
图名	闷顶梁结构平面图，GZ5、GZ6配筋图
图号	结施12

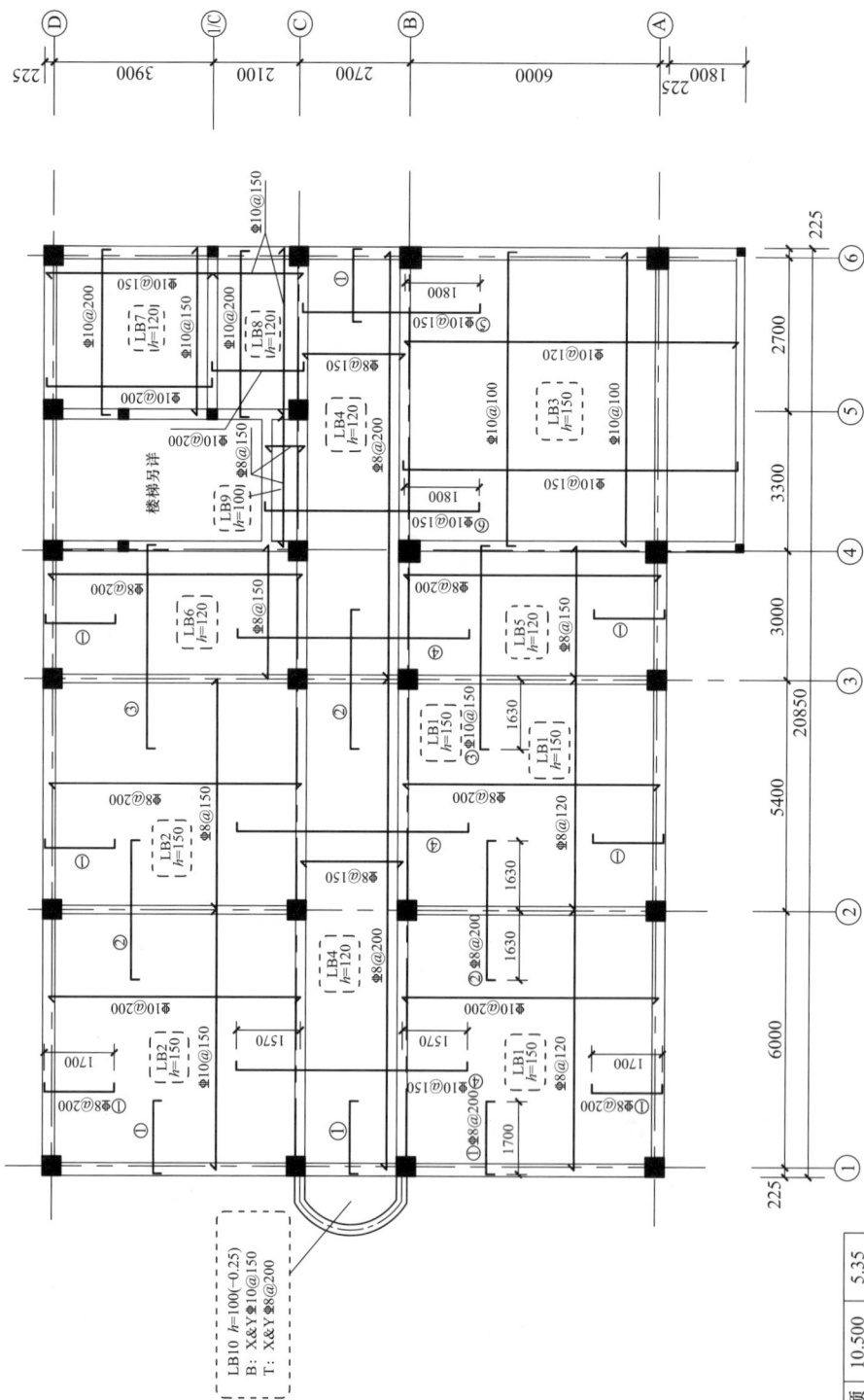

3.550层现浇板结构平面图 1:100

注：图中未注明的分布筋均为Φ8@250；
洗漱间(LB8)和厕所(LB7)顶标高为
3.50m。

工程名称	土木实训楼
图名	3.550层现浇板结构平面图
图号	结施13

层号	顶标高/m	底标高/m	层高/m
闷顶	10.500		
3	5.35	7.150	3.35
2	3.35	3.550	3.60
1		−0.050	3.60

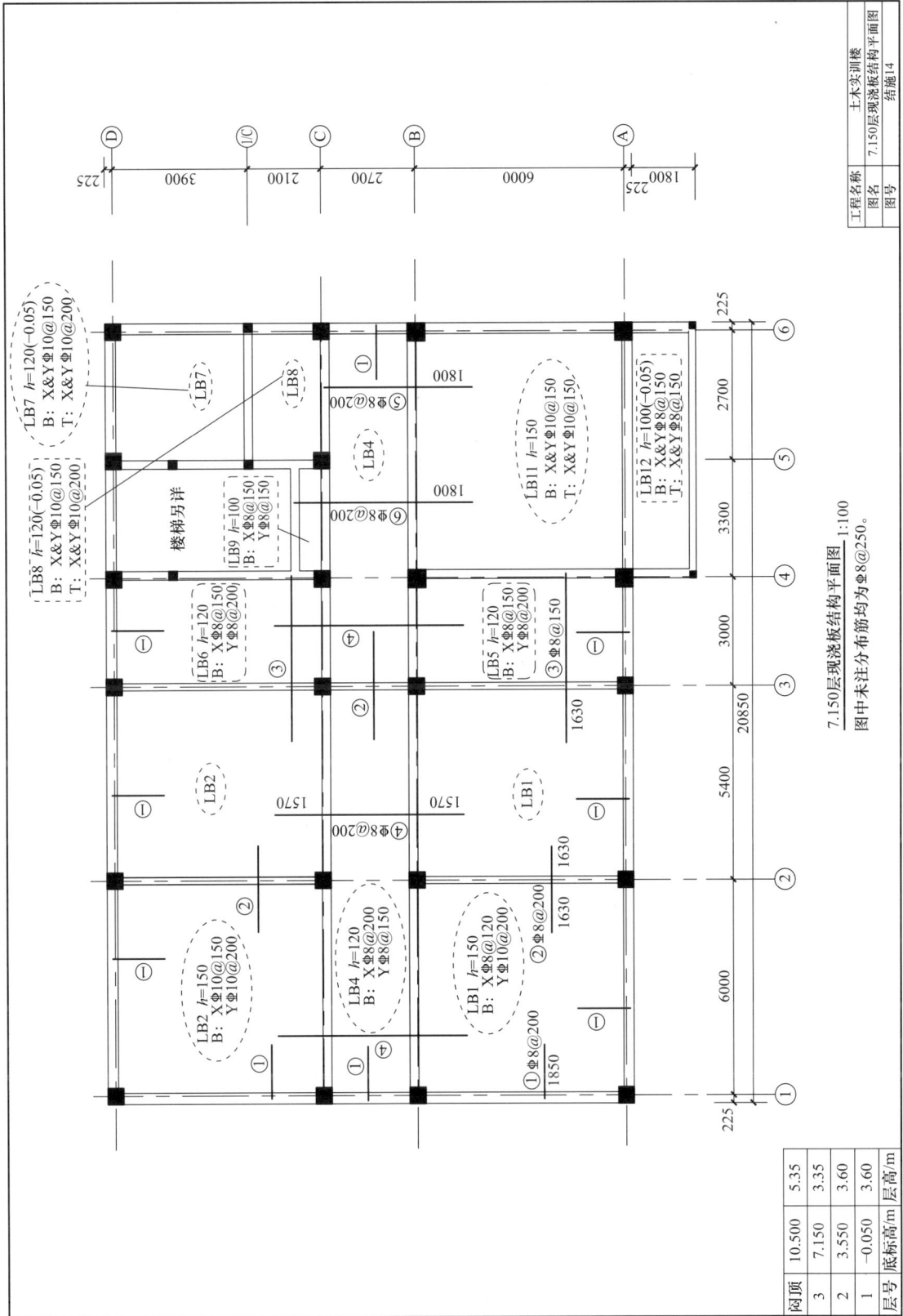

7.150层现浇板结构平面图 1:100

图中未注分布筋均为Φ8@250。

阁顶	10.500	5.35
3	7.150	3.35
2	3.550	3.60
1	-0.050	3.60
层号	底标高/m	层高/m

工程名称	土木实训楼
图名	7.150层现浇板结构平面图
图号	结施14

Φ10@150(Φ10@180)

FΦ8@200

Φ12@100(Φ12@120)

FΦ8@200

FΦ8@200

Φ10@150(Φ10@180)

TB1(TB2)配筋图

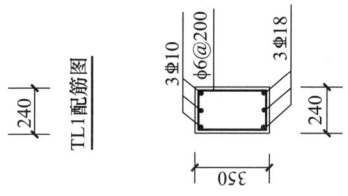

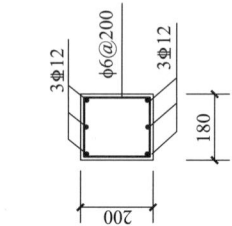

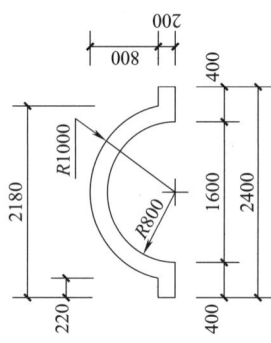

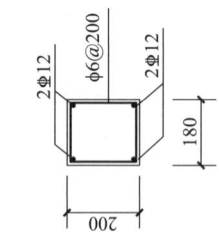

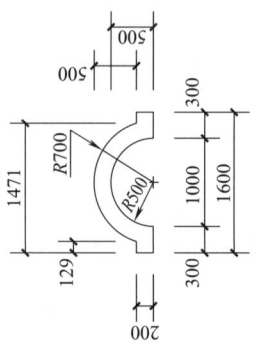

2Φ10
Φ6@200
3Φ16

240

350

TL1配筋图

3Φ10
Φ6@200
3Φ18

240

350

TL2配筋图

3Φ12
Φ6@200
3Φ12

180

200

GL4配筋图

800
200
400
2180
R1000
R800
1600
2400
220
400

GL4配筋图

2Φ12
Φ6@200
2Φ12

180

200

GL3配筋图

500
500
300
1471
R700
R500
1000
1600
129
300
200

GL3配筋图

工程名称	土木实训楼
图名	10.500层现浇板结构平面图，TB1(TB2)、TL1、TL2、GL3、GL4配筋图
图号	结施15

D
1/C
C
B
A
225
3900
2100
2700
6000
225

6
225
2700
5
3300
4
3000
3
5400
2
6000
1
225

Φ8@140
Φ8@150
Φ8@120
Φ8@180

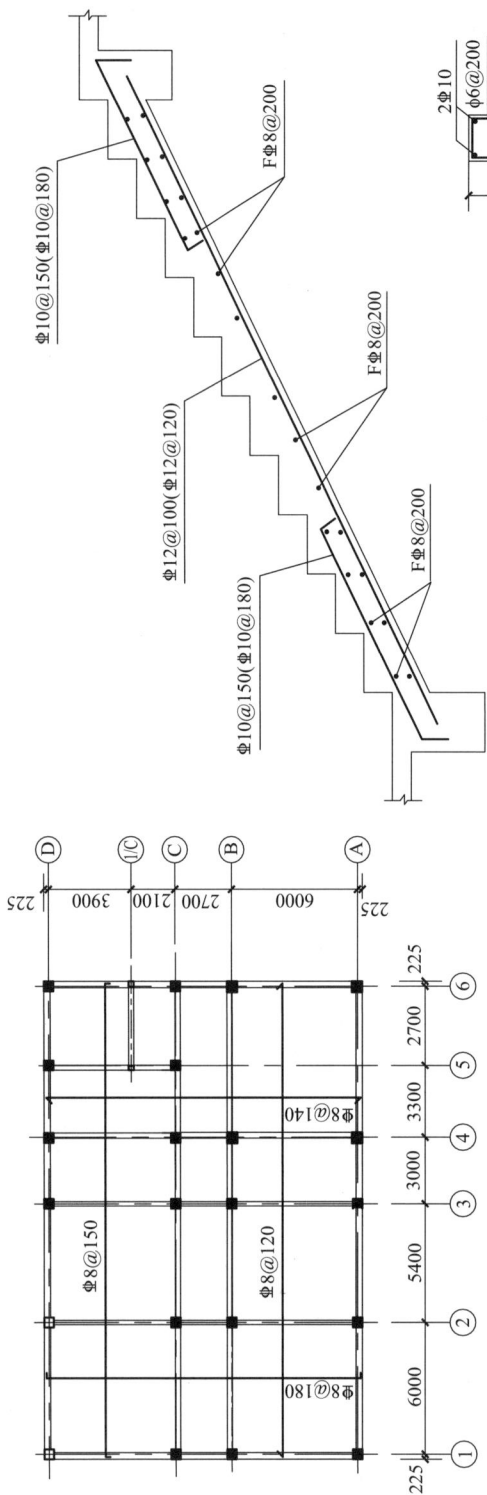

10.500层现浇板结构平面图
图中未注板厚均为150mm。

闷顶	10.500	5.35	3.35
3	7.150	3.550	3.60
2	3.550	3.60
1	-0.050	3.60
层号	底标高/m	层高/m

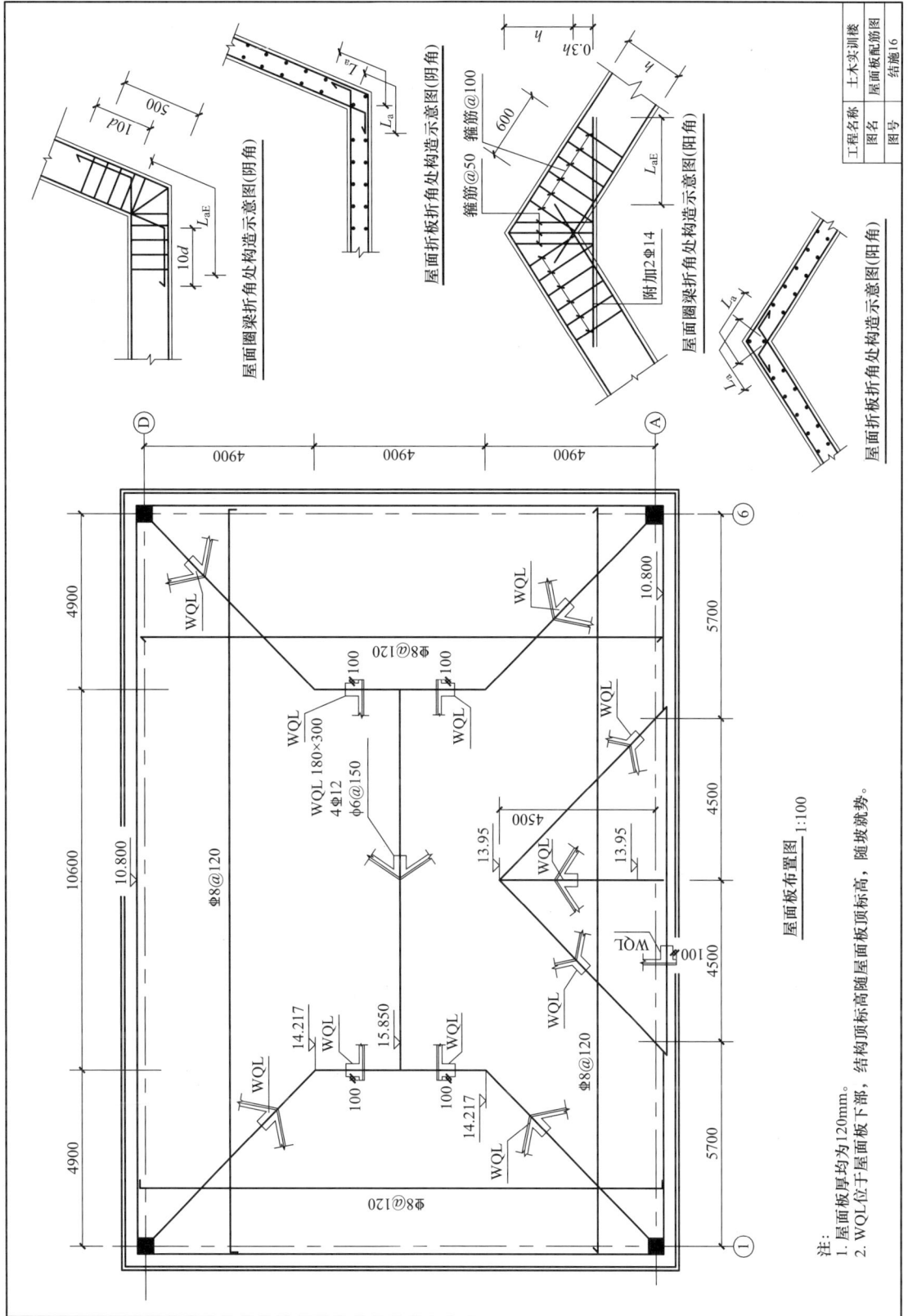

工程名称	土木实训楼
图名	屋面板配筋图
图号	结施16

屋面圈梁折角处构造示意图(阴角)

屋面折板折角处构造示意图(阴角)

屋面圈梁折角处构造示意图(阳角)

屋面折板折角处构造示意图(阳角)

箍筋@50　　箍筋@100

附加2Φ14

屋面板布置图 1:100

Φ8@120

Φ8@120

Φ8@120

10.800

10.800

13.95

13.95

14.217

14.217

15.850

WQL 180×300
4Φ12
φ6@150

WQL

注:
1. 屋面板厚均为120mm。
2. WQL位于屋面板下部,结构顶标高随屋面板顶标高,随坡就势。

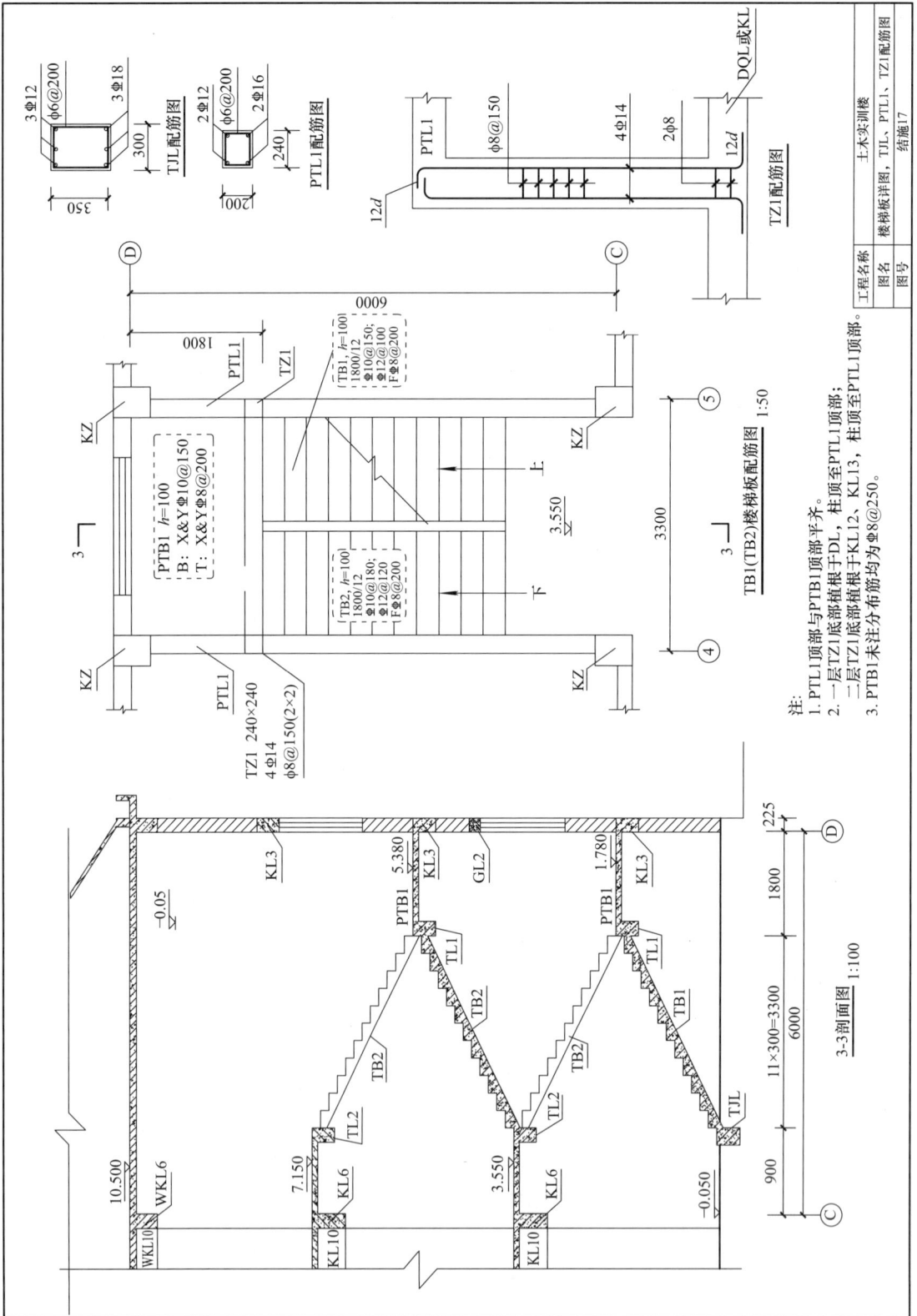

TJL 配筋图
3Φ12
3Φ18
φ6@200
300
350

PTL1 配筋图
2Φ12
φ6@200
2Φ16
240
200

TZ1 配筋图
DQL 或 KL
PTL1
φ8@150
4Φ14
2φ8
12d
12d

工程名称　土木实训楼
图名　楼梯板详图，TJL、PTL1、TZ1 配筋图
图号　结施17

D
C
600
1800
PTL1
TZ1
KZ
KZ
KZ
KZ
3
3
3.550

[TB1, h=100]
1800/12
Φ10@150;
Φ12@100
FΦ8@200

[TB2, h=100]
1800/12
Φ10@180;
Φ12@120
FΦ8@200

[PTB1 h=100]
B: X&Y Φ10@150
T: X&Y Φ8@200

上
下
3300

TB1(TB2)楼梯板配筋图 1:50

PTL1
TZ1 240×240
4Φ14
φ8@150(2×2)

4
5

注：
1. PTL1 顶部与PTB1 顶部平齐。
2. 一层TZ1 底部植根于DL，柱顶至PTL1 顶部；
   二层TZ1 底部植根于KL12、KL13，柱顶至PTL1 顶部。
3. PTB1 未注分布筋均为Φ8@250。

3-3剖面图 1:100
KL3
KL3
GL2
KL3
PTB1 5.380
PTB1 1.780
TL1
TL1
TB2
TB1
TB2
TB2
TL2
TB1
TL2
TJL
WKL6
KL6
KL6
10.500
7.150
3.550
-0.050
-0.05
WKL10
KL10
KL10
225
1800
6000
11×300=3300
900
D
C

附录 B
学校传达室施工图

图纸说明：本工程为 XX 学校传达室，建筑面积 55.26m²。本工程坐落于平换场地，土壤为 Ⅱ 类普通土，合理使用年限为 50 年

使用说明：可以结合前面的学习，在附录 A 的基础上，独立完成此部分的训练，强化动手能力，增强对本算量软件的实际应用能力

图纸下载链接

参考文献

［1］袁帅．广联达 BIM 建筑工程算量软件应用教程 [M]．2 版．北京：机械工业出版社，2022.

［2］任波远，赵真，孙艳翠．广联达 BIM 算量软件应用 [M]．2 版．北京：机械工业出版社，2019.

［3］张晓敏，李社生．建筑工程造价软件应用：广联达系列软件 [M]．北京：中国建筑工业出版社，2013.

［4］赵迪．广联达造价软件应用技术 [M]．西安：西安交通大学出版社，2016.